Die Werkstoffe für den Dampfkesselbau

Eigenschaften und Verhalten bei der Herstellung Weiterverarbeitung und im Betriebe

Von

Dr.-Ing. K. Meerbach
Oberingenieur des Hüttenwerks Rothe Erde bei Aachen

Mit 53 Textabbildungen

Springer-Verlag Berlin Heidelberg GmbH 1922

ISBN 978-3-662-32250-5 ISBN 978-3-662-33077-7 (eBook)
DOI 10.1007/978-3-662-33077-7

Ursprünglich erschienen bei Julius Springer in Berlin 1922

Der Einfluß des Herstellungsverfahrens, der Bearbeitungsvorgänge und der Betriebsverhältnisse auf die Eigenschaften der Werkstoffe für den Dampfkesselbau

Dissertation

zur

Erlangung der Würde eines Doktoringenieurs

der

Technischen Hochschule Aachen

Vorgelegt von

Dipl.-Ing. **Kurt Meerbach**
aus Langensalza

Referent: Prof. Dr.-Ing. Oberhoffer
Korreferent: Prof. Dr.-Ing. v. Keil

Tag der mündlichen Prüfung: 9. November 1921

Verlagsbuchhandlung Julius Springer in Berlin · 1922

Erscheint zugleich als Buchausgabe unter dem Titel:
Die Werkstoffe für den Dampfkesselbau

Herrn Geh. Regierungsrat

Professor Dr.-Ing. e. h., Dr. mont. e. h. Dr. Fr. Wüst

Direktor des Kaiser Wilhelm-Institutes für Eisenforschung
zu Düsseldorf

in Verehrung gewidmet

Vorwort.

Die Grundlage der vorliegenden Arbeit bilden die Betriebserfahrungen, die ich als Leiter des Blechwalzwerkes und Kümpelbaues des Hüttenwerkes Rothe Erde bei Aachen während einer längeren Reihe von Jahren sammeln konnte. Bestimmend für die Niederschrift und Veröffentlichung war der Wunsch, den sich mit dem Bau und dem Betriebe von Dampfkesseln befassenden Fachleuten eine möglichst umfassende Kenntnis der Entstehungsgeschichte und der Eigenart der in Frage kommenden Werkstoffe zu vermitteln. Dabei ließ es sich nicht vermeiden, einerseits manches Bekannte aus Praxis und Fachliteratur zu verwerten, andrerseits auf eine erschöpfende Behandlung mancher Sondergebiete im Interesse einer knappen Darstellung zu verzichten.

Ich erkenne mit Dank an, daß ich durch den Meinungsaustausch mit mir nahestehenden Vertretern aus den Kreisen der Fachwissenschaft, der erzeugenden und weiterverarbeitenden Industrie und des Materialprüfungswesens weitgehende Unterstützung gefunden habe. Besonders wertvoll waren mir dabei die Anregungen, die sich mir durch die Mitarbeit in der technischen Kommission der Grobblechwalzwerke und des Wellrohrverbandes, sowie durch meine Teilnahme an den Verhandlungen der Vereinigung der Großkesselbesitzer geboten haben.

Mit Genugtuung erfüllt es mich ferner, daß die vorliegende Arbeit auf Vorschlag der hüttenmännischen Abteilung von der Technischen Hochschule zu Aachen lt. Senatsbeschluß vom 28. November 21. als Doktordissertation angenommen wurde. Ich erblicke darin die Anerkennung meines Bestrebens, mich auf eine rein fachwissenschaftliche Erörterung zu beschränken und von jeder einseitig beeinflußten Darstellung frei zu halten.

Aachen, im Sommer 1922.

Kurt Meerbach.

Inhaltsverzeichnis.

Seite

Einleitung 1

Güteanforderungen und Güteprüfungsmittel 1, Bearbeitungs- und Betriebseinflüsse 5, Grundstoffe und Herstellungsverfahren 6, Einfluß der chemischen Zusammensetzung auf die Festigkeitseigenschaften 8.

Erster Teil.

A. Die Erzeugung der Brammen im Stahlwerk 14

Die verschiedenen Arten des Siemens-Martinverfahrens 14.

1. Die metallurgischen Vorgänge im Martinofen 17
2. Das Gießen und Erstarren 20
   a) Allgemeines über Kristallisation und Lösungsvorgänge 20
   b) Das Gießen der Brammen und die dabei benutzten Einrichtungen 22
      Brammen und Gußformen 23, Wärmeaustausch zwischen Block und Gußform 27.
   c) Die mit dem Gießen und Erstarren zusammenhängenden Fehler 29
      α) Die Lunkerbildung 29, β) Die Blockseigerungen 32, γ) Die Gaseinschlüsse und Gasblasen 35, δ) Die Schlackeneinschlüsse 46, ε) Die Schrumpf- oder Warmrisse 51, ζ) Sonstige Fehler 53.

B. Die Verarbeitung der Brammen im Walzwerk 54

1. Das Wärmen der Brammen 54
   Warmer oder kalter Einsatz? 54, Die Ofensysteme 55, Walztemperatur und Kraftverbrauch 57, Wärmedauer und Abbrandverluste 59, Einfluß des Wärmens auf chemische Zusammensetzung und Gefügeeigenschaften 60.
2. Das Auswalzen der Brammen 64
   Ermittelung der Blockgewichte 65, Walzverfahren und Walzenstraßen 66, Der Walzvorgang 68, Mängel und Fehler beim Walzen 70.
3. Einfluß der Warmverarbeitung auf Groß- und Kleingefüge und Festigkeitseigenschaften der Walzbleche . . 76
   Verschweißen von Hohlräumen und Gasblasen 76, Entmischungsvorgänge (Seigerungen) und mechanische Eigenschaften 78, Gasblasen- und Kristallseigerungen, Zeilenstruktur 80, Schlackeneinschlüsse 84, Zusammenfassung 87.
4. Die Adjustierung (Zurichterei) der Kesselbleche 88
5. Die Glühbehandlung der Kesselbleche 91
   Das Gefüge der Kesselbleche in ungeglühtem Zustande 92, Unterschiedliches Verhalten von warm und kalt verwalztem Material beim Glühen, Rückkristallisation 97, Glühtemperatur, Glühdauer, Einfluß der Abkühlung 105, Walz- und Glühversuche in Rothe Erde 107, Nutzanwendungen 111, Allgemeine Regeln für den Glühprozeß 114.

Zweiter Teil.

Seite

A. Die Weiterverarbeitung der Glattbleche im Kümpelbau . . 117
1. Die Preßarbeit 118
2. Die Schmiedearbeit 123
3. Das Schweißen 125
a) Die Schweißverfahren 125
b) Chemische und physikalische Einflüsse 127
c) Festigkeit und Betriebssicherheit 130

B. Der Zusammenbau der einzelnen Teile in der Kesselschmiede 133
1. Die Kantenbearbeitung 134
2. Das Biegen 135
3. Das Anrichten 137
4. Das Bohren 140
5. Das Nieten und Verstemmen 142
6. Der Einbau der Innenteile 148
7. Das Einziehen der Stehbolzen, Anker und Rohre 148
8. Der Zusammenbau 151
9. Die Druckprobe 151

Dritter Teil.

Die Einflüsse des Kesselbetriebes 152
1. Die mechanischen Einflüsse 153
Durch den Dampfdruck hervorgerufene Spannungen und Formänderungen 153, Belastungsschwankungen 164, Eigengewicht 165, Erschütterungen 166, Oberflächenverletzungen 167.
2. Die Temperatureinwirkungen 168
Änderung der Festigkeitseigenschaften durch die Eigenwärme 168, Ausdehnung durch die Wärme 173, Wärmeübertragung und Wärmedurchgang 175, Nutzanwendung für Bedienung und Wartung 178.
3. Die Chemischen Einwirkungen 181
Die chemische Beschaffenheit des Speisewassers 183, Einwirkung der im Speisewasser gelösten Luft 184, Elektrolytwirkungen 187, Feuergase, Ruß, Flugasche 189.

Anhang.

Der Einfluß der Kokillentemperatur auf die Lage der Seigerungen in Flußeisenblechen 190

Nachweis der benutzten Fachliteratur.

A. Fachwerke.

Bach, Die Maschinenelemente, Leipzig, bei Alfred Kröner.
Hütte, Des Ingenieurs Taschenbuch, Berlin, bei Ernst & Sohn.
Hütte, Taschenbuch für Eisenhüttenleute, Berlin, bei Ernst & Sohn.
Martens, Handbuch der Materialienkunde für den Maschinenbau, Berlin, bei Julius Springer.
Mentz, Schiffskessel, Ein Handbuch für Konstruktion und Berechnung, München und Berlin, bei R. Oldenbourg.
Oberhoffer, Das schmiedbare Eisen, Berlin, bei Julius Springer.
Allgemeine polizeiliche Bestimmungen für die Anlage von Land- und Schiffsdampfkesseln.

B. Jahrbücher usw.

Forschungsarbeiten auf dem Gebiete des Ingenieurwesens.
Jahrbuch der Schiffbautechnischen Gesellschaft.
Journal of the Iron and Steel Institute.
Mitteilungen aus dem Material-Prüfungsamt, Groß-Lichterfelde.
Protokolle der Delegierten- und Ingenieurversammlungen des Internationalen Verbandes der Dampfkessel-Revisionsvereine.
Transactions of the American Institute of Mining Engineers.

C. Fachzeitschriften.

Stahl und Eisen.
Zeitschrift des Vereins deutscher Ingenieure.
Zeitschrift für Dampfkessel- und Maschinenbetrieb.
Zeitschrift des Bayrischen Revisionsvereins.
Metallurgie.
Ferrum.
American Machinist.
Iron Age.
Iron and Coal Trades Review.
Engineering.

Die als Quellen benutzten Aufsätze finden sich in den Fußnoten angegeben.

Einleitung.

Güteanforderungen und Güteprüfungsmittel.

Von den Erzeugnissen des hüttenmännischen Großbetriebes, an deren Beschaffenheit besondere Güteansprüche gestellt werden, stehen die Werkstoffe für den Dampfkesselbau an erster Stelle. Die wichtigste Forderung bei ihrer Herstellung und Weiterverarbeitung lautet:

unbedingte Betriebssicherheit des daraus gefertigten Erzeugnisses;

nebenher geht als weitere:

größte Wirtschaftlichkeit bei der Durchführung aller damit in Zusammenhang stehenden Arbeitsvorgänge.

Wie die meisten Gebilde der Technik, so stellt auch der Dampfkessel das Ergebnis einer langen Reihe von Versuchen und Erfahrungen dar. Praxis und Wissenschaft haben Hand in Hand gearbeitet, um seine Leistungsfähigkeit, Wirtschaftlichkeit und Betriebssicherheit immer weiter zu verbessern. Wenn auch die Kurve, die diese Entwicklung kennzeichnet, nicht immer mit der gleichen Stetigkeit aufwärts führt, so gibt es doch keine ausgeprägten Haltepunkte auf ihr.

Nicht zum geringsten Teile sind diese Erfolge der Vervollkommnung der Werkstoffe zu verdanken, die die Hüttentechnik dem Dampfkesselbau geliefert hat. Einen Gradmesser für deren fortschreitende Güte bilden die in der Dampfkesselgesetzgebung, wie in den Vorschriften der Überwachungsgesellschaften niedergelegten Bedingungen für die Materialprüfung und für die Festigkeitsberechnung. Mit der nackten Erfüllung der Abnahmebedingungen ist es jedoch allein nicht getan. Keine noch so eingehende Abnahmeprüfung kann ausreichende Sicherheit bieten, wenn nicht schon durch die Beschaffenheit der Werkseinrichtungen und die ganze Art der Betriebsführung Gewähr gegeben ist, daß von allen Hilfsmitteln der Technik zweckdienlicher Gebrauch gemacht wird und daß die neuesten Ergebnisse der forschenden Wissenschaft stets einsichtsvolle Prüfung und Anwendung finden.

Ist es somit in erster Linie Pflicht des die Werkstoffe erzeugenden Betriebsmannes, sich über alle Vorgänge auf dem ihm eigenen wie auf den Nachbargebieten zu unterrichten und die nötigen Nutzanwendungen daraus zu ziehen, so werden dadurch nicht minder diejenigen berührt, die mit der Konstruktion und dem Bau, dem Betrieb und der Überwachung von Dampfkesseln zu tun haben. Für den in der Praxis Stehenden ist es jedoch bei der weitgehenden Arbeitsteilung, die gerade auf fachwissenschaftlichem Gebiete herrscht, keine leichte Aufgabe, sich über alle neu auftauchenden Fragen lückenlos Klarheit zu verschaffen. Es erscheint daher als dankenswertes Ziel, den vorhandenen reichhaltigen Stoff nach bestimmten, durch die Bedürfnisse der Praxis gegebenen Gesichtspunkten zu ordnen und in knappe übersichtliche Form zu bringen. Ohne auf das, was als Allgemeingut gelten kann, ausführlicher einzugehen, soll neuerlich Bewährtes hervorgehoben und empfohlen, Veraltetes und Verfehltes ausgeschieden werden. Bei dem noch verbleibenden, jedenfalls nicht unbeträchtlichen Rest wird es sich um Fragen handeln, über die die Ansichten zur Zeit noch geteilt sind. Es sollen die wichtigeren vom Standpunkte der Praxis aus kritisch erörtert und, wo sich die Möglichkeit bietet, durch eigene Versuche zur Klärung der Meinung beigetragen werden. Der dabei einzuschlagende Weg wird durch folgende Fragen gekennzeichnet:

Welches sind die Eigenschaften, die man von den Werkstoffen verlangt?

Welche Schwierigkeiten stellen sich der bedingungsgemäßen Ausführung in den Weg?

Welches sind die Hilfsmittel, dieser Schwierigkeiten Herr zu werden?

Die Antwort auf die erste Frage hat der Konstrukteur, der Kesselschmied und der Überwachungsbeamte zu geben. Sie führt zur Aufstellung der Forderungen, die sich auf äußere Beschaffenheit, Gebrauchseigenschaften und Betriebssicherheit beziehen. Hierbei bietet sich Gelegenheit, einen Überblick über die Entwicklung des Materialprüfungswesens zu geben.

Bei Beantwortung der zweiten sind die Material- und Ausführungsschwierigkeiten und -fehler zu besprechen, die im Hüttenwerk, in der Kesselschmiede oder beim Kesselbetrieb hervortreten, und es ist die Verantwortung dafür festzustellen.

Bei der dritten müssen die Mittel untersucht werden, die bei der Bekämpfung der vorkommenden Fehler zur Verfügung stehen. Dabei sind die bekanntgewordenen Neuerungen auf dem Gebiete der Erzeugung und Weiterverarbeitung der Werkstoffe zu erörtern, Verbesserungsmöglichkeiten und -vorschläge zu untersuchen, und die Grenzen des unter jetzigen Verhältnissen Erreichbaren festzustellen.

Die Werkstoffe für den Dampfkesselbau sind, abgesehen von den hier nicht weiter zu behandelnden Armatur- und Einmauerungsteilen, Walzerzeugnisse, die entweder in glattem oder gebogenem Zustande

Verwendung finden oder eine Umformung durch Pressen oder Schmieden erfahren. Die hauptsächlichsten sind:

Mantelbleche und Laschen,
Böden aller Art,
Glatte und gewellte Flammrohre,
Feuerbüchsen und Wasserkammern,
Aufsätze und Verbindungsstutzen,
Rauch- und Siederohre,
Niete, Anker, Stehbolzen.

Diese Teile sind in der Hauptsache Zug- und Druckbeanspruchungen unterworfen, die durch den im Kesselinneren herrschenden Dampfdruck, der bei Hochleistungskesseln bis zu 20 Atm. und darüber beträgt, hervorgerufen werden[1]). Obwohl die Beanspruchung im allgemeinen statischer Art ist, wechselt sie doch in ziemlich weiten Grenzen, wobei für ein Mindestmaß von Festigkeit ein Höchstwert von Zähigkeit gefordert werden muß. Letztere findet ihren Ausdruck in der Dehnung und Querschnittsverminderung beim Zugversuch, sowie in der Schlagfestigkeit. Um sicher zu gehen, daß sich das Material möglichst unempfindlich gegen die Einflüsse der Bearbeitung in warmem und kaltem Zustande verhält, wird die Erfüllung entsprechender technologischer Proben verlangt, wie: Warm- und Kaltbiegeproben, Schmiede- und Lochproben, Schweißproben usw. Die Festigkeit und Dichtheit des fertig zusammengebauten Kessels wird durch eine Druckprobe geprüft, die mit einer bestimmten Mehrbelastung gegenüber dem Betriebsdruck vorgenommen wird.

Das Bestehen dieser Proben, die sich vorwiegend auf das Verhalten unter mechanischer Beanspruchung erstreckten, bildete lange Zeit auch für die Betriebsleiter der Hüttenwerke den einzigen Gütemaßstab. Erst mit der Einführung des Flußeisens in den Dampfkesselbau an Stelle des bisher ausschließlich verwandten Schweißeisens kam die chemische Analyse zu ausgedehnterer Anwendung. In dem Maße, in dem man den Zusammenhang zwischen dem Gehalte des Eisens an legierenden und verunreinigenden Bestandteilen und seinen Festigkeits- und Gebrauchseigenschaften erkannte, wurde sie zu einem wertvollen Hilfsmittel, für den Stahlwerker bei der Einhaltung der ihm aufgegebenen Qualitätsvorschriften, für den Walzwerker bei der Nachprüfung von Unstimmigkeiten zwischen den erwarteten und gewonnenen Güteziffern. Auch in den Kreisen der weiterverarbeitenden Industrie und bei den Aufsichtsbehörden wurde vielfach zur chemischen Untersuchung

[1]) Dieser Höchstdruck ist inzwischen noch beträchtlich hinaufgesetzt worden. Bei Versuchskesseln bis zu 50, bei in Ausführung begriffenen größeren Anlagen bis zu 30 Atm. Die damit verknüpfte Erhöhung der Dampftemperatur bedarf ernsthafter Beachtung und wird an späterer Stelle noch Erwähnung finden.

geschritten, wenn es galt, sich Aufklärung über die Ursachen von Kesselschäden zu verschaffen, die mit Hilfe mechanischer und physikalischer Proben allein nicht ermittelt werden konnten.

Gegen die Aufnahme von Analysenvorschriften in die Abnahmebedingungen, die vielfach vorgeschlagen und in verschiedenen Ländern auch eingeführt worden ist, haben sich die deutschen Hüttenleute bisher meines Erachtens mit guten Gründen gewehrt. Bestimmend für ihre Haltung waren folgende Erwägungen:

„Nur der metallurgisch erfahrene Fachmann ist in der Lage, zu beurteilen, wie eng oder weit man Analysengrenzen ziehen darf, um den gestellten Qualitätsbedingungen mit Sicherheit zu genügen. Kein Walzerzeugnis ist so homogen, daß nicht beträchtliche Unterschiede zwischen Rand und Mitte, Kern und Oberfläche auftreten können, ohne daß dabei die mechanischen Eigenschaften merklich zu leiden brauchen. Ohne völlige Erfassung sämtlicher, das technologische Verhalten beeinflussender Elemente sind Einzelvorschriften zwecklos, da manchmal das eine die zugelassene Grenze noch nicht zu erreichen braucht, während ein anderes, in den Vorschriften nicht berücksichtigtes, allein schon die Verwendung unmöglich machen würde."

Ebensowenig ist es angebracht, außer den Bedingungen, die man an die Eigenschaften des Zwischen- oder Fertigerzeugnisses stellt, noch umständliche Vorschriften aufzustellen, auf welchem Wege die Erfüllung der verlangten Forderungen erfolgen soll, wie z. B. über die Art des Verfahrens, Beschaffenheit des Einsatzes, Höhe des Schrottentfalles u. dgl. mehr. Derartige, meist aus der Kinderzeit der Hüttenindustrie stammende Bedingungen muten wie Zeichen des Mißtrauens an und sind nicht geeignet, zu einer Förderung des gegenseitigen Vertrauens beizutragen, das allein die Grundlage eines gesunden Fortschrittes bildet. Andrerseits darf man erwarten, daß sich die erzeugenden Kreise nicht gegen die Annahme von Forderungen sträuben, die zum Schutze berechtigter Interessen der Dampfkesselbesitzer und der Allgemeinheit aufgestellt werden. So beweisen die in der Dampfkessel-Normenkommission, der geeigneten Vertretung aller bei der Erzeugung und beim Betrieb von Dampfkesseln beteiligten Stellen, gefaßten Beschlüsse, daß durch verständnisvolle Zusammenarbeit Ersprießliches geleistet werden kann und daß eine einsichtsvolle Gesetzgebung von diesen Vorschlägen gern ausgiebigen und nutzbringenden Gebrauch macht.

Bereits von der Schweißeisenzeit her war man gewöhnt, neben den zahlenmäßig zu erfassenden Festigkeits- und Dehnungswerten auch dem Bruchaussehen der Proben Beachtung zu schenken. Man unterschied sehniges und körniges Gefüge in verschiedenen Abstufungen, sprach von schuppigem und faserigem Bruch und achtete auf Härteadern und Bläschenbildung. Alle diese Eigentümlichkeiten zeigten, daß man es nicht mit einem durchaus homogenen Stoff zu tun hatte, sondern daß man besonders bei den dem Kopfende entnommenen Proben mit Ungleichmäßigkeiten in bezug auf Zusammensetzung und inneren Zusammenhang zu rechnen hatte. Ein anschauliches Bild ergaben dabei die späterhin eingeführten Ätzproben, das sind mittels Säuren oder Salzlösungen geätzte, polierte Schliffe von Querschnitten des zu untersuchenden Materiales. Auf diese Weise wurden die in Gestalt von Seigerungen vorhandenen Anreicherungen des Kohlenstoffes und Phosphorgehaltes dem bloßen Auge sichtbar gemacht, späterhin auch die Schwefelseigerungen, z. B. durch die Baumannsche oder Heynsche Schwefelprobe.

War es nun mit Hilfe der bisher erwähnten Proben möglich, sich über das Grobgefüge des vorliegenden Materiales Klarheit zu verschaffen, wobei auch schon Lupe und Mikroskop herangezogen wurden, so wurde mit dem fortschreitenden Ausbau der Metallographie die Hüttentechnik in die Lage versetzt, tieferen Einblick in den inneren Aufbau der von ihr erzeugten und verarbeiteten Stoffe zu gewinnen. Durch planmäßiges Studium des Kleingefüges erkannte man, daß nicht nur die chemischen Beimengungen und die mechanische Verarbeitung entscheidenden Einfluß auf die Festigkeitseigenschaften ausüben, sondern daß auch die Wärmebehandlung in hohem Maße daran beteiligt ist.

Schon frühzeitig hatte man das Ausglühen der Kesselbleche zum Zwecke der Beseitigung von Walzspannungen vorgeschrieben. Auch war man sich längst darüber klar, daß Verarbeitung bei ungeeigneten Temperaturen, wie in der sog. Blauwärme, Sprödigkeit hervorrief, deren schädliche Folgen man durch Ausglühen zu beseitigen suchte. Über die z. T. recht verwickelten intermolekularen Vorgänge im Material konnte man sich jedoch keine genaue Rechenschaft geben. Dies trat erst ein, als die Erkenntnis der bei bestimmten Temperaturen sich vollziehenden Umwandlungen eine auf genauer pyrometrischer und mikroskopischer Kontrolle aufgebaute, planmäßige Beherrschung der Wärmebehandlung ermöglichte.

Ein wertvolles Hilfsmittel bot sich dabei in der Anwendung der Kerbschlagprobe, die, obwohl als Abnahmeprobe weniger geeignet, ein wichtiges Kriterium für die Beeinflussung der Zähigkeit durch thermische Vorgänge, auch wenn solche erst im Kesselbetriebe aufgetreten waren, bildete.

Bearbeitungs- und Betriebseinflüsse.

Zieht man nun aus dem Gesagten die Folgerung, daß angesichts des reichhaltigen, durch Praxis und Wissenschaft gegebenen Rüstzeuges keine großen Schwierigkeiten bestehen dürften, ein durchaus einwandfreies, betriebssicheres Ausgangsmaterial für den Kesselbau zu erzeugen, so kann man dieser Auffassung mit gewissen Vorbehalten wohl beipflichten. Es genügt aber nicht allein, dem Kesselbau derartige Werkstoffe zur Verfügung zu stellen; man muß auch sicher gehen, daß ihre wertvollen Eigenschaften nicht durch unsachgemäße, ihrer Eigenart nicht entsprechende Behandlung gemindert werden und dadurch wieder ein Faktor der Unsicherheit in die Konstruktion hineingetragen wird. Bei einer ganzen Reihe von Dampfkesselschäden ist einwandfrei nachgewiesen, daß die Ursache des Versagens nicht in der Materialbeschaffenheit, sondern in der Art der Weiterverarbeitung zu suchen war, ein Beweis für die Notwendigkeit, auch dem Kreise der Verarbeiter eine umfassende und eingehende Materialkenntnis zu vermitteln.

Es bleiben noch einige Worte über die Einflüsse zu sagen, denen das Material im Betriebe ausgesetzt ist und für die die Faktoren: Temperatur, Speisewasser und Feuergase bestimmend sind. Es handelt sich hierbei entweder um Anfressungen (Korrosionen) oder um Unregelmäßigkeiten im Wärmedurchgang (Wärmestauungen, schroffer Temperaturwechsel). Durch letztere werden Materialspannungen hervorgerufen, die bei der Konstruktion nicht in die Berechnung einbezogen werden können und daher oft die zulässige Grenze überschreiten. Das gilt auch für die infolge schlechter Unterstützung und Verankerung auftretenden gefährlichen Beanspruchungen. Die Notwendigkeit der genauen Befolgung der Speise- und Reinigungsvorschriften ist zu selbstverständlich, als daß sie noch besonders erwähnt werden müßte.

Schließlich muß an geeigneter Stelle noch der sog. Alters- und Ermüdungserscheinungen Erwähnung getan werden, bei denen die Eigenwärme der Bleche im Betrieb eine erhebliche Rolle spielt. Es stellt dies das noch am wenigsten erforschte Gebiet der Umwandlungsvorgänge dar, denen die zu besprechenden Werkstoffe unterworfen sind. Gerade bei den in jüngster Zeit aufgetretenen, in ihren letzten Ursachen noch nicht aufgeklärten Dampfkesselschäden sprechen eine Reihe gewichtiger Anzeichen dafür, daß derartige Erscheinungen mitgewirkt haben.

Grundstoffe und Herstellungsverfahren.

Obwohl die deutschen Materialvorschriften Schweißeisen noch in vollem Umfange berücksichtigen, kommt es bei Neuanfertigungen höchstens noch für die Herstellung der Niete und Stehbolzen in Frage und seine Herstellung soll deshalb als besonderes Verfahren unberücksichtigt bleiben. Das im Windfrischverfahren erzeugte Flußeisen ist zwar nach den „Allgemeinen polizeilichen Bestimmungen usw.“ zugelassen, wird aber höchstens für untergeordnete Zwecke verwandt und scheidet deshalb ebenfalls aus der Betrachtung aus.

Im Tiegelofen raffiniertes kommt wegen geringer Erzeugungsmöglichkeit und hoher Gestehungskosten überhaupt nicht in Betracht. Dagegen hat Elektroflußeisen seiner vorzüglichen Eigenschaften wegen in dem Maße, in dem es durch Massenerzeugung verbilligt wird, gute Aussichten auf ausgedehntere Verwendung, namentlich in Ländern mit ausgiebigen Wasserkräften und geringem Kohlereichtum. Da indes zur Zeit noch keine Berichte über die Herstellung von Kesselblechen bekannt geworden sind, braucht auch dieses Material vorläufig nicht berücksichtigt zu werden. Es verbleibt demnach nur das im Herdofenfrischverfahren auf saurem oder basischem Wege erzeugte Flußeisen in seinen verschiedenen Ausführungsarten.

Die Frage, welches der beiden Verfahren anzuwenden ist, ist lediglich von der Beschaffenheit der Rohstoffe abhängig. Das saure, auf einem aus Kieselsäure bestehenden Herd ausgeübte Verfahren gestattet keine Abscheidung des Phosphors, man ist daher auf einen phosphorarmen Einsatz an Roheisen und Schrott angewiesen. Bei dem basischen Verfahren, bei dem der Herd aus Dolomit oder Magnesit besteht, hat man in dieser Hinsicht bis zu gewissen Grenzen freie Hand. Beide Verfahren führen, richtig ausgeübt, zu einem gleich guten Enderzeugnis; aus noch näher zu erörternden Gründen ist beim sauren Verfahren die Herstellung der weichen Qualitäten etwas schwieriger, dagegen von dichten, blasenarmen Blöcken etwas leichter als beim basischen.

Ähnlich, wie es beim Windfrischverfahren der Fall ist, überwiegt in Deutschland, Amerika und Frankreich der basische, in England der saure Herdofenprozeß. Während im Jahre 1908 in den ersten drei Ländern die saure Martinstahlerzeugung im Durchschnitt nur wenige Prozente betrug und seither noch weiter zurückgegangen ist, überwog sie in England die basische noch im Verhältnis 2 : 1. Seitdem hat sich jedoch dort ein unverkennbarer Umschwung der Meinungen angebahnt, der auf die immer größer werdende Knappheit phosphorfreier Erze zurückzuführen ist. Im Jahre 1913 war die Erzeugung von basischem Martinstahl auf 2,288 Millionen Tonnen gegen 3,872 Millionen Tonnen saurem gestiegen. In dem Maße, in dem man die Erzeugung und Verwendung aus Mangel an den früher ausschließlich gebrauchten Erzen notgedrungen steigern mußte, schwanden auch die Vorurteile gegen die Verwendung des basischen Stahles als Kesselblech. Hierzu mag, wenn es auch schwerlich zugegeben werden wird, die gute Beschaffenheit des in beträchtlichem Maße eingeführten deutschen Kesselmaterials beigetragen haben. Aber auch im eigenen Lande fehlte es nicht an Verfechtern des basischen Flußeisens. Durch eine in den Jahren 1910 bis 1913 von den Professoren Campion und Longbottom in Glasgow durchgeführte, umfangreiche Untersuchung wurde einwandfrei nachgewiesen, daß zwischen basischem und saurem Flußeisen ein nennenswerter Qualitätsunterschied nicht bestand. Die untersuchten Kesselbleche hatten einen Kohlenstoffgehalt von 0,144—0,182% bei einer Zerreißfestigkeit von 40—42 kg/mm² im Anlieferungszustande und von 36,5—39,5 kg/mm² nach dem Ausglühen der Proben bei 800°.

Einfluß der chemischen Zusammensetzung auf die Festigkeitseigenschaften.

Bestimmend für die vom Kesselblech geforderten Festigkeitseigenschaften ist der Gehalt an Kohlenstoff. Mit steigendem Kohlenstoff wächst die Streck- und Bruchgrenze, sowie die Kugeldruckhärte, fällt die Dehnung und Kontraktion. Mangan und Phosphor äußern sich bei den hier in Betracht kommenden C-Gehalten in ähnlichem Sinne, Silizium und Schwefel können als neutral angesehen werden.

Es hat nicht an Bemühungen gefehlt, die Beziehungen zwischen chemischer Zusammensetzung und Festigkeitseigenschaften mit Hilfe von Formeln zu erfassen. Besonders Jüptner v. Johnstorff hat auf diesem Gebiete viele Versuche angestellt und auch von seiten amerikanischer Forscher ist reichliches Material zusammengetragen worden. Da, wo man mit gleichmäßigen Betriebsverhältnissen in bezug auf Einsatz und Chargengang rechnen kann, wird man aus der Anwendung derartiger Formeln ohne Zweifel manchen Nutzen ziehen können, wo indes diese Voraussetzungen fehlen, schnell ihre Unzulänglichkeit erkennen. Im übrigen schärft sich sehr bald das Gefühl für die Beurteilung der Festigkeit an Hand der Analysenwerte, so daß man, auch ohne lange Rechnungen anzustellen, das voraussichtliche Ergebnis des Zerreißversuches mit hinlänglicher Sicherheit abzuschätzen lernt.

Als empirischen Wert kann man bei ungeglühtem Kesselblech mittlerer Stärke und normalem Gehalt an fremden Elementen (0,4 bis 0,5% Mn, P und S max. 0,05, Spuren Si) für 0,10% C eine Zerreißfestigkeit von 35 kg/mm² annehmen und für jedes Hundertstel Prozent Kohlenstoff mehr etwa 0,7 kg zuschlagen. Für einen C-Gehalt von 0,4%, von dem an man das schmiedbare Eisen als Stahl zu bezeichnen pflegt, ergibt das eine Festigkeit von etwa 56 kg oder bei geglühtem Material von rund 51 kg, was praktisch der oberen Festigkeitsgrenze von Kesselblech gleichkommt. In Wirklichkeit wird jedoch die Festigkeit bei dem angenommenen C-Gehalt von 0,4% etwas höher ausfallen, weil aus Zweckmäßigkeitsgründen eine Steigerung des Mangangehaltes nicht zu umgehen ist und dieser Mehrbetrag die Festigkeit heraufsetzt.

Die Abhängigkeit auch der übrigen Festigkeitseigenschaften vom C-Gehalt zeigt ein in der Materialienkunde von Heyn-Martens II A, S. 324 wiedergegebenes Diagramm. (Abb. 1.)

Silizium tritt in Kesselblechen in zu geringen Mengen auf, um als legierender Bestandteil einen Einfluß auf die Festigkeitseigenschaften ausüben zu können. Dagegen spielt es als Desoxydations- und die Gasabscheidung verhinderndes Mittel in Gestalt von Ferrosilizium besonders beim sauren Prozeß eine gewisse Rolle. Beim basischen Prozeß wird es seltener angewandt, da die Ausscheidung der eine Suspension bildenden Kieselsäure aus dem Eisenbad sich langsam vollzieht und besonders bei mattem, wenig Mangan enthaltendem Stahl Neigung zu Schrumpf- und Warmrissen hervorruft. Im Enderzeugnis findet man bei basischem Kesselblech nur Spuren bis einige Hundertstel, im sauren bis etwa 0,25% Si.

Den Phosphorgehalt sucht man so niedrig als möglich zu halten, maximal 0,05, äußerst 0,06%, da schon verhältnismäßig geringe Mengen genügen, um die Festigkeitseigenschaften ungünstig zu beeinflussen, besonders die Zähigkeit bei der Kaltbiege- und Kerbschlagprobe. Bei einem C-Gehalte von 0,10—0,15% wird die Festigkeit nach d'Amico[1]) durch 0,01% P um 0,63 kg, die Dehnung um 0,136%, die Kontraktion um 0,38% geändert, und zwar erstere im gleichen, letztere beiden im umgekehrten Sinne. Da diese Werte jedoch nur für homogenes Material gelten, ist bei ihrer Anwendung für die Praxis die starke Neigung des Phosphors zu Seigerungen zu berücksichtigen, so daß man gut tut, den Einfluß auf die Dehnung höher zu veranschlagen. Auf die Verarbeitbarkeit in warmem Zustande hat der P-Gehalt praktisch keinen Einfluß.

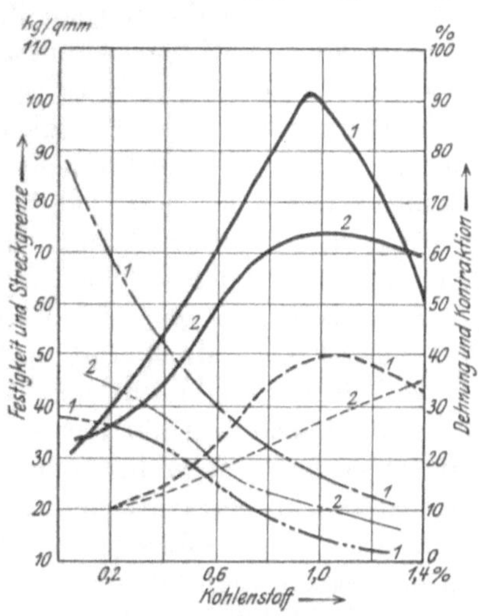

1 gewalzt. 2 gewalzt und geglüht.
——— Festigkeit. –··–·· Dehnung.
– – – – Streckgrenze. –·–·– Kontraktion.

Abb. 1. Einfluß des Kohlenstoffes auf die Festigkeitseigenschaften gewalzten Siemens-Martinstahles.

Beim Schwefel ist das umgekehrte der Fall. Die Festigkeit wird nur bei C-Gehalten von über 0,3% in geringem Grade erhöht, für 0,01% S etwa um 0,3 kg/mm^2, Dehnung und Kontraktion werden überhaupt kaum beeinflußt. Dagegen leidet die Warmbildsamkeit und Schweißbarkeit in hohem Maße, so daß man wegen Rotbruchgefahr Material mit über 0,05% für Bördel- und Schweißbleche überhaupt nicht, über 0,08% auch für die übrigen Kesselbleche nicht verwenden sollte. Gegenteilige Versuche von Unger[2]), welche die verhältnismäßige Unschädlichkeit höherer S-Gehalte (bis 0,2%) dartun sollen, können nicht als

[1]) Ferrum 13, S. 289.

[2]) Am. Mach. 16, S. 191, Bericht Stahl u. Eisen, S. 592.

beweiskräftig angesehen werden, weil zu den Versuchen nur die unteren Blockhälften benutzt und so der Einfluß der Seigerungen, zu denen der Schwefel ebenfalls in hohem Maße neigt, unterdrückt wurde.

Nach in der Praxis weit, um nicht zu sagen allgemein verbreiteter Ansicht schreibt man dem Sauerstoff die gleichen unangenehmen Eigenschaften zu, wie dem Schwefel, nämlich Beeinträchtigung der Warmbildsamkeit und Schweißbarkeit. Es kann sich in solchen Fällen nur um die Verbindungen Eisen-Sauerstoff oder Eisen-Mangan-Sauerstoff handeln, denen gegenüber das Eisen wenigstens bei höheren Temperaturen eine bestimmte Lösungsfähigkeit besitzt. Bei den großen Schwierigkeiten, die genaue Sauerstoffbestimmungen im Hüttenlaboratorium bis in die jüngste Zeit hinein noch verursachen, lassen sich indes keine kritischen Grenzwerte festlegen[1]).

Bei der Bemessung des Mangangehaltes ist weniger der Gedanke an die Beeinflussung der Festigkeitseigenschaften maßgebend, als der Wunsch nach einem wirksamen Schutz gegen die schädlichen Einwirkungen von Sauerstoff und Schwefel. Bei den gebräuchlichen C-Gehalten wird durch 0,1% Mn die Festigkeit nach Lang[2]) um 0,8 kg geändert. Das Mangan bildet infolge seiner großen Verwandtschaft zum Sauerstoff eines der wirksamsten Desoxydationsmittel. Das nach der Formel $FeO + Mn = MnO + Fe$ gebildete Manganoxydul scheidet sich verhältnismäßig leicht aus dem Eisenbad ab und steigt schnell an die Oberfläche. Im übrigen ist eine restlose Abscheidung der Sauerstoffverbindungen auch bei hohen Manganzusätzen nicht möglich, es bleibt stets ein beträchtlicher Prozentsatz in Form von Schlackeneinschlüssen oder als Lösung im Stahl zurück.

Die Desoxydationsfähigkeit des Mangans wird durch die Anwesenheit von Kohlenstoff und Silizium unterstützt. Das dabei gebildete $MnSiO_3$ besitzt einen niedrigen Schmelzpunkt und geringes spez. Gewicht und wird deshalb energisch aus dem Bade abgeschieden.

Das Verhalten des Mangans zu dem im flüssigen Eisen vorhandenen Schwefel ist ähnlich. Die Abscheidung vollzieht sich nach der Formel: $FeS + Mn = MnS + Fe$. Das dabei gebildete MnS wird ebenfalls verhältnismäßig leicht vom flüssigen Stahl freigegeben.

Die Höhe des Manganzusatzes, der beim Fertigmachen in Form von hochprozentigem Ferromangan, nötigenfalls auch unter Zusatz von (flüssigem) Spiegeleisen erfolgt, richtet sich naturgemäß nach der vermutlichen Höhe des im Bade in Form von Eisenoxydul und Eisensulfid gelösten Sauerstoffs und Schwefels, also mittelbar nach dem

---

[1]) Ledebur gibt an, daß 0,1% O das Eisen rotbrüchig macht, während Oberhoffer und d'Huart noch bei 0,14% eine Beeinträchtigung der Schmiedbarkeit nicht feststellen konnten.

[2]) Metall 1911, S. 15.

bereits im Bade enthaltenen Mangangehalt, da O und S in um so geringerer Menge an Fe gebunden sind, je höher der Mangangehalt ist. Man betrachtet einen Gehalt von 0,4—0,5% Mn in einem gut ausgegarten Flußeisen als ausreichend. Für Bleche, die im Feuer bearbeitet werden, namentlich für solche, die mehrfache Erhitzung erfahren, wie Böden- und Wellrohrbleche, Domstutzen usw. geht man auf 0,6%. Dieser Gehalt bietet noch wirksamen Schutz gegen die infolge erneuter Aufnahme von O und S aus den Feuergasen zu befürchtende Verschlechterung der Materialeigenschaften.

Außer den bisher besprochenen Elementen kommen noch eine Anzahl weniger wichtiger Stoffe als Verunreinigungen in Betracht. Es sind dies von festen Grundstoffen Kupfer, Arsen, Zinn und Titan, von gasförmigen Stickstoff und Wasserstoff. Die zusammengesetzten Gase Kohlenoxyd und Kohlensäure sowie Methan werden später an geeigneter Stelle besprochen werden.

Kupfer vermag, wenn es metallisch mit Eisen legiert ist, die Festigkeits- und technologischen Eigenschaften nicht zu beeinflussen. In Gestalt von Oxydul oder Sulfür befürchtet man eine Beeinträchtigung der Schmiede- und Schweißbarkeit, namentlich wenn der Schwefelgehalt sich bereits nach der oberen Grenze hin bewegt. Nach einer Reihe von Versuchen soll jedoch auch in dieser Form der im technischen Eisen als normal anzusehende Kupfergehalt von max. 0,2% ungefährlich sein.

In Rothe Erde gegen Kriegsende angestellte Versuche ergaben auch bei 0,5% Cu noch keine Beeinträchtigung der Walzbarkeit.

Über den Einfluß des Zinns, das als Verunreinigung des Schrottes in das Eisen gelangt, sind im Zusammenhange mit dem Goldschmidtschen Entzinnungsverfahren Versuche angestellt worden, die nach Ledebur[1]) folgendes Ergebnis hatten:

„Streckgrenze und Dehnung werden bei weichem Flußeisen mit 0,09% C durch Zinngehalte bis zu 0,25% nicht merklich beeinflußt, die Bruchgrenze um 1—2 kg/mm² in die Höhe gesetzt. Kaltbiege- und Schmiedeprobe zeigen keine Güteminderung, ebensowenig die Schweißbarkeit. Dagegen leidet die Warmbildsamkeit beim Walzen schon von 0,10% an, was aber von Zugger, der aus Flußeisen mit 0,55% Sn noch rißfreie Platinen, Bandeisen und Feinbleche walzte, bestritten wird.“

Das große Mißtrauen, das in der Praxis gegenüber dem Zinn herrscht, scheint demnach bei den geringen praktisch möglichen Gehalten nicht berechtigt zu sein. Als Summierungsfaktor verdient Zinn aber immerhin, ebenso wie Arsen, Beachtung.

---

[1]) Stahl u. Eisen 1901, S. 330.

Das Vorkommen dieses letzteren Elementes in beachtenswerter Menge muß als Ausnahmefall betrachtet werden. Es verhält sich dem Schwefel ähnlich, dessen Gehalt man es zuzuschlagen hat. Material mit über 0,10% As zeigt beträchtliche Verringerung der Schweißbarkeit, die Bildsamkeit in warmem und kaltem Zustande leidet nach Versuchen verschiedener Forscher jedoch erst bei wesentlich höheren Gehalten.

Titan wurde vor etwa 10 Jahren von Amerika aus in Gestalt von Ferrotitan als vorzügliches Mittel zur Desoxydation, Entgasung und Erhöhung der Schleißfestigkeit nachdrücklich empfohlen. Die Versuche erstreckten sich hauptsächlich auf Schienenstahl, bei dem eine beträchtliche Erhöhung der Kerbzähigkeit und Kugeldruckhärte zu verzeichnen war. Auch die in Deutschland mit weicheren Stahlsorten angestellten Proben wiesen ähnliche Ergebnisse auf. Die Anwesenheit von Titan im Fertigerzeugnis konnte bei den geringen Zusatzmengen, etwa 0,3%, weder als legierender Bestandteil noch in Form von Einschlüssen festgestellt werden. Bei der Analyse des Fertigerzeugnisses fanden sich nur Spuren Titan, was als Beweis für die gute Abscheidbarkeit der Titansäure angesehen werden kann.

Als Hauptvorzug wird dem Titan die Unschädlichmachung des Stickstoffes nachgerühmt. Wie weit dies zutrifft, müßte erst noch durch eingehende Versuche festgestellt werden. Das gleiche gilt bezüglich seiner angeblichen Fähigkeit der Verhinderung von Seigerungen. Da sich die Verwendung hochprozentigen Ferrotitans zurzeit außergewöhnlich teuer stellt, kommt es für die nächste Zukunft bei der Kesselblecherzeugung schwerlich in Betracht.

Eine weit ausgedehntere Verwendung findet dagegen das Aluminium, das wegen seiner großen Verwandtschaft zum Sauerstoff als eines der wirksamsten Desoxydationsmittel sehr geschätzt wird. Auch besitzt es wie Silizium und Titan in hervorragendem Maße die Fähigkeit, die Gasabscheidung zu verhindern, weil es die Lösungsfähigkeit für Gase erhöht. Unangenehm wirkt der Umstand, daß die gebildete Tonerde sich schlecht abscheidet, wodurch die Bildsamkeit bei der Warmverarbeitung leidet. In welcher Gestalt die Tonerde dabei auftritt, ob als trennendes Zwischenmittel an den Kornbegrenzungsflächen oder kolloidal gelöst, bedarf noch der Aufklärung. Im Enderzeugnis sind auf metallographischem Wege bislang nur wahllos verstreute Einschlüsse mit Sicherheit festgestellt worden[1]).

Als Vorzug muß ferner noch erwähnt werden, daß Aluminium zur Verringerung der Seigerungen beiträgt. Worauf diese Eigenschaft beruht, steht nicht genau fest, wahrscheinlich ist dabei die Gasbindung und Beschleunigung der Erstarrung von Einfluß.

[1]) Comstock, Stahl u. Eisen 1917, S. 40.

Die übrigen, hauptsächlich als Legierungsmittel bei der Herstellung von Werkzeugstählen bekannten Elemente Nickel, Kobalt, Chrom, Wolfram, Vanadium und Molybdän kommen bei der Kesselblechherstellung nicht in Frage. Dagegen müssen von gasförmigen Elementen außer dem bereits behandeltem Sauerstoff noch Wasserstoff und Stickstoff erwähnt werden.

Wasserstoff ist nur als okkludiertes Gas im Eisen vorhanden, tritt aber in erheblicher Menge auf. Irgendwelche schädlichen Einwirkungen, wie man sie bei gebeiztem Draht oder bei Feinblech beobachtet hat, konnten bei Kesselblech nicht wahrgenommen werden. Das Beizen der Kesselbleche zum Zwecke der Aufdeckung von Oberflächenfehlern ist zwar in einigen ausländischen Marinebedingungen vorgeschrieben, aber, soweit bekannt, in seinen Einwirkungen noch nicht untersucht worden.

Mit dem noch verbleibenden gasförmigen Element, dem Stickstoff, muß sich die Praxis dagegen öfter beschäftigen. Die Frage, ob Stickstoff als okkludiertes Gas im Eisen enthalten sein kann, läßt sich zwar nicht mit Sicherheit verneinen, es sprechen aber viele Anzeichen dafür, daß es vorwiegend in Form mehr oder weniger stabiler Verbindungen vorhanden ist. Die reine Eisenstickstoffverbindung Fe_2N ist wenig beständig und zerfällt schon beim Ausglühen der Proben bei verhältnismäßig niedrigen Temperaturen an der Luft, sogar im Stickstoffstrom. Dagegen sind die Verbindungen mit Silizium, Mangan und Aluminium sehr stabil und bilden mit Eisen feste Lösungen. Bei der Titan-Stickstoffverbindung ist letzteres nicht der Fall, sie erscheint — allerdings nur bei hoher N-Konzentration — als besonderer Gefügebestandteil. Über das gasbindende Verhalten der genannten Elemente wird später noch die Rede sein.

Den vermutlichen Einfluß des Stickstoffes auf die Zähigkeit des Flußeisens haben eine Reihe von Forschern näher festzustellen versucht, u. a. Stromeyer in verschiedenen Abhandlungen über die Alterserscheinungen bei Kesselblechen. Es ist ihnen jedoch nicht gelungen, den ohne Zweifel vorhandenen Einfluß zahlenmäßig zu belegen. In neuerer Zeit hat die Stickstofffrage an Interesse gewonnen, weil der höhere Stickstoffgehalt der auf elektrischem Wege hergestellten Schweißnähte von den Gegnern des Verfahrens als Nachteil ausgelegt wird. Zahlreiche praktische Versuche haben jedoch dargetan, daß diese Vermutung unbegründet ist.

Hiermit kann die Besprechung der einzelnen Elemente, soweit sie als legierende oder verunreinigende Bestandteile im Flußeisen vorhanden sind oder zu dessen Reinigung dienen, vorläufig als abgeschlossen gelten. Ich komme zum eigentlichen Thema, dem Einfluß des Herstellungsverfahrens, der Bearbeitungsvorgänge und der

Betriebsverhältnisse. Der erste Teil ist in zwei Abschnitte gegliedert, das Schmelzen und Gießen der Brammen im Stahlwerk und das Wärmen, Auswalzen und Glühen im Walzwerk. Unter dem Begriff Bearbeitungsvorgänge ist im zweiten Teil die Weiterverarbeitung der Walzbleche im Scheerenbau, das Pressen, Schmieden und Schweißen sowie der Zusammenbau der einzelnen Teile in der Kesselschmiede zusammengefaßt. Daran anschließend soll im dritten Teile das Verhalten der Kesselbleche unter Betriebsbedingungen behandelt werden.

Erster Teil.

A. Die Erzeugung der Brammen im Stahlwerk.

Die verschiedenen Arten des Siemens-Martinverfahrens.

Es kann nicht im Rahmen dieser Arbeit liegen, einen vollständigen Abriß des Siemens-Martinprozesses und der zu seiner Durchführung erforderlichen Einrichtungen zu geben. Vielmehr soll der metallurgische Verlauf nur insoweit gestreift werden, als es mit Rücksicht auf die Eigenart des zur Behandlung gestellten Sonderstoffes geboten erscheint. Das gleiche gilt für die Beschreibung der Öfen und Hilfseinrichtungen.

Die älteste Art des Siemens-Martinverfahrens ist der Roheisen-Schrottprozeß, der ursprünglich nur als ein reines Umschmelzverfahren für Walzwerksabfälle und Alteisen gedacht war. Den Roheisenzusatz beschränkte man auf diejenige Menge, die zur Reduktion des durch die oxydierende Flammenwirkung verbrannten und verschlackten Teilmenge des Einsatzes und zur Erzielung einer genügenden, durch das Kochen des Bades bewirkten Wärmeübertragung nötig war. Da auf dem sauer zugestellten Herde eine Oxydation und Verschlakkung des Phosphors so wenig wie eine wirksame Entschwefelung möglich ist, war man gezwungen, für die Erzeugung besserer Qualitäten einen phosphor- und schwefelarmen und deshalb schwer zu beschaffenden und kostspieligen Einsatz zu verwenden. Mit der Zeit machte sich das Bestreben geltend, das billigere Roheisen in größerem Verhältnis zu gebrauchen, dessen Fremdbestandteile jedoch durch die Flammenwirkung allein nicht schnell genug oxydiert werden konnten. Mit dem auch bei älteren Frischverfahren schon angewandten Zusatz von Eisenoxydverbindungen in Gestalt von Erz oder Walzensinter erzielte man zwar eine lebhaftere Frischwirkung, setzte aber zugleich das Ofenfutter dem vermehrten Angriff der oxydreicheren Schlacke aus. Dieses lebhafte Vereinigungsbestreben der Kieselsäure mit dem Eisenoxydul der Schlacke behindert auch beim sauren Prozeß eine weitergehende Entkohlung, da dadurch die Sauerstoffkonzentration in der Schlacke ständig zurückgeht und infolgedessen deren Einwirkung auf den Kohlenstoffgehalt des Bades verzögert wird. Es ist daher, wie bereits angedeutet, schwierig, im sauren Ofen den Kohlegehalt unter 0,1% herunterzubringen.

Diese Übelstände wurden mit der basischen Ausfütterung des Ofens ohne weiteres beseitigt. Das Arbeiten mit einer kalkreichen basischen Schlacke ermöglichte weitgehende Abscheidung des Phosphors, Schwefels und Kohlenstoffes und damit die Erzeugung eines reinen und weichen Flußeisens, wie man es für den Kesselbau als Ersatz des noch vorwiegend verwandten Schweißeisens nötig hatte. Ebenso konnte der Anteil der Frischarbeit gesteigert werden, wodurch die Erzeugung erhöht und die Selbstkosten erniedrigt wurden.

Bei den in Verbindung mit eigenen Hochofenanlagen arbeitenden Martinwerken führte das Bestreben, ausschließlich oder vorwiegend mit flüssigem Rohreiseneinsatz zu arbeiten, zur Ausbildung des Roheisen-Erzprozesses. Dieses Verfahren wird in verschiedenen Abarten ausgeübt, die als gemeinsames Kennzeichen die Unterteilung des Frischprozesses haben. In der ersten Periode werden in der Hauptsache diejenigen Fremdkörper abgeschieden, die feste Oxydationsprodukte liefern, also Silizium, Phosphor und Mangan, in der zweiten der Kohlenstoff. Man erhält während der ersten Periode eine an Metalloxyden arme, an Phosphorsäure reiche Schlacke, die auf geeignete Weise aus dem Ofen entfernt wird. In der zweiten arbeitet man dagegen mit einer an Eisen- und Manganoxydul konzentrierten Schlacke, die auf den Kohlenstoff des ven don übrigen Fremdkörpern hinreichend befreiten Bades energisch einwirkt.

Beim Bertrand-Thiel-Verfahren, das nur noch historischen Wert besitzt, verteilte man den geschilderten Prozeß auf zwei getrennte Öfen; bei dem daraus hervorgegangenen Hösch-Verfahren sticht man dagegen Metall und Schlacke nach Beendigung der ersten Periode ab und setzt das Metall wieder in denselben Ofen ein, um es fertig zu frischen. Durch die Einführung der Kippöfen wurde man in die Lage versetzt, das Verfahren ohne das lästige Umgießen des Metallbades durchzuführen, indem man die aus der ersten Periode fallende Schlacke einfach durch Kippen entfernt und die Charge in gewohnter Weise zu Ende führt.

Wo man zwischen Hochofen und Stahlwerk einen geheizten, kippbaren Mischer einschalten konnte, dessen Vorteile als bekannt vorausgesetzt werden dürfen, war man in der Lage, den ersten Teil des Frischprozesses ganz oder teilweise darin durchzuführen. Man arbeitete also mit einem großen, geräumigen Vorofen, dessen Inhalt man auf einen oder mehrere kleinere, feststehende Öfen verteilte.

Beim Talbotverfahren bedient man sich ausschließlich eines einzigen kippbaren Ofens mit großem Fassungsvermögen (bis zu 200 t), um darin einen kontinuierlichen Prozeß zu betreiben. Das Bad wird durch Erz- und Kalkzusatz soweit heruntergearbeitet, daß der gewünschte Grad der Entkohlung erzielt wird, gegebenenfalls noch ein

Zusatz sehr reinen Roheisens, meist Hämatit, gemacht und dann ein Drittel bis ein Viertel des Ofeninhaltes abgestochen. Die für die Desoxydation nötigen Zusätze werden in die Pfanne gegeben, und zwar nach Möglichkeit in flüssiger Form, das Fertigmachen erfolgt also ausschließlich außerhalb des Ofens. Darauf wird der abgegossene Teil des Ofeninhaltes wieder durch frisches Roheisen ersetzt und der Frischprozeß beginnt von neuem.

Dieses Verfahren hat vor allem in England, weiterhin in Amerika große Verbreitung gefunden und ist späterhin noch durch Zuhilfenahme von Mischern hier und dort erweitert worden. Durch die Zugabe des Ferromangans in flüssigem Zustande in die Pfanne hinein ist es auch möglich geworden, die besseren Qualitäten aus dem Talbotofen zu erzeugen. Auf einen Vorteil muß man allerdings verzichten: das ist die Möglichkeit des gründlichen Ausgarens der Charge auf dem Herde zum Zwecke der vollkommenen Desoxydation und Abscheidung des dabei sich in Form einer Emulsion bildenden Manganoxydules. Dieser Vorgang, der zu seiner Durchführung geraume Zeit beansprucht, ist besonders bei der Erzeugung von gut schweißbaren, blasenfreien Blechen von höchster Wichtigkeit und verlangt die größte Aufmerksamkeit in bezug auf die richtige Bemessung der Temperatur und des Zeitpunktes des Abstiches.

1. Die metallurgischen Vorgänge im Martinofen.

Die bei weitem größte Menge Kesselblechbrammen wird zurzeit nach dem Roheisen-Schrottverfahren erzeugt, meist in Öfen von 30 bis 40 t Fassung. Es gilt dabei nach wie vor der Grundsatz: Je reiner die Ausgangsstoffe, desto besser das Enderzeugnis. Wo man dazu in der Lage ist, bedient man sich daher eines ausgewählten Kernschrottes, zu dem die Abfälle der eigenen Fabrikation zum großen Teile beitragen, und eines phosphor- und schwefelarmen, manganreichen Roheisens, wie Spiegeleisen, Stahleisen und — vorzugsweise beim sauren Verfahren — Hämatit. Die Verwendung hochphosphorhaltigen Eisens führt zu mancherlei Schwierigkeiten; man ist genötigt, sehr weit herunterzuarbeiten, erhält bei der Desoxydation und Rückkohlung unruhigen Stahl und hat die Gefahr der Rückphosphorung im Bad oder in der Pfanne, sofern man nicht, wie es bei kippbaren Öfen möglich ist, mit einer besonderen phosphorarmen Fertigschlacke arbeiten kann. Immerhin ist, wenn genügend Zeit zum Ausgaren zur Verfügung steht und nicht an den nötigen Zusätzen gespart zu werden braucht, auch bei einem Bad mit höherem Phosphorgehalt die Erzeugung eines guten Stahles möglich.

Außer auf die Reinheit des Einsatzes ist auch auf die der Zuschläge zu achten. Beim Erz gilt dasselbe wie beim Roheisen; bei dem vielfach wegen seines hohen Mangangehaltes verwandten Siegerländer Rostspat ist der Kupfergehalt stellenweise recht hoch, im schwedischen Erz findet sich vielfach Titansäure. Auch die Reduktionsfähigkeit des Erzes spielt eine große Rolle; die als am leichtesten reduzierbar bekannten Sorten sind naturgemäß zum Frischen am besten geeignet, z. B. der Roteisenstein. Im Kalk findet sich häufig Schwefel in Form von Gips, über dessen Reduktionsfähigkeit im Martinofen die Meinungen jedoch auseinandergehen. Eine weitere Quelle des Schwefels wird im Brennstoff gesucht. Das Bad ist zwar im allgemeinen durch die Schlakkendecke vor der in der Flamme enthaltenen schwefligen Säure geschützt, jedoch kann eine Reduktion einmal beim Einschmelzen des Schrottes, also infolge reduzierender Wirkung des glühenden Eisens, das andere Mal während der Kochperiode eintreten, bei der das aufschäumende Metall in unmittelbare Berührung mit den Flammengasen gelangt. Hohe Temperaturen und kalkreiche Schlacke sowie reichlicher Mangangehalt des Bades wirken den durch Schwefel hervorgerufenen Übelständen entgegen.

Als eine der einschneidendsten, weil am wenigsten zu beeinflussende Wirkung beim Martinverfahren muß die Gasaufnahme des Metallbades aus den Verbrennungsgasen oder infolge Reaktionen bei der Desoxydation hervorgehoben werden. Es handelt sich dabei außer den schon erwähnten Elementen Sauerstoff, Wasserstoff und Stickstoff noch um die gasförmigen Verbindungen des Kohlenstoffes, Kohlensäure, Kohlenoxyd und Methan. Wie weit die Gasaufnahme mittelbar oder unmittelbar verläuft, hängt davon ab, in welchem Abschnitte des Prozesses sie sich vollzieht. Bei den Kohlenstoffgasen kann es sich in der Hauptsache, im Gegensatz zur Kohlenstaubfeuerung, um eine mittelbare Aufnahme handeln, und zwar erfolgt diese bei der Verbrennung des im Bade enthaltenen Kohlenstoffes oder bei der Reduktion des gelösten Eisenoxyduls durch die Zusätze.

Ist nämlich bei den eingangs beschriebenen Verfahren die Abscheidung der Fremdkörper nahezu beendet, so enthält das Bad noch Eisenoxydul in Lösung, dessen Menge sich nach dem mehr oder weniger intensiven Verlauf des Frischprozesses richtet. Da die Sauerstoffverbindung des Eisens, wie bereits erwähnt, Rotbruch verursacht, muß noch eine Reduktion mit Hilfe der ebenfalls schon bekannten Elemente Mn, Si, Al oder Ti vorgenommen werden. Auch der Kohlenstoff beteiligt sich an der Reaktion, aber weniger in vereinzelter Gestalt, wie als Kohlen- oder Kokspulver, sondern als Karbid, wie er im Ferromangan oder Ferrosilizium enthalten ist. Dabei wird Kohlenoxyd entwickelt, das die Menge des bereits vorhandenen vergrößern hilft. Auch der Gehalt an Kohlensäure und Methan rührt wahrscheinlich von ähnlichen Vorgängen her.

Bei Chargen höherer Festigkeit, bei denen der Kohlegehalt über 0,10% liegt, muß der fehlende Kohlenstoff noch besonders zugeführt werden, sofern man nicht in der Lage ist, die Charge „abzubrechen“, d. h. nur bis zu dem gewünschten C-Gehalte zu entkohlen und dann abzustechen. Dies ist jedoch nur bei ganz reinem Einsatz möglich. Bei der gewöhnlich angewandten Rückkohlung wird der Kohlenstoff entweder in Form einer Legierung, wie z. B. Spiegeleisen, eingeführt, oder man gibt, wenn dadurch der Mangangehalt über das vorgesehene Maß steigen sollte, einen Zusatz von Kokspulver oder Kohle in die Pfanne.

Ein beträchtlicher Teil der im flüssigen Stahlbad gelösten Gase entweicht bereits wieder beim Abstich in die Pfanne oder beim Vergießen, während ein weiterer, erst beim Erstarren frei werdender Teil mechanisch in den Gashohlräumen oder Poren zurückgehalten wird. Der Rest endlich, der als okkludiertes Gas physikalisch gebunden bleibt, erfährt zwar, ebenso wie der in den Hohlräumen verbliebene, beim Wärmen und Walzen durch Diffusionswirkung eine Verringerung, bleibt aber, als freies Volumen gedacht, ein beachtenswerter Bestandteil des Enderzeugnisses. Irgendwelchen bedeutungsvollen Einfluß auf die Gebrauchseigenschaften vermag dieser Gasgehalt, von Ausnahmefällen abgesehen, nicht mehr auszuüben.

Den Ausführungen über die metallurgischen Vorgänge im Herdofen seien noch einige Worte über die der Kontrolle des Arbeitsprozesses dienenden Hilfsmittel beigefügt.

Die wichtigste Vorbedingung für einen normalen Chargengang ist eine genügend hohe Ofentemperatur, die durch richtige Mischung von Gas und Verbrennungsluft und Regelung der Pausen zwischen dem Umstellen der Ventile aufrechterhalten wird. Ist der Einsatz völlig verflüssigt und die Kochperiode im Gange, so beginnt die Entnahme von Schöpfproben, die zunächst durch ihr Verhalten im Löffel beim Ausgießen und beim Erstarren dem geübten Auge als Kennzeichen für das Fortschreiten des Prozesses dienen. Im weiteren Verlauf wird auch das Bruchaussehen der Blöckchen beobachtet und zum Schluß an Hand von Schmiedeproben Härte, Zähigkeit und Warmbildsamkeit festgestellt. Nebenher gehen chemische Untersuchungen, bei denen durch Schnellmethoden der jeweilige Gehalt an Kohlenstoff und Phosphor in Zeit von wenigen Minuten ermittelt wird.

Haben die letzten Vorproben gezeigt, daß die Charge die angestrebte Qualität voraussichtlich haben wird, so wird im Ofen der letzte, der Desoxydation dienende Zusatz gegeben. Auf die Wichtigkeit eines gründlichen Ausgarens wurde bereits aufmerksam gemacht. Der Zeitverlust, der damit verknüpft ist, und der größere Ofenverschleiß wird durch die dadurch erzielte Qualitätsverbesserung reichlich wett gemacht.

Da jedoch auch noch Zusätze in die Pfanne gegeben werden bzw. hier noch Reaktionen vor sich gehen, nimmt man während des Gießens ebenfalls eine oder mehrere Schöpfproben, die dann einen endgültigen Anhalt für die weitere Verwendung geben. Die Ergebnisse der chemischen Untersuchung, die sich bei der Fertigprobe auch auf Mangan und Schwefel erstreckt, liegen meist schon vor, bevor die Charge zum Auswalzen gelangt, selbst wenn im Walzwerk mit warmem Einsatz gearbeitet wird.

2. Das Gießen und Erstarren.

a) Allgemeines über Kristallisation und Lösungsvorgänge.

Das technische Eisen bildet in flüssigem Zustande eine mehr oder minder vollkommene Lösung verschiedener Elemente in einem Überschuß von Eisen, die, wie jede andere Legierung, beim Erstarren und weiteren Abkühlen den Kristallisationsgesetzen folgt. Während bei dem reinen Metall der Übergang vom flüssigen in den festen Zustand bei unveränderter, konstanter Temperatur vor sich geht, erstreckt sich bei der Legierung dieser Vorgang über ein Temperaturgebiet hinweg, dessen Lage und Ausdehnung von der Eigenart der beteiligten Elemente und deren Mischungsverhältnis abhängt. Man hat es also beim technischen Eisen mit einer aus einer Reihe von Komponenten bestehenden sog. komplexen Lösung zu tun, die auch bei den weicheren Flußeisensorten durch das System Eisenkohlenstoff beherrscht wird.

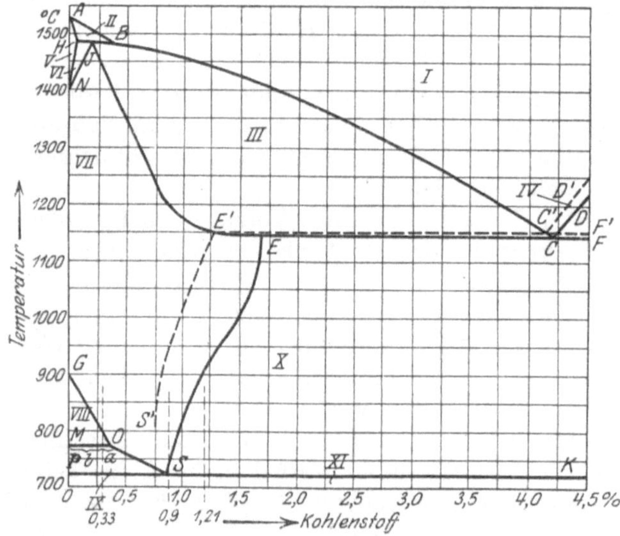

Abb. 2. Schmelzdiagramm des Systemes Eisen-Kohlenstoff.

Die näheren Umstände, unter denen sich die Erstarrung der flüssigen Lösung vollzieht, und die im Schmelzdiagramm (Abb. 2) graphisch zum Ausdruck kommen, dürfen als bekannt vorausgesetzt werden. Da auch für die härteren Kesselblechsorten die obere Grenze des Kohlenstoffes selbst in Ausnahmefällen nicht über 0,4% liegt, wird nur ein beschränkter Teil des Diagrammes dadurch gedeckt. Auch bei den übrigen, in Frage kommenden Elementen sind die auftretenden Mengen sehr klein. Trotz der geringen Konzentration treten aber diese Beimengungen sowohl bei der Erstarrung, als beim Gefügeaufbau der erstarrten Lösung stark in Erscheinung und verleihen ihr ein charakteristisches Gepräge. Dies gilt nicht allein für die aus homogener fester Lösung bestehenden Mischkristalle, sondern auch für die durch unvollkommene Diffusion der einzelnen Komponenten gebildeten Schichtkristalle.

Solange sich die Massenteilchen in flüssiger Lösung befinden, sind sie hinsichtlich ihrer Anordnung zu einander keinen gesetzmäßigen Regeln unterworfen. Dieser Zustand ändert sich im Augenblicke der Erstarrung. Den Gesetzen der Kristallographie folgend, bilden die Eisenteilchen von Kernpunkten aus Kristallkörper des regulären Systems: Würfel, Oktaeder oder Rhombendodekaeder. Die im Eisen gelösten Stoffe ordnen sich in das System ein, die unlöslichen bilden vielfach die Kristallisationsmittelpunkte. Das Wachstum geht so lange unbehindert vor sich, bis die benachbarten Kristalle aneinanderstoßen, wobei sich mehr oder weniger regelmäßige Begrenzungsflächen bilden. Nähern sich die auf diese Weise entstehenden Polyeder der Kugelform, so spricht man von Globuliten. Diese entstehen bei großer Kernzahl und beschleunigter Abkühlung. Wird letztere verzögert und erstreckt sich der Wärmefluß hauptsächlich in einer Richtung, so erhält man fein verästelte sog. Dendriten. Gestatten besonders günstige Umstände eine freie unbehinderte Entwicklung der Kristallachsen und -flächen, z. B. in Hohlräumen, so bilden sich schön geformte Tannenbaumkristalle.

Bei weichem, in gußeisernen Formen erstarrenden Flußeisen spielen sich die Vorgänge in folgender Weise ab:

„An den Kokillenwandungen ist die Abkühlungsgeschwindigkeit sehr groß, die Unterkühlungsmöglichkeit sehr gering. Die verhältnismäßige Rauheit der Kokillenoberfläche begünstigt die Entstehung zahlreicher Kristallisationskeime. Alle diese Umstände tragen dazu bei, daß sich auf der Flächeneinheit zahlreiche Kristalle bilden, die schnell aneinander stoßen und deshalb auf geringe Ausdehnung beschränkt bleiben.

Die Richtung des Kristallwachstumes ist einmal durch die Richtung des geringsten Widerstandes, das andere Mal durch den ebenfalls senkrecht zur Kokillenwand verlaufenden Wärmefluß gegeben. Die Kristalle schießen also nadelförmig von der zuerst erstarrten Kruste aus in die Mutterlauge hinein. In dem Maße, wie sich die Kokillenwandungen erwärmen und die Mutterlauge sich anreichert, verbessern sich die

Bedingungen für die Ausbildung größerer Kristalle; es kann eine wirksame Unterkühlung stattfinden und das Erstarrungsintervall wächst mit dem höheren Gehalte der Mutterlauge an Verunreinigungen."

Es wird sich Gelegenheit finden, die in allgemeiner Form gestreiften Gesetze bei Besprechung der mit der Erstarrung in Zusammenhang stehenden Vorgänge und Eigentümlichkeiten, wie Lunkerbildung, Seigerungen, Gasblasen und Einschlüsse weiter auszudehnen und auf den Sonderfall anzuwenden. Auch auf die bei der weiteren Abkühlung nach der Erstarrung sich vollziehenden Umwandlungen und die dadurch gebildeten Modifikationen des Eisens wird bei den Abschnitten „Warmverarbeitung" und „Glühbehandlung" noch einzugehen sein. Fürs erste sei zunächst die rein technische Seite des Gusses behandelt.

b) Das Gießen der Brammen und die dabei benutzten Einrichtungen.

Beim Blech gilt noch mehr als bei jedem anderen Walzerzeugnis, daß ein einwandfreies Endprodukt nur einem gesunden Block entstammen kann. Oft macht ein verhältnismäßig geringfügiger Fehler, sei es eine kleine Doppelung oder ein Warmriß, ein wertvolles schweres Blech für seine Bestimmung unverwendbar und die Weiterverarbeitung für andere Zwecke ist, abgesehen von der lästigen Störung des Fabrikationsganges, wegen des unvermeidlichen Mehrabfalles mit großen Kosten verknüpft. In manchen Fällen entstehen derartige Fehler infolge Unachtsamkeit beim Wärmen oder Walzen, meist aber handelt es sich um Mängel, die der Block schon vom Stahlwerk aus mitbringt. Die wichtigsten dieser Art sind Lunker, Seigerungen, Gaseinschlüsse und Randporen. Sie hängen mit den natürlichen Erstarrungsvorgängen eng zusammen und erfordern die ständige Aufmerksamkeit des Stahlwerkers bei der Chargenführung, wie beim Guß. Als weitere sind zu nennen: Warmrisse, Schalen, Sandflecke und Einwalzungen von Grat und sonstigen Blockanhängseln; sie rühren von schlechter Kokillenpflege und unsauberem Guß her und kommen deshalb in gut geleiteten Stahlwerken nur selten vor.

Die vielumstrittene Frage, ob Guß von oben oder von unten vorzuziehen sei, kann erst bei Besprechung der dadurch bedingten Eigenschaften der Brammen eingehender erörtert werden. An dieser Stelle sei vorweggenommen, daß die weitaus größte Zahl der Blechbrammen von unten gegossen wird, wobei die Möglichkeit, eine größere Anzahl Blöcke gleichzeitig und auf sauberste Weise zu gießen, ausschlaggebend ist. Der Guß ist ein kommunizierender und erfolgt durch einen auf die sog. Gespannplatte aufgesetzten Trichter, von dem aus nach rechts und links Kanäle abzweigen, die aus feuerfesten Hohlsteinen bestehen und in Aussparungen der Platte eingelegt sind. Die unten und oben offenen Gußformen oder Kokillen werden in Reihen auf der Platte aufgestellt, derart, daß ein oder mehrere Öffnungen der Kanalsteine in sie einmünden.

Bei neuzeitlichen Hüttenwerken sind die Gußformen auf Hüttenflur aufgestellt, bei den älteren gießt man in sog. Gießgruben, die sich nicht so gut sauber halten lassen. Die Gießpfanne hängt im Gehänge eines elektrisch betriebenen Laufkranes, hier und da trifft man auch noch einen Gießwagen mit Ausleger. Um das Ansetzen von Krusten und Schalen, den sog. Pfannenbären, nach Möglichkeit zu verhüten, werden die feuerfest ausgemauerten Pfannen mittels Koksfeuer oder Gasbrenner vorgewärmt.

Die beim Abstich gefüllte Pfanne wird über dem Trichter so eingestellt, daß der Gießstrahl genau dessen Mitte trifft. Der im Pfannenboden angebrachte Ausguß wird durch einen feuerfesten Stopfen geschlossen gehalten und von außen her durch einen Hebel betätigt. Der lichte Durchmesser des Ausgusses richtet sich nach Pfanneninhalt und Gießgeschwindigkeit; ist während des Gießens die Öffnung durch den flüssigen Strahl ausgespült worden, so darf der Stopfen nicht mehr so hoch angehoben werden, als zu Anfang, oder man muß den Strahl in kurzen Zwischenräumen unterbrechen.

Gut warmer, dünnflüssiger Stahl tritt flott aus den Mündungen der Kanäle aus und steigt in den Kokillen hoch, wobei die Oberfläche unter lebhaftem Funkensprühen in mäßig wallender Bewegung bleibt. Schon kurze Zeit, nachdem die Formen bis zu der im Innern angebrachten Marke gefüllt sind, bildet sich vom Rande her eine Kruste, „der Stahl setzt an", und unter weiter fortschreitender Krustenbildung erstarrt die Oberfläche, ohne daß nennenswertes Auftreiben oder Einsinken stattfindet. Sollte der Stahl trotzdem zum Auskochen neigen, so sucht man durch aufgelegte Deckel aus Gußeisen oder Blech dies zu verhindern, wobei sich durch die abkühlende Wirkung die Öffnungen in der Blockoberfläche schließen. Sind die Brammen schließlich soweit abgekühlt, daß sie „fallen", d. h. ohne Schwierigkeiten aus der Kokille herausgehen, so werden sie noch warm zu den Warmöfen gefahren oder aufs Blocklager gebracht.

Brammen und Gußformen.

Dies ist in großen Zügen der Hergang eines Abgusses. Fassungsvermögen und Format der dabei benutzten Gußformen richtet sich nach den Brammengewichten, die ihrerseits wieder von den Maßen der Bleche abhängig sind. Auf das reine Blechgewicht ist ein Zuschlag für Abbrand, Kopf- und Seitenschrott und Mehrstärke zu machen, dessen Höhe sich nach den Abmessungen und den Güteansprüchen richtet und bis etwa 75% betragen kann, im Mittel aber 50% ausmacht. Um nicht zu kleine Brammengewichte und möglichst wenig Probeenden zu bekommen, die die Fabrikation unnötig verteuern würden, legt man die kleineren Bleche gleicher Stärke und Breite zu einheitlichen Walzblechen zusammen. Auf diese Weise kann man es vermeiden, unter 1500 kg Gewicht herunter zu gehen, nur bei den Feuerbüchsen kleiner Lokomotiven oder bei Blechen für den Kleinkesselbau kommen geringere Gewichte in Frage. Dagegen sind nach oben hin die Grenzen erheblich weiter gesteckt. Die schwersten vorkommenden Platten sind die Mantelbleche für den Schiffskesselbau, deren Längen entsprechend einem Kesseldurchmesser bis über 5 m das Maß von 16 m überschreiten können, bei Breiten bis zu 4 m und Stärken bis 45 mm. So gehören Mantelbleche von 17 000—18 000 kg Einzelgewicht, entsprechend einem Brammengewicht von etwa 30 000 kg, nicht zu den Seltenheiten. Auf der Ausstellung in Malmö 1913 wurde von der Gelsenkirchener Bergwerks-A.-G., Abt. Aachener Hüttenverein, ein Schiffskessel von 5100 mm Durchmesser ausgestellt, dessen Mantelblech die Abmessungen 16 170 × 3545 × 37 mm besaß, rund 17 000 kg wog und aus einer 29,4 t schweren Bramme gewalzt war. Noch übertroffen wurde dieses Blech durch eine von Krupp auf der Düsseldorfer Ausstellung 1902 gezeigte Platte in den Maßen 26 800 × 3560 × 38 mm. Diese Länge ergibt allerdings einen Durchmesser, der weit über das Maß des für Schiffskessel gebräuchlichen hinausgeht. Die für Ausstellungszwecke gewalzte Platte dient jetzt als Teil der Werkumzäunung in der Nähe der Kruppschen Versuchsanstalt.

Abgesehen von solch außergewöhnlich schweren Blechen werden für den Schiffskesselbau mit seinen mannigfaltigen Kesseldurchmessern Mantelbleche in allen Größen und Gewichten verlangt. Daran reihen sich die Scheiben für die zugehörigen Böden, ferner die Mantelbleche und Bodenscheiben für den Bau der Landdampfkessel, die Wellrohr- und Wasserkammerbleche usw., so daß sich innerhalb der angegebenen Grenzen alle möglichen Blockgewichte ergeben. Da die Spanne bei der Abstufung der einzelnen Kokillensorten etwa 15—20% des Brammengewichtes beträgt, so ist ohne weiteres ersichtlich, welch umfangreichen Kokillenpark die Bedienung eines leistungsfähigen Blechwalzwerkes erfordert.

Für den Entwurf der Kokillenform kommen eine ganze Anzahl von Gesichtspunkten in Betracht, die zum Teil durch Rücksichten auf bestehende Betriebsverhältnisse diktiert sind. Nur aus diesem Grunde ist es erklärlich, daß wohl kaum zwei Werke in den Abmessungen ihrer Kokillen einigermaßen übereinstimmen. Da die meisten Werke ihre Kokillen von besonders darauf eingerichteten Gießereien beziehen und viele Stahlwerke Brammen für den Verkauf liefern müssen, würde die Aufstellung von Normalien auch auf diesem Gebiete sehr erwünscht und ohne erhebliche Schwierigkeiten durchführbar sein.

Bei Festlegung der Hauptmaße ist das Verhältnis von Dicke zu Breite des Blockquerschnittes am wichtigsten. Übermäßige Dicke bei geringer Breite verursacht viel überflüssige Walzarbeit, andrerseits darf der Block nicht zu dünn sein, damit das Material genügend gedichtet und verarbeitet wird. Aus diesem Grunde werden auch die Breitseiten gewölbt; die Schmalseiten rundet man ebenfalls ab oder läßt sie im Winkel zulaufen. Bekanntlich breitet ja das Material an der Oberfläche mehr als nach der Mitte hin; den dadurch entstehenden Überwalzungen will man durch die angegebene Form der Schmalseiten entgegenwirken.

Als günstigstes, aus einer großen Zahl von Ausführungsformen ermitteltes Verhältnis von Blockdicke zu -breite kann die Beziehung 1 : 2,5 bezeichnet werden, bei Grenzwerten von 1 : 2 bis 1 : 4 und darüber hinaus. Die Höhe der Blöcke bringt man ebenfalls in Beziehung zur Dicke und damit zur Breite. Als gutes mittleres Verhältnis von Dicke zu Höhe ist 1 : 4 anzusehen. Da man jedoch häufig Brammen verschiedenen Gewichtes auf demselben Gespann gießen muß und dabei an die gleiche Blockhöhe gebunden ist, so faßt man stets mehrere Gruppen Kokillen zusammen und gibt ihnen eine einheitliche Höhe. Dadurch ändert sich natürlich das angegebene Verhältnis. Bei der Bemessung der Blockdicke ist noch der Aufgang der Walzen zu berücksichtigen, für die Breite und Höhe sind Grenzen durch die lichten Maße der Öfen und deren Ausziehtüren gegeben. Die Kokillen werden etwa 100 mm höher gemacht, als die schwersten daraus zu gießenden Brammen.

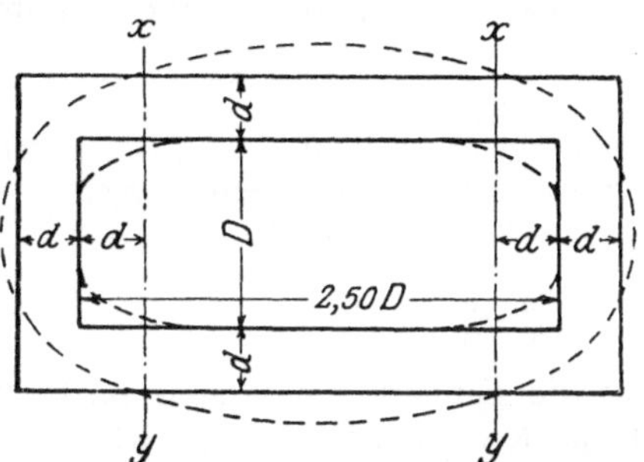

Abb. 3. Beziehungen zwischen Block- und Kokillenquerschnitt.

Die Berechnung der Kokillenwandstärken erfolgt in der Praxis fast ausschließlich auf Grund von Erfahrungswerten. Die mittlere Wandstärke d ergibt sich aus der Faustregel, daß der Kokillenquerschnitt mindestens gleich dem Brammenquerschnitt sein soll. Für das angenommene Verhältnis von Blockdicke zu Blockbreite 1 : 2,5 errechnet man die mittlere Wandstärke, wenn D die Blockdicke, zu 0,304 D wie folgt: (S. Abb. 3.)

$$2{,}5 D \cdot D = 2 \cdot 2{,}5\, D \cdot d + 2 D d + 4 d^2$$

$$2{,}5\, D^2 = 7 D d + 4 d^2$$

$$d^2 + \frac{7}{4} D d - \frac{2{,}5}{4} D^2 = 0$$

$$d = -\frac{7}{8} D + \frac{1}{2}\sqrt{\frac{49}{16} D^2 - 2{,}5\, D^2}$$

$$= -\frac{7}{8} D + \frac{D}{8}\sqrt{89} = \frac{-7 + 9{,}434}{8} D = \mathbf{0{,}304\, D}.$$

Es wäre indes völlig verkehrt, Brammenkokillen mit über den ganzen Umfang und die ganze Höhe gleichen Wandstärken auszuführen. Die Erwärmung würde durchaus ungleichmäßig ausfallen und Spannungen hervorrufen, die sehr bald zu Rißbildungen führen müssen. Über die Höhe dieser Unterschiede kann man sich sehr schnell ein einigermaßen klares Bild verschaffen, wenn man in der Querschnittskizze die Rand- und Mittelpartie des Blockes in Vergleich mit den entsprechenden Kokillenquerschnitten bringt. Schneidet man die Randpartien durch die Geraden $x\,y$ im Abstande d von den inneren Schmalseiten ab, so sind die Inhalte

	Mittelpartie.	Randpartie.
der Blockquerschnitte	$(2{,}5\,D - 2\,d)\,D$	$2\,D\,d$
der Kokillenquerschnitte	$2\,(2{,}5\,D - 2\,d)\,d$	$2\,(D\,d + 4\,d^2)$
und das Verhältnis der beiden Querschnittsflächen $Q_b : Q_k$	$D : 2\,d$	$D : (D + 4\,d)$
	$= D : 0{,}608\,D$	$= D : (D + 1{,}216\,D)$
	$= \mathbf{1 : 0{,}608}$	$= \mathbf{1 : 2{,}216}$

Auf die Einheit Blockfläche entfällt also am Rande die 3- bis 4fache Menge Kokillenquerschnitt, wie auf der Mittelpartie und wenn auch die Abrundungen und die größere ausstrahlende Oberfläche das Verhältnis etwas günstiger gestalten, so bleibt die Ungleichmäßigkeit doch noch schwerwiegend genug. Trotz der guten Leitfähigkeit des Gußeisens kann sich der Wärmeausgleich nicht schnell genug vollziehen, um eine symmetrische Ausdehnung zu ermöglichen. Es treten an den Innenseiten infolge des behinderten Ausdehnungsbestrebens Druckspannungen, an den Außenseiten dagegen Zugspannungen auf und rufen übermäßige Beanspruchungen hervor, denen das beste Material auf die Dauer nicht standhalten kann. Um diesen Übelstand nach Möglichkeit einzuschränken, sucht man die Massen in ein besseres Verhältnis zu bringen und verstärkt die Breitseiten vom Rande nach der Mitte hin. Eine vollständig gleichmäßige Wärmeverteilung läßt sich jedoch auch dadurch nicht erzielen, da von unten her noch die abkühlende Wirkung der Gespannplatte, von oben die der frei ausstrahlenden Oberfläche hinzukommt. Man kann die Einwirkung daran beobachten, daß beim längeren Stehen der gegossenen Brammen in den Kokillen die Mitten der Breitseitenflächen rot werden, während das übrige dunkel bleibt. Aus diesem Grunde ist es auch verkehrt, die Kokillenränder oben und unten durch besondere Wulste zu verstärken. Man sollte sie vielmehr nach oben und unten verjüngen, wenn nicht besondere Rücksichten, wie z. B. auf eine breite Auflagerfläche, dem entgegenstehen würden. Jedenfalls muß besonders bei den größeren Sorten alles vermieden werden, was eine gleichmäßige Ausdehnung behindert, vor allem ist bei der Anbringung von Nocken und Ansatzflächen hierauf Rücksicht zu nehmen.

Wärmeaustausch zwischen Block und Gußform.

Man läßt die Kokillen selten bis zum völligen Erkalten der Brammen auf diesen sitzen, sondern zieht sie ab, sobald der Block im Innern nahezu erstarrt ist. Verbleibt der Block noch über die völlige Erstarrung hinaus in der Gußform, so gibt er an Wärme ab:

1. die Wärmemenge, die der Erhitzung über den Schmelzpunkt hinaus entspricht,
2. die beim Erstarren frei werdende latente Schmelzwärme,
3. die Wärmemenge, die der erstarrte Block weiterhin beim Abkühlen auf die Temperatur x verliert.

Die gesamte Wärmeabgabe erfolgt durch Leitung und Strahlung und zwar

1. an der freien Oberfläche durch Leitung und Strahlung an die Außenluft,
2. nach der Unterlagsplatte hin durch Leitung,
3. ,, den Kokillenwandungen, anfangs ausschließlich durch Leitung, weiterhin auch durch Strahlung, wobei der sich zwischen Blockoberfläche und Kokillenwand bildende Luftspalt das Zwischenmittel bildet.

Nicht berücksichtigt sind die Wärmewirkungen etwaiger im vergossenen Stahl noch vor sich gehender Reaktionen.

Die Wärmeabgabe unter 2. und 3. ist je Zeit- und Flächeneinheit wenigstens zu Anfang beträchtlich größer als die unter 1. Späterhin tritt ein Ausgleich ein, da die Oberfläche am längsten warm und flüssig bleibt und dort ein größeres Temperaturgefälle herrscht. Man begeht deshalb keinen großen Fehler, wenn man die an die Kokille abgegebene Wärmemenge in direktes Verhältnis zur berührten Oberfläche setzt. Die gesamte Oberfläche des prismatisch angenommenen Blockes ist:

$$2\,(B + D)\,H + 2\,BD\,.$$

Darin stellt der erste Wert die von der Kokille berührte Oberfläche, die zweite die Kopf- und Fußfläche dar. Setzt man wie oben $D : B : H = 1 : 2{,}5 : 4$, so ergibt sich das Verhältnis der beiden Werte $28 : 5$. Man kann also rechnen, daß von der gesamten abgegebenen Wärme rund $^4/_5$ in die Kokille fließen, wovon ein großer Teil aber durch Strahlung wieder verloren geht. Die thermische Berechnung des Wärmeaustausches zwischen Kokille und Inhalt, auch bezüglich des zeitlichen Verlaufes, stellt eine sehr interessante Aufgabe dar, die freilich dadurch sehr erschwert wird, daß die Berührung von Stahl und Kokille nach kurzer Zeit aufhört. Immerhin gelang es bei Versuchen, die in Rothe Erde auf Veranlassung und unter der Kontrolle des Verfassers durch Herrn Dipl.-Ing. Kuster ausgeführt wurden, eine befriedigende Übereinstimmung zwischen den theoretisch berechneten und den auf Grund der Temperaturmessungen ermittelten Wärmewerten wenigstens für die Dauer der ersten 5—10 Minuten nachzuweisen. Auf das Ergebnis dieser Versuche wird an späterer Stelle noch einzugehen sein, es sei hier nur noch der beträchtliche Einfluß erwähnt, den einseitige Wärmeableitung an der Kokillenoberfläche, z. B. durch den durch die Gießgrube streichenden Wind, auf den Wärmefluß in den Kokillenwandungen und die dadurch beherrschten Vorgänge im Blockinneren auszuüben vermögen. Auch nach dieser Richtung hin gelang es, einige interessante Feststellungen zu machen.

Während der Block beim Erstarren zu schrumpfen beginnt, dehnt sich die Kokille. Es bildet sich dadurch ein freier Raum zwischen den beiden Oberflächen. In der Breitenrichtung, also auf den Schmalseiten, fällt dieser Zwischenraum größer aus, als quer dazu, da das Maß der Schrumpfung unmittelbar von dem Maß der Breite und Dicke abhängig ist. Man braucht deshalb die Kokillen auf den Schmalseiten nicht in demselben Verhältnis nach oben hin zu verjüngen, wie auf den Breitseiten. Dieses Mittel muß man bekanntlich anwenden, um rechtzeitiges, glattes Abziehen zu ermöglichen, da namentlich nach längerem Gebrauch Unebenheiten im Inneren das Abziehen der Kokillen von den Brammen sehr erschweren.

Mit besonderer Sorgfalt ist deshalb darauf zu achten, daß die Öffnungen der Kanalsteine in gehörigem Abstande von den Kokillenwandungen und genau auf der Mittellinie angeordnet werden. Auch muß die Öffnung senkrecht nach oben gehen, da ein von dieser Richtung abgelenkter Strahl die Kokillenwände anspült, dadurch örtlich überhitzt und Anfressungen verursacht. Schadhafte, besonders rissige Kokillen müssen ausgeschieden werden. Zu weit getriebene Sparsamkeit rächt sich stets durch fehlerhafte Blöcke und der hierdurch entstehende Verlust macht gewöhnlich ein Vielfaches der vermeintlichen Ersparnis aus.

Schwere Kokillen sind vor dem Gebrauch stets anzuwärmen, da die Erwärmung und Ausdehnung des unteren Kokillenteiles gegenüber dem oberen beim Guß zu schnell vor sich geht und durch die Spannungsunterschiede leicht ein Aufreißen eintreten kann. Aus dem gleichen Grunde ist darauf zu achten, daß der Kokilleninhalt nach Möglichkeit ausgenutzt wird.

Beim Erkalten nach Gebrauch ist jede ungleichmäßige Abkühlung zu vermeiden. Am besten setzt man die Kokillen auf Roste oder sonstige Unterlagen, so daß die Luft frei hindurchstreichen kann. Abkühlung in Wasserbehältern, wie bei den Quadratkokillen, ist nicht zu empfehlen, weil die Querschnittsform zu ungünstig wirkt.

Schließlich sei noch bemerkt, daß für Kokillen nur ein vorzügliches phosphor- und schwefelarmes Roheisen verwandt werden darf, also bestes Hämatit. Der die Graphitausscheidung befördernde Siliziumgehalt muß nach der Wandstärke gewählt werden (dünnere Wandungen erfordern mehr Silizium als dicke) und soll 2,5% nicht überschreiten. Der Mangangehalt, durch den die Graphitbildung beeinträchtigt wird, soll maximal 1,25% betragen, darf aber nicht erheblich niedriger sein, da sonst leicht Risse entstehen. Neuerdings will man mit einem höheren Mangangehalt, 1,7—2,2%, günstige Ergebnisse erzielt haben, die Angaben beziehen sich allerdings nur auf Quadratkokillen.

Werden die genannten Bedingungen, geeignete Konstruktion, sorgfältige Wartung und gutes Material, erfüllt, so ist genügende Sicherheit gegeben, daß die Gußformen die auftretenden großen Beanspruchungen ohne vorzeitigen Verschleiß, der stets zu mangelhaften Blöcken führt, aushalten werden.

c) Die mit dem Gießen und Erstarren zusammenhängenden Fehler.

α) Die Lunkerbildung.

Es war bereits angedeutet worden, in welcher Weise der flüssige Inhalt der Gußform erstarrt: Die Kristallbildung erfolgt von den Stellen größter Abkühlung, also von den Unterlagsplatten und Kokillenwandungen aus und schreitet nach dem Inneren gleichmäßig oder schrittweise fort, bis schließlich völlige Erstarrung eintritt. Der Einfluß der Gasabscheidung auf das Blockvolumen soll vorläufig unberücksichtigt bleiben, vielmehr soll mit dem Vorhandensein einer in jedem Zustande homogenen Lösung gerechnet werden. Der Unterschied der Dichte in flüssigem und festem Zustande bringt es mit sich, daß die erstarrte Masse einen kleineren Raum einnimmt, als die flüssige. Würde die Erstarrung an allen Stellen gleichzeitig vor sich gehen, so müßte ein gleichmäßig dichter Körper entstehen, dessen Abmessungen denen, die er im flüssigen Zustande besaß, verhältnisgleich sind.

Die Abnahme der Ausmaße bei der Erstarrung nennt man Schrumpfung, genaue Werte liegen indes bei Flußeisen und Stahl nicht vor. Mit fortschreitender Abkühlung nach beendeter Erstarrung tritt eine weitere Zusammenziehung ein und damit eine weitere Verkürzung der Länge, Breite und Dicke. Sie wird im Gegensatze zur Schrumpfung als Schwindung bezeichnet.

In Wirklichkeit erhält man aber keinen dichten Block, sondern es findet sich im Innern ein mehr oder weniger stark ausgeprägter Hohlraum, der sog. Lunker. Über die näheren Umstände bei seiner Entstehung sind eine ganze Reihe Theorien aufgestellt und auch auf experimentellem Wege mit mehr oder weniger Erfolg verteidigt worden. Als wichtigste seien genannt:

Die Howesche Erklärung: „Bei der Erstarrung sind jeweils zwei Schichten zu unterscheiden. Die äußere, zuerst erstarrte, findet beim

Zusammenziehen Widerstand an der inneren und wird dadurch gereckt. Dieser Vorgang wiederholt sich in dem Maße, wie die Erstarrung fortschreitet. Der flüssige Rest reicht beim völligen Erstarren nicht hin, den über das natürliche Maß geweiteten Mantel zu füllen, es bildet sich ein Hohlraum oder Lunker."

Hiergegen kann eingewandt werden, daß beim Zusammenziehen nicht nur ein Recken der äußeren, sondern auch ein Zusammendrücken der inneren weichen Schichten eintritt, letzteres wahrscheinlich sogar in höherem Maße. Dadurch wird aber der Lunkerbildung entgegengewirkt.

Eine zweite, sehr anschauliche Erklärung beruht ebenfalls auf der fortschreitenden Krustenbildung: (S. Abb. 4.)

„Durch Abscheidung der äußeren Kruste, die unter Volumverringerung vor sich geht, sinkt der ursprüngliche Flüssigkeitsspiegel um ein gewisses Maß *a*. Der gleiche Vorgang vollzieht sich bei Bildung der nachfolgenden Krusten, bis schließlich der Rest noch zur Bildung einer letzten Kruste, aber nicht mehr zur Füllung des Hohlraumes *b*, *c*, *d*, *e* ausreicht, der sich je nach den Temperaturverhältnissen mehr oder weniger tief in den Block erstreckt."

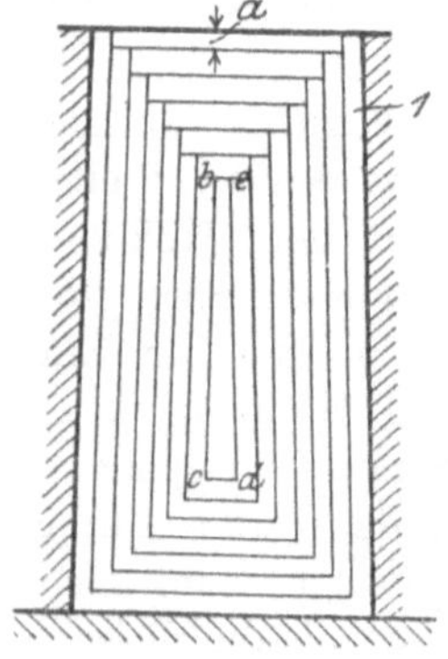

Abb. 4. Schematische Darstellung der Lunkerbildung.

Wenn sich nun auch die erwähnte Krustenbildung nicht in scharf getrennten Absätzen, sondern allmählich vollzieht, so beweist doch das innere Aussehen durch Zufall oder absichtlich zum Auslaufen gebrachter, halberstarrter Blöcke, daß die Kruste meist gleichmäßig stark ist und daß in besonders ungünstigen Fällen der Lunker den ganzen Block durchziehen kann. Bei den von unten gegossenen Blöcken, die an der Oberfläche schneller erkalten, ist die Decke des Lunkers gewöhnlich stärker als bei den von oben gegossenen, deren Kopf länger flüssig bleibt. Der Lunker selbst braucht aber deshalb nicht wesentlich tiefer in den Block hinein zu reichen, wie von den Anhängern des fallenden Gusses vielfach behauptet wird. Oft ist der Lunker von Trennungswänden, den sog. Spannungsbrücken unterbrochen, die den Stand durch Oberflächenspannung zusammengehaltener und dabei erstarrter Flüssigkeitsspiegel erkennen lassen. Ob dadurch bestimmte Abschnitte in der Erstarrung gekennzeichnet werden, ähnlich wie sie bei der Bildung der Randkrusten in Erscheinung treten, muß dahingestellt bleiben. Möglicherweise spielen auch hier, wie bei der Kristallisation, Wärmetönungen eine gewisse Rolle.

Die Lunkerbildung verursacht gerade bei der Kesselblechherstellung den meisten Abfall und es hat deshalb nicht an Vorschlägen und

Versuchen gefehlt, Abhilfe zu schaffen. Die meisten dieser Verfahren beruhen darauf, den oberen Teil des Blockes künstlich warm zu halten und durch Nachgießen den entstehenden Hohlraum aufzufüllen. Entweder wird Beheizung von außen her, wie z. B. durch Gasgebläsebrenner angewandt, oder man nutzt die isolierende Wirkung schlechter Wärmeleiter aus, mit denen man den oberen Teil der Form ausfüttert. Ähnliche Zwecke verfolgt man mit der Verwendung von Lunkerthermit, dessen Vorzüge freilich nach Canaris weniger in der Temperatursteigerung infolge der hohen Verbrennungswärme des im Thermit enthaltenen Aluminiums als in der rein mechanischen Wirkung der Reaktion zu suchen sind. Der Inhalt der Gußform wird dabei, soweit er noch flüssig ist, kräftig durcheinander gemischt und gleichzeitig durch die Gasbindung die Entstehung von Seigerungen eingeschränkt. Auch hier wird von oben her noch Stahl nachgegossen.

Auf rein mechanischer Dichtung beruht das Harmetverfahren, bei dem der halb erstarrte Block mittels hydraulischem Druck in die stark umpanzerte Kokille gepreßt wird, wobei sich die Hohlräume des dickflüssigen Kernes schließen. Talbot preßt oder walzt die Seitenflächen des von der Kokille befreiten, aber im Inneren ebenfalls noch flüssigen Blockes und will damit zum gleichen Ziele gelangen, ohne die weitgehende Abkühlung, die das Harmetverfahren bedingt, mit in den Kauf nehmen zu müssen.

Alle diese ursprünglich bei der Herstellung von Schmiedeblöcken angewandten Verfahren hat man auch auf den Guß und das Dichten von Blechbrammen übertragen. Sie haben sich aber nur vereinzelt dauernde Anwendung zu verschaffen gewußt, da sie entweder nicht wirksam genug oder in ihrem Gebrauch zu kostspielig waren. Stellenweise traten auch Begleiterscheinungen auf, deren ungünstige Wirkung man nicht vorausgesehen hatte und die den erhofften Nutzen wieder aufhoben. So mußte das Lunkerthermitverfahren, bei dem sich der Abfall nachweislich ganz erheblich hatte verringern lassen, wieder aufgegeben werden, weil die durch das Thermit gebildete Tonerde sich zu schwierig aus dem Stahl abschied. Das Harmetverfahren konnte sich wegen der Umständlichkeit und Kostspieligkeit der Einrichtung wenigstens für Blechbrammen nicht behaupten. Ebensowenig hat das Talbotverfahren Aussicht, sich allgemeine Anwendung zu verschaffen, weil die Homogenität des Materials darunter leidet.

Bei der Verwendung von Kokillen, die sich nach oben erweitern, geht man von der Erwägung aus, daß sich der Block am Kopfe länger flüssig halten und der Lunker deshalb flacher ausfallen muß. Wie später noch auseinandergesetzt werden wird, ist jedoch, besonders bei schweren Brammen, die Gefahr der Rißbildung damit verknüpft.

Man ist also nach vorstehendem noch nicht dazu gelangt, durchgreifende und zugleich wirtschaftliche Mittel zur Beseitigung oder beträchtlichen Einschränkung der natürlichen Lunkerbildung anwenden zu können. Infolgedessen ist man nach wie vor darauf angewiesen, sich mit den altbewährten Hilfsmitteln des Praktikers abzufinden. Zu diesen gehört in erster Linie eine weitgehende Erniedrigung der Gießtemperatur, die man durch langsamen Guß mit dünnem Strahl oder durch Einwerfen gut gereinigter kleiner Schrottstücke in die Pfanne zu erreichen sucht. Ferner wendet man das Nachgießen durch den Trichter oder unmittelbar von oben in die Kokille an. Letzteres ist namentlich bei schweren Brammen im Gewichte von über etwa 15 t gebräuchlich, deren Oberfläche, um sie möglichst lange warm zu halten, mit einer neutralen Schlackenschicht, auf die Holzkohle gepackt wird, abdeckt. Auf diese Weise ist es möglich, da nicht immer frischer Stahl zum Nachgießen zur Verfügung steht, dies noch nach Stunden vornehmen zu können.

Nicht mit den natürlichen Lunkern zu verwechseln sind die sog. Saughohlräume, die z. B. beim Auslaufen einer Nachbarkokille infolge Saugwirkung entstehen. Auch durch ungleiches Hochsteigen des Stahles kann dieser Fehler hervorgerufen werden. Solange der Stahl in den Kanalsteinen noch flüssig ist, kann durch Nachgießen vom Trichter aus Ausgleich geschaffen werden, ist aber die Zufuhr von hier aus gesperrt, so saugt die eine Kokille auf Kosten der anderen und es entstehen, je nachdem die Erstarrung fortgeschritten ist, Hohlräume, die den ganzen Block durchziehen. Um derartigen Zwischenfällen vorzubeugen, ist darauf zu achten, daß die Abzweigungen des Trichtersteines gleichen Durchmesser haben und die Kanalsteine nicht gegeneinander versetzt liegen.

β) Die Blockseigerungen.

Bei der Besprechung der Erstarrungsvorgänge war bereits gezeigt worden, daß bei einem weichen Flußeisenblock die zuerst erstarrten Schichten aus praktisch reinem Eisen bestehen. Dies hat zur Folge, daß mit fortschreitender Abkühlung der flüssige Stahl sich immer mehr mit legierenden und verunreinigenden Elementen anreichert und der zuletzt erstarrende Rest gegenüber den Randpartien erhebliche Unterschiede in bezug auf die chemische Zusammensetzung aufweist. Die Stellen größter Konzentration werden von den Wandungen des Lunkers, besonders von dessem Grunde gebildet.

Als maßgebende Faktoren für die Entmischung kommen folgende in Frage:

1. Der Gehalt des Stahles an fremden Bestandteilen, durch deren prozentuale Menge die Größe des Erstarrungsintervalles bestimmt wird.

2. Die Diffusionsfähigkeit der einzelnen Elemente.
3. Die Abkühlungsgeschwindigkeit, die abhängig ist:
   a) von der Gießtemperatur,
   b) ,, ,, Blockgröße und der Intensität der Wärmeentziehung durch die Gußform.

Dazu kommt noch der Einfluß, den die Gasabscheidung aus dem flüssigen Stahl während der einzelnen Erstarrungsabschnitte ausübt und die ihrerseits wieder abhängig ist von dem Lösungsvermögen des flüssigen Stahles unter verschiedenen Temperatur- und Druckbedingungen.

Die Ungleichmäßigkeit der Verteilung der Elemente im Inneren erstarrter Blöcke wurde verhältnismäßig früh erkannt. Die einschlägigen Untersuchungen reichen bis in den Anfang der achtziger Jahre zurück. Umfassendere Arbeiten, die neben der Feststellung der Analysenwerte sich auch auf die Unterschiede in den Festigkeitseigenschaften erstreckten, gelangten aber erst von Anfang dieses Jahrhunderts an zur Veröffentlichung. Unter der großen Zahl sind die von Wüst und Felser[1]), von Howe[2]) und von Talbot[3]) zu nennen, zu denen sich noch die in Zusammenhang mit dem Harmet-Preßverfahren stehenden Veröffentlichungen von Heyn und Bauer gesellen[4]). Alle diese Untersuchungen gehen von der Beschaffenheit unter normalen Bedingungen gegossener und erkalteter Blöcke aus und erstrecken sich einerseits auf die Schnittflächen der durchgeteilten Rohblöcke, andererseits auf die Querschnitte der daraus gewalzten Zwischen- oder Fertigerzeugnisse. Sie führten sämtlich zu dem gleichen Ergebnis, nämlich zu der Feststellung, daß zwischen Rand und Mitte erhebliche Unterschiede bestehen und daß diese Unterschiede am beträchtlichsten am Kopfende, am geringsten am Fußende ausfallen. Für die Größe der Unterschiede in den einzelnen Gehalten ist die Diffusionsfähigkeit der Elemente maßgebend. Am bedeutendsten ist die Entmischung beim Schwefel, dann folgen Phosphor, Kohlenstoff, Mangan und Silizium. Bei den beiden letzteren sind die Unterschiede praktisch gleich Null.

Mit der besonderen Untersuchung von Brammen und Blechen haben sich ebenfalls verschiedene Forscher beschäftigt. Außer einigen wichtigen Arbeiten englischer und amerikanischer Fachleute sind insbesondere die Untersuchungen von Canaris[5]) zu erwähnen. Aus den Ergebnissen aller dieser Arbeiten geht hervor, wie wichtig, aber auch wie schwierig die Erzeugung seigerungsarmer Blöcke und Bleche ist

[1]) Doktordissertation, Aachen 1910.
[2]) Trans. Am. Min. 1909.
[3]) Ref. Stahl u. Eisen 1918, S. 1089.
[4]) Mitt. Materialpr.-Amt, 1912, I. Heft.
[5]) Doktordissertation, Breslau, Stahl u. Eisen 1912, S. 1174, 1913, S. 1573.

und welche erheblichen Abfallmengen man in den Kauf nehmen muß, um den Gütevorschriften Genüge zu leisten. Andererseits muß aber immer wieder betont werden, daß es praktisch unmöglich ist, seigerungsfreie Bleche zu erzeugen und daß ein geringer Grad von Entmischung unbeschadet der Sicherheit des aus dem betreffenden Bleche gefertigten Erzeugnisses unbedenklich zugelassen werden kann.

Auf einen sehr merkwürdigen Fall sog. umgekehrter Seigerung hat zuerst Neu[1]) hingewiesen, nachdem schon Ruhfus im Jahre 1897 eine ähnliche Feststellung veröffentlicht hatte, ohne jedoch näher auf die Ursachen einzugehen. Es handelte sich um Abschnitte von vorgeblocktem Material mit einem durchschnittlichen C-Gehalte von 0,3%, das eine Kernzone mit bedeutend geringerem C-Gehalte, etwa 0,12%, aufwies. Bei dem von Neu veröffentlichten Beispiel, das späterhin durch Howe bei der Untersuchung von nach dem Talbotverfahren gedichteten Blöcken bestätigt wurde, kamen Blöcke in Frage, die zur Auswalzung gelangten, während das Innere noch nicht völlig erstarrt war. Die Blöcke waren sehr früh von den Kokillen befreit und in den Ofen eingesetzt und ebenso schnell zur Walze gebracht worden. Bei dem einen Block bauchte sich die Mitte über dem Walzen auf, ein Beweis dafür, daß das Innere zum Teil noch flüssig war. Die Untersuchung eines in der Nähe der Ausbauchung entnommenen Blockabschnittes zeigte auf der Mitte des Querschnittes einen Kern sehr reinen Metalles, der von einer an S, P und C stark angereicherten Zone umgeben war. Weiter nach außen hin nahmen die Gehalte ab und erreichten am Rande wieder normale Werte. Der Vorgang ist folgendermaßen zu erklären:

„Beim Einsetzen des Blockes in die Tiefgrube hatte sich erst eine verhältnismäßig schwache, kompakte Kruste gebildet, die mit dendritischen Kristallen dicht besetzt war. Der von außen nach innen fortschreitende Erstarrungsvorgang wurde in seinem natürlichen Verlauf durch die Wärmeabgabe der hocherhitzten Grubenwände unterbrochen und es setzte ein Wärmeausgleich durch das ganze noch flüssige Innere des Blockes ein. Man hatte es sozusagen mit einer völlig neuen, wärmeisolierten Ausgangslösung zu tun. Da sich die weitere Abkühlung sehr langsam vollzog und der wiedereinsetzenden Kristallisation sich keine abkühlenden Ansatzflächen boten, so erfolgte die Abscheidung verhältnismäßig reiner Mischkristalle gleichzeitig an allen Stellen des flüssigen Blockinnern, das dadurch in eine teigige Masse verwandelt wurde, ähnlich einer im Puddelofen aufgesetzten Luppe. In diesem Zustande wurde der Block gezogen und zur Walze gebracht. Durch den von außen her wirkenden Walzdruck wurde die Mutterlauge aus der teigig-zähen Masse des Kernes ausgequetscht und in die Zwischenräume

[1]) Stahl u. Eisen 1912, S. 396 u. 1363.

der stark verästelten Randkristalle gepreßt, während die Kristallmasse in ähnlichem Zustande wie die Luppe als gereinigter und gedichteter Kern zurückblieb.“

Obgleich so scharf ausgeprägte Fälle bei der Walzung von Brammen nicht bekannt geworden sind, wurde der vorliegende doch als Beispiel dafür angeführt, wie unbeabsichtigte und oft auch unkontrollierbare Zwischenfälle manchmal zu Erscheinungen führen können, die in scheinbarem Widerspruch zu allen praktisch und wissenschaftlich begründeten Erfahrungen stehen.

Von den unter dem Namen Kristallseigerungen und Gasblasenseigerungen bekannten Erscheinungen wird noch später die Rede sein.

γ) Die Gaseinschlüsse und Gasblasen.

Flüssiger Stahl besitzt wie jede andere Flüssigkeit ein bestimmtes Lösungsvermögen für Gase, das durch die Temperatur und den Druck, unter dem die Flüssigkeit steht, beeinflußt wird. Da das Lösungsvermögen mit sinkender Temperatur abnimmt, scheiden sich schon beim Vergießen Gasblasen aus, die zur Oberfläche aufsteigen. Bei weiterer Abkühlung vergrößert sich die Menge des abgeschiedenen Gases und der Prozeß geht während des Erstarrens noch so lange unbehindert vor sich, als durch die Flüssigkeit hindurch eine Verbindung mit der Oberfläche besteht. In dem Maße, wie das Blockinnere erstarrt und die Oberfläche sich schließt, wird der freie Austritt erschwert und hört schließlich mit dem Augenblick ganz auf, in dem letztere zu einer festen Kruste erstarrt. Die weitere Gasabscheidung erfolgt unter veränderten Druckbedingungen und dauert noch so lange an, bis der letzte Flüssigkeitsrest erstarrt ist. Von diesem Zeitpunkte an kommen für die Gasverteilung nur noch Diffusionsvorgänge in Frage.

Im erstarrten Block findet sich das Gas in zweierlei Gestalt vor. Einmal als freies, in Hohlräumen oder Poren eingeschlossenes, das andere Mal als unsichtbar gebundenes oder okkludiertes Gas. Von der dritten, in Form von chemischen Verbindungen vorhandenen Art braucht an dieser Stelle nicht weiter die Rede zu sein.

Für den Umfang der Gasbindung und -abscheidung sind folgende Umstände maßgebend:

1. Der Sättigungsgrad der Ausgangslösung, in Abhängigkeit:
   a) vom Gehalte an gasbindenden Elementen,
   b) von der Temperatur der Flüssigkeit,
   c) vom Stande der sich darin etwa noch abspielenden Reaktionen.
2. Die auf die Flüssigkeit wirkenden Druckverhältnisse:
   a) der ferrostatische Druck,
   b) der nach der Oberflächenerstarrung auftretende Gasdruck.

3. Die Temperaturverhältnisse bei der Abkühlung:
   a) die Abkühlungsgeschwindigkeit,
   b) die Richtung des Wärmeflusses.

Von den im Eisen löslichen Gasen kommen in Betracht: Kohlenmonoxyd, Kohlendioxyd, Stickstoff, Wasserstoff und hin und wieder auch Methan. Über das absolute Maß der Absorptionsfähigkeit gegenüber diesen Gasen liegen noch keine genaueren Feststellungen vor. Dagegen sind besonders im letzten Jahrzehnt umfangreiche Messungen der aus dem flüssigen Eisen austretenden, sowie vom festen Eisen gebundenen Gasmengen, auch in bezug auf ihre prozentuale Zusammensetzung angestellt worden.

Aus einem von Sieverts[1]) 1910 aufgestellten Diagramm geht hervor, daß 100 g reines Eisen in geschmolzenem Zustande bei 1528° 2,4 mg Wasserstoff zu lösen vermögen, von denen bei der Erstarrung 1,2 mg frei werden. Das würde bedeuten, daß kurz oberhalb des Schmelzpunktes rund 14 ccm Fe 28 ccm H von Normalbedingungen zu lösen vermögen, also das Doppelte ihres Volumens.

Beim technischen Eisen ist dagegen eine bedeutend höhere Löslichkeit festgestellt worden. So fand Baraduc-Müller[2]) bei Versuchen mit flüssigem Thomasstahl, den er in Mengen von 500—600 kg erkalten ließ, im Mittel das 22fache des Stahlvolumens bei Grenzwerten von 17 und 27. Bei dem Versuch, der die geringste Gasausbeute ergab, erhielt er, auf 1000 kg Stahl umgerechnet:

	76,7 l CO_2	3,6%
	19,3 l O_2	0,9%
	640,3 l CO	30,5%
	1098,7 l H_2	52,2%
	4,3 l CH_4	0,2%
	268,5 l N_3	12,7%
Insgesamt	2107,8 l	100,1%

Von dem im Gebläsewind enthaltenen, durch Berechnung des eingeblasenen Volumens gefundenen, in Form von H_2O vorhandenen Wasserstoff wurden 38,5% im Gas festgestellt. Kohlenoxyd entwich zu Beginn des Versuches lebhaft, zum Schluß langsamer, beim Wasserstoff zeigte sich entgegengesetztes Verhalten.

Die gewonnene Wasserstoffmenge würde für 100 kg Stahl 110 ccm oder rund 10 mg bedeuten, also ungefähr das Vierfache der von Sieverts für reines Eisen unmittelbar oberhalb des Schmelzpunktes angegebenen. Wenn auch mit einer Überhitzung und dadurch verursachten höheren Lösungsfähigkeit gerechnet werden muß, so ist andererseits

[1]) Ber. Chem. Ges. 1910, Bd. 43, S. 893.
[2]) Ref. Stahl u. Eisen 1916, S. 1022.

zu bedenken, daß bei Baraduc-Müller der der Lösungsfähigkeit bei 600° entsprechende Gasanteil im Stahl zurückblieb.

Daß außerdem noch rund das gleiche Volumen anderer Gase abgeschieden wurde, spricht an sich zwar nicht gegen die Richtigkeit der Sievertschen Werte, da auch das flüssige Eisen dem Henry-Daltonschen Gesetz folgt, wonach bei gleichzeitiger Anwesenheit mehrerer Gase jedes nach Maßgabe seines Partialdruckes zur Wirkung kommt. Danach ist wohl anzunehmen, daß die Lösungsfähigkeit des Eisens für ein bestimmtes Gas durch die Anwesenheit anderer nicht wesentlich beeinflußt wird. Der erhebliche Unterschied der mit reinem Eisen angestellten Sievertschen Versuche dürfte demnach gegenüber den mit technischem Eisen gefundenen Ergebnissen auf die in letzterem vorhandenen gasbildenden Elemente zurückzuführen sein, die die Löslichkeit im flüssigen Zustande in erhöhtem Maße beeinflussen.

Stellt man die gesamte gemessene Gasmenge in Rechnung, so hat der flüssige Stahl beim Erkalten bis auf 600° rund das 15fache seines Volumens an Gas von Normalbedingungen abgeschieden. Es ist freilich dabei zu berücksichtigen, daß es sich um windgefrischten Stahl handelt, bei dem noch weitergehende Reaktionen Einfluß auf die Gasentwicklung ausüben. Nach Untersuchungen, die P. Goerens gemeinsam mit Paquet[1]) und Collart[2]) ausführte, betrug der Gasgehalt von Thomasstahl nach der Desoxydation das Dreifache von dem vor Einleitung der Desoxydation vorhandenen. Als Untersuchungsmaterial dienten Stahlspäne, die also nur okkludiertes Gas enthielten. Bei Martinstahl betrug die festgestellte Gasmenge im Mittel 6,6 ccm je ccm Stahl mit den Grenzen 4,0 und 8,8 ccm.

Ebenso wie das Lösungsvermögen des reinen Eisens gegenüber den einzelnen Gasarten verschieden ist, so übt auch sein Gehalt an gewissen Fremdkörpern eine unterschiedliche Wirkung aus. Es ist bereits erwähnt worden, daß ein Zusatz von Al, Si, Mn und Ti die Absorptionsfähigkeit bedeutend erhöht und daß unter Umständen auch durch C die Gasbindung befördert wird. Nach Brinell und Wahlberg[3]) ist Al 17 mal wirksamer als Si und 90 mal wirksamer als Mn. Welcher Art diese Einwirkungen sind und ob dabei rein physikalische oder chemische Einflüsse vorwiegen, ist noch nicht erforscht. Bei dem besonderen Verhalten einzelner Elemente gegenüber bestimmten Gasarten, wie z. B. des Titans gegenüber dem N, scheint es sich in der Tat um chemische Affinität innerhalb gewisser Temperaturgrenzen zu handeln.

Die Absorptionsfähigkeit wird ferner durch die Temperatur der Lösung beeinflußt. Im allgemeinen wächst sie mit steigender Tem-

[1]) Ferrum, 1915, S. 57.

[2]) Ferrum, 1916, S. 145.

[3]) Stahl u. Eisen 1903, S. 46.

peratur, jedoch scheint bei einer in bestimmter Höhe über dem Schmelzpunkt gelegenen Temperatur Gasabgabe einzutreten, also ein Maximum erreicht zu werden. Als Beweis sei das Verhalten hoch erhitzten Stahles, z. B. bei der Überhitzung von Martinstahl im Tiegel, angeführt, der nach dem Vergießen einen dichten, porenfreien Bruch zeigt. Es handelt sich hier anscheinend um ähnliche Erscheinungen, wie sie sich beim längeren Erhitzen kalten gasgesättigten Eisens bemerkbar machen, wobei ebenfalls ein beträchtlicher Teil des Gasgehaltes, und zwar durch Diffusion entweicht. Umgekehrt ist auch Übersättigung infolge Unterkühlung von flüssigem Eisen zu beobachten, die sich bei weiterschreitender Abkühlung in besonders reichlicher Gasentwicklung äußert.

Bei der Beurteilung des Gasgehaltes und der Gasabgabe flüssigen Eisens muß unterschieden werden zwischen physikalisch überhitzten, im übrigen aber gut ausreagierten Stahl und solchem, bei dem infolge noch nicht abgeschlossener chemischer Reaktionen noch Gas- und Wärmeentwicklung stattfindet. Während Abgüsse der ersteren Art beim Abkühlen in der Kokille ein ruhiges Verhalten zeigen — der Stahl steht — und nur beim Überschreiten des Sättigungspunktes eine schnell vorübergehende lebhafte Gasentwicklung einsetzt, ist bei letzteren die Oberfläche in ständiger Wallung begriffen und auch während des Erstarrens hält die Gasabscheidung so kräftig an, daß der Kopf des Blockes dadurch aufgetrieben wird. In besonders ungünstigen Fällen wird der Gasdruck so stark, daß dadurch die Oberflächenkruste gesprengt wird und mit dem entweichenden Gas beträchtliche Mengen des flüssigen Blockinneren herausgetrieben werden. Man nennt dies das Auskochen, die gelindere Form das Steigen oder Treiben des Stahles.

So lange die Oberfläche noch offen ist, herrscht im Innern des Blockes ein Druck, der dem Gewichte der über dem betrachteten Querschnitte stehenden Flüssigkeitssäule entspricht. Dieser Druck ist mit Hilfe des spez. Gewichtes flüssigen Eisens, das für praktische Rechnungen zu 6,8 angenommen werden kann, leicht zu ermitteln. Bei genügender Höhe der Gußform kann dieser ferrostatische Druck den Lösungsdruck übersteigen, die Gasabscheidung also verhindern, es muß dann am Fußende eine auf rein physikalischen Ursachen beruhende Dichtung des Materiales eintreten. In einer darüber liegenden Zone wird annähernd Gleichgewicht herrschen, die Gasabscheidung also stark verzögert werden. In der oberen Partie überwiegt dagegen der Lösungsdruck, so daß die Gasabscheidung, solange sich der Kopf des Blockes noch in flüssigem Zustande befindet, unbehindert vor sich geht. Durch entsprechende Steigerung des Flüssigkeitsdruckes, etwa durch Überleiten eines komprimierten Gases in die nach dem Guß gasdicht verschlossene Kokille, müßte es demnach möglich sein, bis zu einem gewissen Grade die Gasabscheidung künstlich zu verhindern, entgegen dem beim Guß im Vakuum angewandten Verfahren, bei dem man durch Druckminderung eine Entgasung herbeizuführen sucht.

Eine Drucksteigerung im Blockinnern tritt weiterhin ein, sobald die Oberfläche erstarrt und die Verbindung mit der Außenatmosphäre unterbrochen ist. Zu einer vollkommenen Unterdrückung der Gasabscheidung kann es natürlich auch in diesem Falle nicht kommen. Dieselbe wird vielmehr noch so lange vor sich gehen, bis der Lösungsdruck der teigig-zähen Flüssigkeit mit dem Gasdruck im Innern der sich bildenden Blasen im Gleichgewicht steht. Von einem vollkommenen Beharrungszustand kann indes erst nach beendeter Erstarrung und Abkühlung die Rede sein, da durch die Schrumpfung und Schwindung die Druckverteilung beeinflußt wird und unter Umständen in gewissen Blasenzonen anstatt Überdruck Unterdruck entstehen kann.

Schließlich bleibt noch der Einfluß der Abkühlungsgeschwindigkeit und der Richtung des Wärmeflusses zu untersuchen. Erstere ist unmittelbar abhängig von dem Temperaturunterschiede zwischen flüssigem Inhalte und benetzter Oberfläche der Gußform und von der Größe der wärmeleitenden Massen. Der letztere verläuft einmal in der durch den Wärmeaustausch mit den Kokillenwandungen bestimmten Richtung, d. h. senkrecht dazu, das andere Mal den Weg entlang, den das spez. leichtere Gas bei seinem Aufsteigen an die Oberfläche nimmt, also von unten nach oben.

Das Lösungsvermögen für Gase nimmt, wie bereits erwähnt, mit sinkender Temperatur ab, infolgedessen übt die Abkühlungsgeschwindigkeit in ähnlicher Weise, wie es bei den Kristallisationsvorgängen der Fall ist, eine entscheidende Wirkung auf die Ausbildung und Anordnung der Gasblasen aus. In engem Zusammenhang damit steht die Richtung, in der sich der Wärmeausgleich vollzieht. In welcher Weise sich dies äußert, wird weiter unten noch gezeigt werden.

Bei der großen Zahl und der Verschiedenartigkeit der besprochenen Faktoren lassen sich allgemein gültige Gesetze weder aufstellen noch nachweisen. Es soll daher versucht werden, an Hand einiger Erfahrungsbeispiele den vermutlichen Verlauf der Gasabscheidung mit Hilfe allgemeiner Überlegungen zu erläutern. Man muß sich dabei vor Augen halten, daß es sich in jedem einzelnen Fall nur um den Mittelwert aus einer Anzahl gleichzeitig auftretender Momente handeln kann, die sich in ihren Wirkungen je nachdem aufzuheben oder zu verstärken suchen.

Ein anschauliches Bild der in einem erstarrten Block auftretenden verschiedenen Arten von Gasblasen bietet ein von Wüst und Felser u. a. untersuchter, von unten gegossener Martinblock in folgenden Abmessungen: Länge 1550 mm, unten 325 mm, oben 290 mm Seitenlänge im Quadrat, Gewicht 1000 kg. Man kann sich den Schnitt auch durch die Mittelachse einer gleich dicken Bramme gelegt denken, die dann ein Gewicht von etwa 2700 kg haben würde. (Abb. 5.)

Auf der Bildfläche sind drei Arten von Gasblasen zu unterscheiden. Zunächst ein bis über die halbe Blockhöhe hinausgehender äußerer Blasenkranz, der aus dicht nebeneinander gelagerten und senkrecht zu den Abkühlungsflächen sich erstreckenden Poren besteht. Seine Entstehung ist folgendermaßen zu erklären:

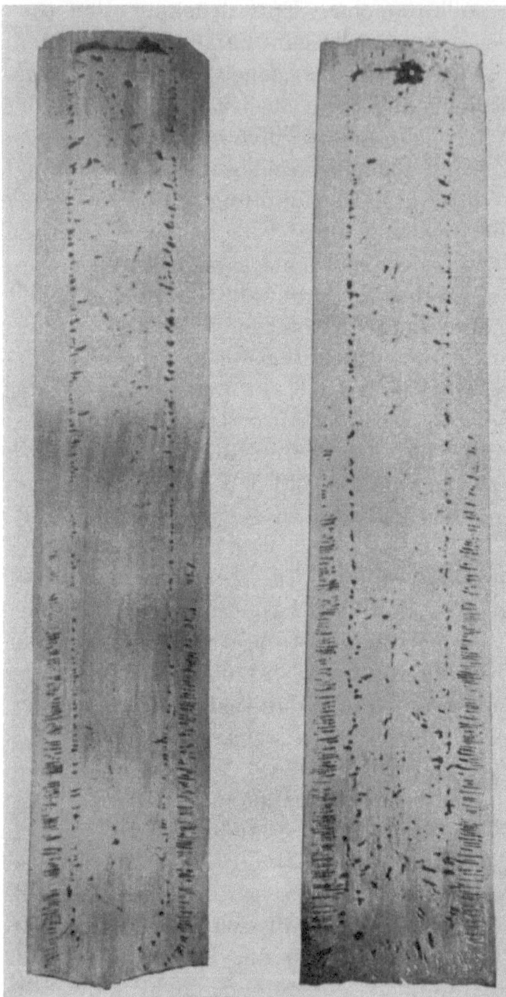

Abb. 5. Durchschnittene S. M.-Blöcke mit äußerem und innerem Blasenkranz.

„Infolge der starken Wärmeentziehung durch die kalte Gußform bildet sich an den Berührungsflächen eine Kruste schnell erstarrenden Stahles, die entsprechend der großen Kernzahl und der hohen Kristallisationsgeschwindigkeit aus zahlreichen, kleinen polyedrischen Kristallen besteht. Diese bieten mit ihren mikroskopisch kleinen glatten Flächen den bei der Erstarrung freiwerdenden Gasblasen keine Gelegenheit, sich festzusetzen, so daß diese unbehindert entweichen, oder, falls die Lösung nicht gesättigt war, wieder absorbiert werden. Bei der weiteren, infolge des verringerten Temperaturunterschiedes langsamer vor sich gehenden Erstarrung schießen von der zuerst gebildeten Kruste aus langgestreckte Kristallnadeln in die Flüssigkeit vor, an deren Verästelungen die Gasbläschen hängen bleiben. Je mehr die Abkühlung fortschreitet, desto mehr Gas scheidet sich ab und desto höher steigt der Gasdruck in den von der teigigen Kristallmasse eingeschlossenen

Poren, die sich in der Richtung des geringsten Widerstandes auszudehnen suchen. Diese ist aber durch die nach dem flüssigen Blockinnern abnehmende Konsistenz bestimmt und fällt zusammen mit der Richtung des Wärmeflusses, der sich von dem heißeren Kern aus durch die als gute Wärmeleiter dienenden Kristalle nach den kälteren Kokillenwandungen hin vollzieht. Die schrittweise vor sich gehende Bildung erkennt man deutlich an den ringförmigen, an Wurmfraß gemahnenden Rillen der Blasenwandungen, deren jede einen Abschnitt im Wachstum darstellt."

Die Ursache dafür, daß diese Art Poren oder Blasen sich nur wenig über die untere Blockhälfte hinaus erstrecken, erblicken Wüst und Felser in der langsameren Abkühlung des Metalles an dem oberen, schon durch Leitung und Strahlung vorgewärmten Teile der Blockform. Als Beweis wird folgendes Beispiel angegeben: „Gießt man mittelheißen Stahl in eine zur Hälfte aus Metall, zur Hälfte aus Formsand gebildete Gußform, so ist der entstehende Block auf der einen, metallischen Seite der Form, wo schnelle Abkühlung stattfand, stets porös, auf der anderen, wo der Formsand als schlechter Wärmeleiter die Abkühlung verzögerte, stets dicht."

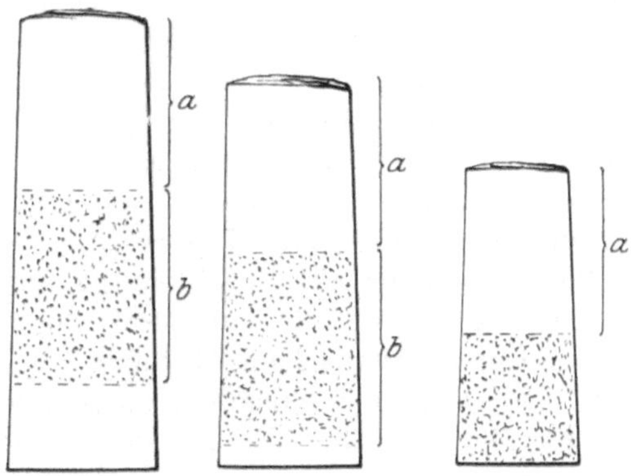

Abb. 6. Schematische Darstellung der Beziehungen zwischen Blockhöhe und Höhe des äußeren Blasenkranzes.

Diese Erklärung hat manches für sich. Daß jedoch der ferrostatische Druck dabei den Ausschlag gibt, geht aus der in ihrer Höhenlage scharf begrenzten Zonenbildung hervor, die man beim Abziehen der Kokillen von frisch gezogenen Blöcken mit weit nach außen liegendem Blasenkranz beobachten kann. Die blasenhaltige Zone zeichnet sich nach ganz kurzer Zeit durch ihre dunklere, auf schnellerer Abkühlung beruhende Färbung von der heller bleibenden dichteren ab und ebenso deutlich ist zu bemerken, daß bei ungleich hohen, derselben Charge entstammenden Blöcken die helle Zone stets die gleiche Höhe zeigt, ein Umstand, auf den schon Dr. A. Karner in seinem Aufsatze „Über das Verhalten des flüssigen Stahles und die Erstarrungsvorgänge in der Kokille"[1]) aufmerksam gemacht hat. (Abb. 6.) Auch die weiter von ihm beobachtete Erscheinung, daß bei härterem unruhigen Stahl die blasenhaltige

[1]) Stahl u. Eisen 1916, S. 1113.

Zone höher am Block hinaufrückt und dadurch auch unterhalb derselben eine helle, dichte Zone wahrnehmbar wird, spricht für die Richtigkeit seiner Annahme. Bei der höheren Absorptionsfähigkeit des härteren Stahles tritt hier der bei weichem nur bei ganz hohen Blöcken zu beobachtende Fall ein, daß im unteren Teile die Gasabscheidung völlig unterdrückt, der Block also hier auf natürlichem Wege durch den ferrostatischen Druck gedichtet wird. Im übrigen ist auch in diesem Falle bei ungleich hohen Blöcken Übereinstimmung der Zonenlage und -breite, und zwar nicht nur der oberen, sondern auch der mittleren zu beobachten.

Es sei noch ausdrücklich darauf aufmerksam gemacht, daß sich die scharfe Abgrenzung der Blasenzone nur bei solchen Blöcken beobachten läßt, bei denen der äußere Blasenkranz dicht unter der Oberfläche liegt, die also randporige Bleche ergeben. Dieses Verhalten steht in engstem Zusammenhang mit der richtigen Dauer des Ausgarens des Stahlbades nach dem Ferromanganzusatze. Bei zu kurzer Ausgarungsdauer kommen die Desoxydationsprodukte nicht in genügendem Maße zur Ausscheidung, der Stahl ist beim Vergießen trübe, d. h. dickflüssig. Der Blasenkranz setzt sich schon auf einer dünnen Erstarrungshaut an und der Stahl neigt zum Treiben.

Weniger einfach ist die Erklärung für die regelmäßige Ausbildung des zweiten, inneren Blasenkranzes, der auf dem Bilde perlenschnurartig in durchweg gleichem Abstande von den Kokillenwandungen verläuft. Die etwas unregelmäßiger ausgebildeten Blasen nähern sich mehr der Kugelform. Über die näheren Umstände bei ihrer Entstehung lassen sich nur Vermutungen aussprechen, das eine läßt sich jedoch mit Bestimmtheit sagen, daß durch sie ein scharf abgegrenzter Abschnitt in der Erstarrung gekennzeichnet wird, und zwar allem Anschein nach die nahezu gleichzeitige Verfestigung des von ihnen eingeschlossenen Blockkernes. Ob dabei die Schließung des Blockes durch die völlige Erstarrung der Oberfläche oder ob das Abziehen der Kokille und die dadurch bewirkte, verstärkte Abkühlung den Ausschlag gibt, müßte noch durch besondere Versuche festgestellt werden. Wahrscheinlich spielt auch der Druck, den die sich bei der Abkühlung zusammenziehende äußere Kruste auf den noch weichen Kern ausübt, eine gewisse Rolle. Nimmt man nämlich an, daß dieser innerhalb eines sehr kurzen Zeitraumes erstarrt, so muß zur selben Zeit die Gasabscheidung sich verstärken. Daß die sich in der schon teigig gewordenen Masse bildenden Gasblasen unter dem von außen her wirkenden Druck den umgekehrten Weg wählen wie die Randporen, nämlich von innen nach außen, ließe sich damit erklären, daß der zuletzt erstarrende Flüssigkeitsrest den Kern einhüllt, ähnlich wie es im Falle der umgekehrten Seigerung angenommen wurde. Leider lassen sich aus den mitgeteilten

Analysenwerten nur schwache Anhaltspunkte für diese Vermutung gewinnen, wohl aber spricht die unvollkommene Ausbildung des Kopflunkers für eine nahezu gleichzeitige Erstarrung des Blockinnern.

Die im Kern regellos verstreuten Gasblasen stellen die dritte Art dar. Sie haben mehr den Charakter von an die Stelle des Hauptlunkers getretenen Schwindungshohlräumen und finden sich bald im Kopf, bald im Fuße des Blockes oder über die ganze Höhe zu Gruppen gehäuft vor. Über ihr wahres Wesen könnten nur Messungen des in ihrem Innern herrschenden Druckes Auskunft geben.

Man macht sich die Möglichkeit, den Hauptlunker in kleinere Hohlräume aufzulösen, mancherorts zunutze, indem man durch Abschrecken der Oberfläche den Gasdruck im Blockinnern steigert und so das Entstehen zahlreicher kleiner Gasblasen begünstigt. Ein häufig angewandtes Mittel ist das Aufgießen von Wasser auf die noch flüssige Oberfläche. Diese nimmt dabei den sphäroidalen Zustand an und entzieht dem Kopfe des Blockes energisch die zur Verdampfung nötige Wärme. Im allgemeinen begnügt man sich jedoch damit, die Oberfläche mit Deckeln aus Gußeisen oder Blech abzudecken, sobald der Stahl am Rande angesetzt hat.

Von dem Mittel einer vorzeitigen Schließung der Blockoberfläche sollte man indes nur mit großer Vorsicht Gebrauch machen, namentlich wenn man es mit einem stark gasgesättigten Stahl zu tun hat. Die Erwartung, daß die entstehenden Hohlräume beim Walzen zuschweißen, erfüllt sich nämlich nicht in allen Fällen und besonders bei Material, das in der Wärme gereckt werden soll, wie z. B. Kesselböden mit eingepreßten Rohrlöchern, oder bei Schweißblechen machen sich die Blasen sehr unangenehm bemerkbar. Das Verschweißen der Porenwandungen hat bekanntlich weitgehende Freiheit von Oxyden zur Voraussetzung, eine Bedingung, die aber bei nicht genügend desoxydiertem Stahl nicht zu erfüllen ist. Auch wirkt auf die weiter nach der Mitte zu gelegenen Blasen der Walzdruck nur unvollkommen ein und namentlich im Innern starker Platten hat man manchmal Gelegenheit, Blasen zu beobachten, die in ihrer Form nur geringe Änderung beim Walzen erfahren haben. Jeder Autogenschneider, der häufiger mit dicken Stücken zu tun hat, wird dies bestätigen können. Es muß daher auf genügend hohe Walztemperatur gehalten werden, wenn man einigermaßen Sicherheit haben will, daß sich die Blasen beim Herunterwalzen des Blockes vollkommen schließen und nach Möglichkeit verschweißen.

Je näher die Gasporen unter der Oberfläche sitzen, desto größer ist die Gefahr, daß sie beim Wärmen und Abschweißen der Brammen offen gelegt und mit Schlacke gefüllt werden, wodurch auf dem fertigen Blech Schlackennarben, die sog. Pocken entstehen. Aber selbst, wenn die Poren nicht aufschmelzen, macht doch die Oxydbildung im Innern ein Verschweißen unmöglich, das dünne Oberflächenhäutchen reißt beim Auswalzen auf und bildet kleine Schalen und Schuppen, die ebenfalls zu Ausschuß Veranlassung geben.

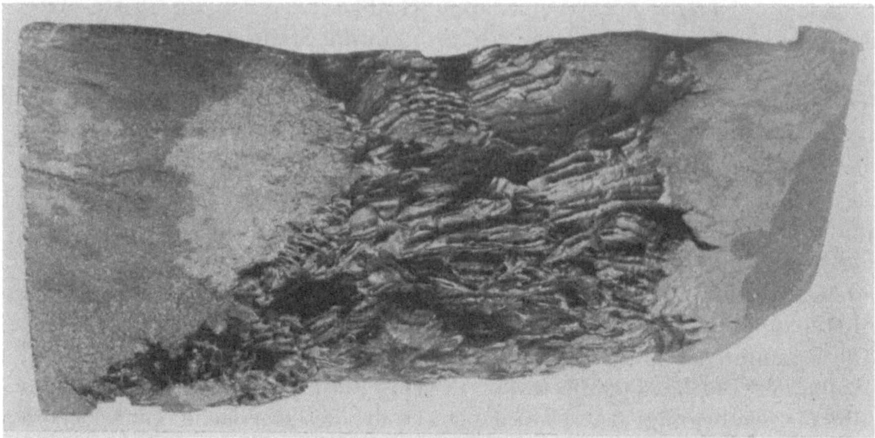

Abb. 7. Wabenartige Randporen einer aufgerissenen Bramme von 100 mm Dicke, Seitenansicht.

Abb. 8. Wie oben, Draufsicht. $\times \frac{2}{3}$

Am stärksten reißen randporige Brammen da ein, wo das Material keine Bearbeitung durch die Walzen erfährt, also an den Seitenrändern. Die dort entstehenden Risse, die in ihrem Aussehen an die Waben eines Wespennestes erinnern, verursachen eine außergewöhnliche Vermehrung des Seitenschrottes. (Abb. 7 u. 8.) Die größere Breitenzugabe hat aber Verkürzung der Länge zur Folge und die normalen Zuschläge genügen in solchen Fällen nicht zur sicheren Beseitigung des Lunkers und der Seigerungszone. Also auch nach dieser Richtung hin verursachen die Randporen manchen Produktionsausfall.

Der verschiedenartige Einfluß, den das Gießen von oben oder von unten auf Anordnung und Ausbildung der Gasblasen ausübt, ist von jeher Gegenstand lebhafter Erörterungen gewesen. Als Vorteil des Gusses von oben wird u. a. angeführt, daß die mechanische Durcharbeitung des flüssigen Kokilleninhaltes durch den Gießstrahl die Gasabscheidung befördere. Es handelt sich dabei um einen ähnlichen Vorgang, wie er beim Ausgießen von Bier oder Selterswasser aus der Flasche ins Glas eintritt, nämlich um das Freiwerden größerer Gasmengen durch Sprudelwirkung. Wenn dadurch auch der Gesamtgasgehalt eine nicht unbeträchtliche Verringerung erfährt, so ist dies doch auf die örtliche Abscheidung der Blasen, die in der Hauptsache erst nach beendetem Guß einsetzt, ohne nachhaltige Wirkung. Den Ausschlag gibt die Gießtemperatur bzw. die Temperaturerniedrigung während des Gießens und in dieser Hinsicht liegen die Verhältnisse beim Guß von unten wesentlich günstiger, besonders bei schweren Blöcken, bei denen der Stahl nicht sehr heiß zu sein braucht.

Zum Belege sei die Erfahrung wiedergegeben, die der Verfasser beim Walzen zahlreicher Lokomotivbarrenrahmen aus 11—12 t schweren Brammen machte. Diese Blöcke wurden von einem mittleren Querschnitt von 1100×750 auf der flachen Bahn des Brammenwalzwerkes auf etwa 300 mm Dicke heruntergewalzt, dann hochkant gestellt, im Kaliber auf 800 mm abgestaucht und schließlich auf 100 mm Stärke fertig gewalzt. Es ergab sich dabei ein Endquerschnitt von etwa 825×100 mm, der für die Fertigbearbeitung nur eine Breitenzugabe von ca. 30 mm in sich schloß, bei einer Länge des fertigen Rahmens von 11,3 m. Es ist ohne weiteres ersichtlich, daß bei einer so beträchtlichen Dickenabnahme die Seitenränder nur dann unverletzt bleiben konnten, wenn das Material durchaus dicht und homogen war. Die wenigen, erst spät einsetzenden Stauchstiche kamen für eine Dichtung nicht mehr in Betracht. In vielen Hundert Fällen hielten nun die von unten gegossenen Brammen diese starke Beanspruchung ohne jede Rißbildung aus, während die von oben gegossenen ausnahmslos versagten. Da das gleiche Verhalten auch bei verschieden gegossenen, aber der gleichen Charge entstammenden Blöcken wiederholt beobachtet wurde, so dürfte als erwiesen anzusehen sein, daß die Ursache nur in der Art des Gusses, nicht in metallurgischen Eigentümlichkeiten zu suchen ist.

Die Blockgröße spielt in gewisser Hinsicht ebenfalls eine Rolle bei der Lage der Gasporen. Chargen, die in Gespannen auf zahlreiche kleine Blöcke gegossen werden sollen, müssen, damit der Stahl nicht vorzeitig erstarrt, sehr heiß fertiggemacht werden. Dies bringt aber die Gefahr eines weit nach außen liegenden Blasenkranzes mit sich. Werden nun Bleche geringerer Stärke, die aus derartigen Brammen gewalzt wurden, im Säurebad gebeizt, wie es z. B. bei Blechen, die verzinkt werden sollen, der Fall ist, so bilden sich unter der Oberfläche zahlreiche Bläschen. Ihre Entstehung ist wahrscheinlich darauf zurückzuführen, daß der durch den Angriff der Säure gebildete Wasserstoff durch Diffusion oder durch katalytische Wirkung in das Material hineinwanderte und durch den dabei auftretenden osmotischen Druck die dünnen Oberflächenhäutchen zu Blasen auftrieb. Bei Blechen aus vorgeblocktem Material, das seinerseits wieder aus schweren Brammen gewalzt worden war, zeigte sich dieser Übelstand nur in verschwindend geringem Maße, weil die Poren tiefer unter der Oberfläche liegen und der entstehende Gasdruck nicht ausreicht, das entstehende Häutchen aufzutreiben.

Die angeführten Beispiele dürften genügen, um die verschiedene Art und Wirkungsweise der Gasblasenbildung zu erläutern. Wenn diesem Kapitel etwas mehr Raum gewidmet werden mußte, so hat dies darin seinen Grund, daß viele Zusammenhänge noch nicht genügend aufgeklärt sind und daß man sich bei ihrer Betrachtung leider mehr von hypothetischen Überlegungen als vom Ergebnis praktischer Versuche leiten lassen muß.

Im Anschluß daran sei noch eine Art von Seigerungen erwähnt, die unter dem Namen „Gasblasenseigerungen“ bekannt geworden sind. Diese, in örtlichem Zusammenhang mit den Gasblasen stehenden Anreicherungen von C, P und S treten vorzugsweise an Stellen verzögerter Erstarrung auf und charakterisieren die damit behafteten Hohlräume als eine Art von Lunkern. Für diese Auffassung spricht besonders der Umstand, daß die Seigerungen tropfenartig an die Blasen angehängt sind, also entweder den Rest der den Hohlraum ursprünglich ausfüllenden Flüssigkeit oder einen durch Unterdruck in sie hineingesaugten Teil der die benachbarten Partien erfüllenden Mutterlauge bildet.

δ) Die Schlackeneinschlüsse.

Während es sich bei den bisher besprochenen Bestandteilen des technischen Eisens um solche Elemente handelte, die mit Eisen legiert oder chemisch gebunden auftreten, hat man es bei den Schlackeneinschlüssen mit regelrechten Fremdkörpern zu tun. Ihrer chemischen Zusammensetzung nach zerfallen sie in oxydische und sulfidische Verbindungen. (Abb. 9 u. 10.) Bei ersteren ist wieder zu unterscheiden zwischen reinen Metalloxyden (FeO, MnO, SiO_2, Al_2O_3) und Silikaten oder Aluminaten. Wie aber die unter dem Sammelbegriff „Schlacken“ zusammengefaßten Nebenerzeugnisse der hüttenmännischen Prozesse meist ein Gemenge von verschiedenartigen Verbindungen darstellen, so läßt sich auch bei den im Stahl vorhandenen Verbindungen eine scharfe Trennung nicht durchführen.

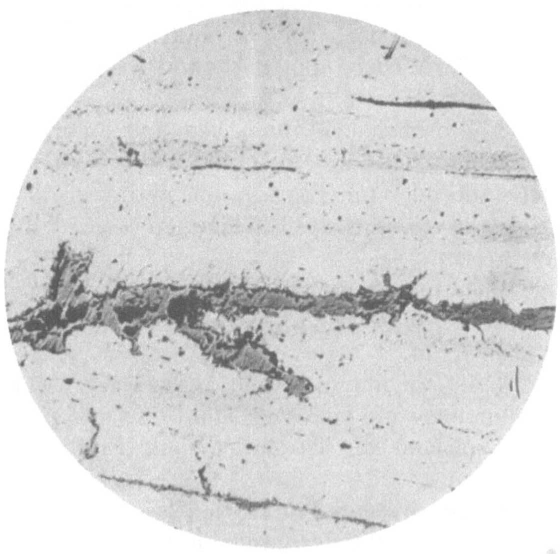

Abb. 9. Oxydischer Einschluß im Blech. ×50

Dies gilt ebenfalls hinsichtlich ihrer Entstehung. Wenn man von Verunreinigungen absieht, die durch Zufall in den flüssigen Stahl hineingelangt sind und ungelöst bei der Erstarrung darin verbleiben, so kann man folgende Gruppierung vornehmen:

1. Durch unmittelbare Abscheidung aus dem Bade entstehende Einschlüsse. Zu diesen zählen:
   a) die bei dem Frischvorgang im Stahl verbliebenen Oxyde und Sulfide,
   b) die als Produkte der Umsetzungen bei der Desoxydation gebildeten Oxyde, Sulfide und Silikate.
2. Auf mechanischem Wege in den flüssigen Stahl gelangte Schlakkenmengen:
   a) aus der Ofenschlacke herrührend,
   b) durch Lösung feuerfesten Materiales entstanden.

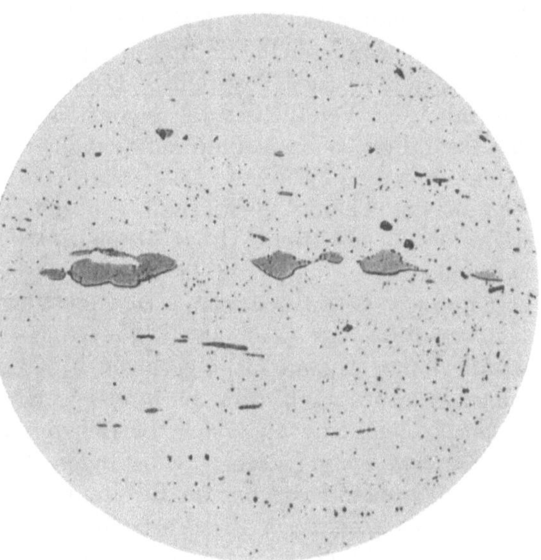

Abb. 10. Sulfidische Einschlüsse im Blech. ×50

Nach der Form des Auftretens ist schließlich zu unterscheiden:

1. Zwischen Segregations- und Suspensionseinschlüssen. Erstere sind ursprünglich im flüssigen Stahl gelöste Verbindungen, die sich bei der Erstarrung als sozusagen selbständige Legierungsbestandteile abscheiden, letztere sind in außerordentlich feiner Verteilung im Bad suspendiert oder emulgiert und behalten bei der Erstarrung ihre Lage bei.

2. Zwischen kristallinischen und amorphen Einschlüssen. Bei den kristallinischen handelt es sich entweder um primäre, im Bad suspendierte Kristalle oder um Segregationsprodukte, die bei ihrer Erstarrung den Kristallisationsgesetzen folgen und die dadurch bedingten Merkmale aufweisen.

Die amorphen tragen keinerlei Kennzeichen einer gesetzmäßigen Struktur, sondern unterscheiden sich nur durch äußere Form und Farbe voneinander.

3. Ist zu unterscheiden zwischen Einschlüssen, die ihre durch die Erstarrungsvorgänge gegebene Form und Anordnung beibehalten haben und solchen, die sie unter dem Einfluß der Bearbeitungsvorgänge änderten.

Es ist dies ein Punkt, der, wie später gezeigt werden soll, für die Beeinträchtigung der mechanischen Eigenschaften des Walzerzeugnisses durch die Schlackeneinschlüsse von besonderer Wichtigkeit ist.

Die Menge der unreduziert im Bade verbleibenden Oxyde sowie der unzersetzten Sulfide des Eisens bzw. Mangans wird, abgesehen von der Beschaffenheit der Ausgangsstoffe, durch den metallurgischen Verlauf der Charge bestimmt. Einen besonders wichtigen Einfluß übt dabei der Verlauf der Desoxydation aus, insbesondere hinsichtlich des wiederholt schon erwähnten weitgehenden Ausreagierens oder Ausgarens nach dem Zusatz der Desoxydationsmittel. Da der metallurgische Verlauf der Charge vorwiegend von den thermischen Verhältnissen, unter denen sich der Prozeß abspielt, abhängt, muß alles, was den Wärmehaushalt ungünstig beeinflußt, auch die Reinheit des Fertigerzeugnisses beeinträchtigen. Die periodisch sich ändernde Häufigkeit von Schlackeneinschlüssen, die schon vielerorts festgestellt wurde, würde demnach zum nicht geringen Teil auf Schwankungen im Ofengang zurückzuführen sein, die ihrerseits wieder auf schlechter Kohlenbeschaffenheit oder zu langer Betriebszeit des Ofens beruhen.

Bei den unter solchen Umständen fertiggemachten Chargen ist nicht allein die Menge der im Bade enthaltenen Oxyde sehr bedeutend, sondern es sind auch die Vorbedingungen für eine gründliche Desoxydation sehr erschwert. Zum mindesten wird die Abscheidung der sich bildenden Umsetzungsprodukte derart verzögert, daß sie nicht restlos zur Oberfläche aufsteigen können, sondern zu einem beträchtlichen Teile im erstarrten Stahl zurückbleiben. Am schwierigsten vollzieht sich die Abscheidung der durch die Reduktion mittels Ferrosilizium gebildeten Kieselsäure, welches Reduktionsmittel daher für die Erzeugung von Kesselblechbrammen auf basischem Wege kaum in Betracht kommt. Die bei der Anwendung von Aluminium entstehende Tonerde wird ebenfalls schwer abgeschieden, ist aber in ihren Wirkungen weniger gefährlich, da infolge des großen Vereinigungsbestrebens zum Sauerstoff nur verhältnismäßig geringe Mengen Aluminium gebraucht werden und der Grad der Verdünnung ein größerer ist. Das sich aus dem wichtigsten Desoxydationsmittel, dem Ferromangan, durch Umsetzung mit FeO bildende MnO wird ebenso wie das auf gleiche Weise entstehende MnS leichter abgeschieden. Immerhin finden sich auch diese Verbindungen als charakteristische Einschlüsse im Gefüge jedes technischen Eisens vor.

Außer den ursprünglich im Bad vorhandenen und bei der Desoxydation neu gebildeten Einschlüssen gelangen auch Teile der Ofenschlacke als Fremdkörper in den Stahl. Es geschieht dies einmal beim Einlaufen der Charge in die Pfanne, wo namentlich gegen Ende des Abstiches Stahl und Schlacke eine nicht zu vermeidende Mischung erfahren, das andere Mal beim Abgießen, wo ebenfalls zum Schluß die in der Pfanne obenauf schwimmende Schlacke durch Strudelbildung mit in den Trichter gezogen wird. Trotz des großen Unterschiedes in den spez. Gewichten vollzieht sich die Trennung sehr schwer. Man kann sich die Art der Mischung in ähnlicher Weise vorstellen wie bei einer Emulsion von Öl in Wasser. Da sich die Desoxydation oft noch in der Pfanne fortsetzt, wirken die Desoxydationsmittel nicht allein auf die reinen Metalloxyde, sondern auch auf die emulgierte Schlacke ein, so daß sich auch Produkte derartiger Umsetzungen als Einschlüsse finden.

Auf dem Wege vom Ofen zur Kokille hat der flüssige Stahl noch weiter Gelegenheit, Verunreinigungen in Gestalt verschlackten feuerfesten Materiales aufzunehmen. Dazu tragen bei: Das Futter des Ofens und der Gießrinne, namentlich, wenn letztere infolge ungenügenden Austrocknens „kocht", die Ausmauerung der Pfanne, Umkleidung der Stopfenstange, Stopfen- und Ausgußstein, Ausfütterung des Gießtrichters und schließlich die Kanalsteine. Das Maß der Verschlackung ist bedingt durch die Temperatur und die chemische Zusammensetzung des Stahles und der Schlacke, durch die Zeit, während der sie mit dem feuerfesten Futter in Berührung stehen und durch die Strömungsgeschwindigkeit. Besonders hohe Ansprüche werden durch das Zusammenwirken dieser Faktoren an die Haltbarkeit der Stopfen und Ausgüsse gestellt, die nur aus bestem Rohmaterial und mit der größten Sorgfalt, ohne Rücksicht auf höhere Kosten hergestellt werden sollten. Auch bei den Futtersteinen für die Stopfenstange und den Trichter und bei der Pfannenausmauerung ist zu weit getriebene Sparsamkeit nicht am Platze. Die Verwendung von feuerfester Masse oder Klebsand, die bei der Massenerzeugung von Handelsware, z. B. in Thomaswerken, sich gut für solche Zwecke bewährt hat, ist bei hochwertigen Qualitäten weniger zu empfehlen Bei den Kanalsteinen kommt man, abgesehen vom Königsstein, zwar mit einer geringeren Qualität aus, desto mehr muß aber auf dichtes Zusammenpassen geachtet werden, damit sich die Fugen nicht ausspülen.

Allgemein kann gesagt werden, daß bei Verwendung besten Materiales und sorgfältiger Verarbeitung die Verunreinigung des Stahles infolge Verschlackung nur unbedeutend ist. Die Hauptmenge der Einschlüsse wird, wie durch eine Reihe analytischer Untersuchungen übereinstimmend festgestellt wurde, unmittelbar aus dem Metallbade abgeschieden.

Weniger einfach ist die Entscheidung, ob es sich im Einzelfalle um Segregations- oder Suspensionseinschlüsse handelt. Derartige Untersuchungen können nur an Material in unverarbeitetem Zustande geführt werden, oder man muß, besonders wenn es sich um Forschungsarbeiten handelt, zu diesem Zwecke eigens vorbereitete Ausgangsstoffe benutzen. Da die Frage der Löslichkeit einzelner Oxyde, Sulfide und Silikate im flüssigen Eisen noch nicht in vollem Umfange als abgeschlossen gelten kann, ist es zur Zeit nicht gut möglich, eine scharfe Trennung der in Frage kommenden Verbindungen unter obigem Gesichtspunkte vorzunehmen.

Die Kristallformen der Segregationseinschlüsse sind nicht sehr scharf ausgeprägt. Sie lehnen sich an diejenigen der Eisenmischkristalle an, mit denen sie auch in bezug auf die Anordnung im Falle des Eutektikums übereinstimmen. Die amorphen Suspensionseinschlüsse unterscheiden sich in der Hauptsache durch ihre Färbung und ihre Härte, erstere kann besonders dann ausschlaggebend sein, wenn es sich um Einschlüsse in äußerst feiner Verteilung handelt, die mikroskopisch nicht auflösbar sind. Als Grund für die wechselnde Konzentration innerhalb ein und desselben Stückes sind Unterschiede bei der Erstarrung anzusehen, die in manchen Fällen durch ungleichmäßige Auflösung und Verteilung der in Stückform zugesetzten Desoxydationsmittel hervorgerufen werden. Also auch aus diesem Grunde ist der flüssige Zusatz vorzuziehen.

Durch die Verarbeitung, die die Grundmasse beim Walzprozeß erfährt, werden auch die Schlackeneinschlüsse beeinflußt. Während einzelne Arten bei den in Frage kommenden Temperaturen plastisch werden und an der Streckung und Breitung teilnehmen, verbleiben andere starr und ändern Form und Lage nur unvollkommen. Die sich daraus ergebenden Bedingungen werden noch an besonderer Stelle behandelt werden, ebenso der Einfluß, den die Schlackeneinschlüsse als

Kristallisationskeime auf den Gefügeaufbau ausüben. In diesem Zusammenhange wird auch das besondere Verhalten derjenigen Systeme zu erwähnen sein, die, wie Eisen-Phosphor, im allgemeinen zwar vollkommene Mischkristalle, unter bestimmten Bedingungen aber auch Schichtkristalle bilden. Diese sind dann in gewissem Sinne ebenfalls als Fremdkörper anzusehen.

ε) Die Schrumpf- oder Warmrisse.

Auf der Oberfläche der Walzbleche finden sich hin und wieder längs und quer verlaufende Risse, die gemeinhin als Walzrisse bezeichnet werden, diesen Namen aber zu Unrecht tragen. Ihre Entstehung ist vielmehr auf Hindernisse bei der Erstarrung der Blöcke zurückzuführen, aus denen die damit behafteten Bleche stammen. (Abb. 11.)

Beim Abkühlen des flüssigen Stahles in der Kokille bildet sich, wie bereits gezeigt worden war, eine gleichmäßig starke Kruste, die, solange sie noch dünn und nachgiebig ist, durch den ferrostatischen Druck an die Kokillenwand angepreßt wird. Sobald sie indes stark genug ist, um dem von innen her wirkenden Flüssigkeitsdruck widerstehen zu können, löst sie sich beim Schwinden von der Kokillenwand ab. Es erfolgt dies unten früher als oben, da am Fußende die Abkühlung länger wirkt und durch die von der Gespannplatte ausgehende Wärmeentziehung verstärkt wird. Infolgedessen liegt der Block oben noch an, während der unten bereits abgelöst ist.

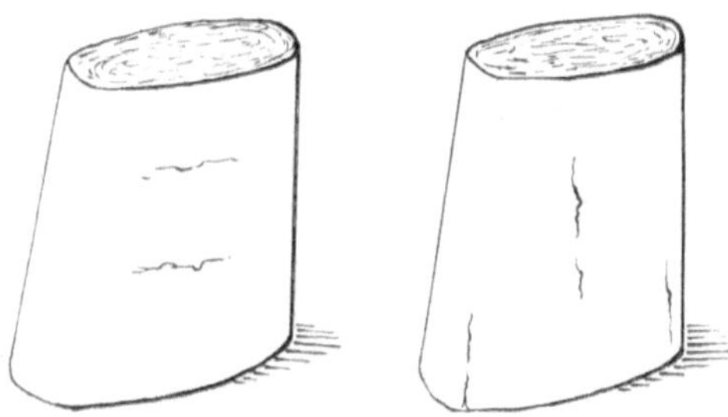

Abb. 11. Schematische Skizze, Schrumpfrisse an Brammen in Quer- und Längsrichtung.

Die durch die Schwindung bewirkte Verkürzung der erstarrten Randkruste kann sich nur in der Richtung nach unten hin äußern, da die Last der Flüssigkeitssäule das durch die Kruste gebildete Gefäß auf die Gußplatte niedergepreßt hält. Durch die im oberen Teile noch bestehende Reibung zwischen Kruste und Kokille wird die Verkürzung der senkrechten Gefäßwände behindert und es treten Zugspannungen auf, die eine Reckung zur Folge haben müssen, solange die Zugkraft nicht ausreicht, um die Reibung zu überwinden. Dies ist aber der Fall, wenn Rauheit oder Unebenheit der Kokillenoberfläche das Gleiten verhindert. Es hängt nun von dem Verhalten des frisch erstarrten Materiales gegenüber Zugbeanspruchung ab, ob ein gleichmäßiges Nachgeben eintritt oder ob der Zusammenhang gelöst wird und Rißbildung erfolgt. Besonders ungünstig verhält sich nach der von vielen Fach-

4*

genossen geteilten Erfahrung des Verfassers, der sog. silizierte, d.h. mit Hilfe von Ferrosilizium fertig gemachte Stahl. Dasselbe gilt für Brammen, die mit erheblichen Mengen von Aluminium, wie z. B. beim Lunkerthermitverfahren, hergestellt wurden. Ob die als Desoxydationsprodukt entstehende Kieselsäure bzw. Tonerde, deren mikroskopischer Nachweis selbst in warmrissigem Material schwer zu führen ist, sich dabei als trennendes Zwischenmittel zwischen die Kristalle einschiebt oder diese als kolloidale Lösung durchdringt, bedarf noch der Aufklärung.

Eine zweite Art bilden die Längsrisse, die meist schon vom unteren Blockrande aus senkrecht nach oben verlaufen, und zwar am Rande oder auf der Mitte der Breitseiten. Ihre Entstehung ist folgendermaßen zu erklären: Der nach allen Seiten gleichmäßig wirkende Flüssigkeitsdruck ruft auf den Breitseiten einen Gesamtdruck hervor, der gegenüber dem auf die Schmalseiten wirkenden um so viel größer ist, als das Verhältnis der Flächeninhalte ausmacht. Es hängt nun von der örtlichen Dicke der erstarrten Kruste ab, an welcher Stelle unter den erwähnten Bedingungen ein Einreißen erfolgt. Ist sie an den Ecken noch nicht erheblich stärker als auf der Mitte, so werden die Risse an ersteren Stellen ansetzen, andernfalls erfolgt Aufbauchen der Breitseiten und der Riß bildet sich auf der Mitte. Aus dem bei Besprechung der Gußformen erwähnten Grunde der stärkeren Abkühlung der Kanten und Schmalseiten ist letzterer Fall als der häufigere anzusehen, immerhin sind schon vielfach Risse selbst auf der Mitte der Schmalseiten beobachtet worden. Dabei spielt die Lage der Kanaleinmündungen eine große Rolle. Einerseits wird dadurch der zeitliche und örtliche Verlauf der Krustenbildung beeinflußt, andererseits bilden die schnell erstarrenden Knochen ein nicht zu unterschätzendes Hindernis für die gleichmäßige Schwindung der Fußpartie. Es darf daher bei breiten und schweren Brammen, bei denen die Gefahr der Rißbildung am größten ist, die Zahl der Einmündungen nicht zu klein gewählt werden und sie dürfen nicht zu nahe am Kokillenrand gelegen sein.

Die gleichförmige Schwindung wird weiterhin erschwert durch den Bart oder Grat, der sich bei schlecht aufsitzenden Kokillen an den Fußrändern der Bramme bildet, und durch den Stahl, der sich beim etwaigen Auskochen zwischen Kopf und Kokillenwand festsetzt. Ferner befördern durch Gußspannungen oder zu langen Gebrauch der Kokillen entstandene Ausbauchungen, ferner Ausfressungen und Sprünge die Rißbildung an den darin gegossenen Brammen und machen rechtzeitigen Ersatz und gute Kokillenpflege zu einem dringenden Erfordernis.

Die in der Randkruste entstehenden Risse werden, solange erstere noch dünn ist, von der nachdrängenden teigigen Kristallmasse wieder ausgefüllt oder bilden mehr oder weniger klaffende Schrumpfrisse. In keinem Falle tritt jedoch beim Auswalzen ein vollkommenes Verschweißen der Ränder ein und die Risse zeichnen sich zum mindesten als schwer zu beseitigende Schönheitsfehler auf der Oberfläche der Bleche ab.

Nicht zu verwechseln mit den beschriebenen Schrumpfrissen sind die Risse, die beim Auswalzen von Blöcken entstehen, bei denen eine Unterbrechung des Gusses eingetreten ist. Es kann dies eintreten, wenn der Trichter nicht mehr zieht und die Blöcke von oben her fertig gegossen werden müssen. In solchem Falle ist der Zusammenhang zwischen den beiden Blockteilen meist ein sehr lockerer und eine Verarbeitung in einer ungeteilten Platte kann nicht in Frage kommen.

ζ) Sonstige Fehler.

Zum Schlusse sind noch einige ab und zu beim Gießen der Brammen vorkommende Mängel zu erwähnen, die, auf rein äußerer Ursache beruhend, Anlaß zu fehlerhaften Blechen geben können. Dazu zählen in erster Linie die sog. Schalen, das sind von unsauberer Blockoberfläche herrührende Überwalzungen und Einwalzungen. Sie sind entweder auf Stahlspritzer bei unregelmäßigem Guß oder auf beim Auskochen überlaufenden Stahl zurückzuführen.

Ferner kommen eingewalzte Stücke vor, die von anhaftenden Gießknochen oder von aufgetriebenen Köpfen abbrechen und zwischen die Walzen gelangen. In die Oberfläche eingebrannte feuerfeste Masse von der Ausschmierung schadhafter Kokillen gibt Anlaß zu Sandflecken; gelangen derartige Verunreinigungen in den Stahl und bleiben unverschlackt, so bilden sich um sie herum größere Blasen, die sich zu Doppelungen auswalzen. Die gleiche Gefahr entsteht beim sog. Füttern der Brammen, das auf manchen Werken angewandt wird und darin besteht, daß man beim Guß kleine Eisenstücke in die Kokille wirft, um den Stahl abzukühlen und zu beruhigen (Einschränkung der Gasblasenbildung!). Damit sie sich auch wirklich lösen und nicht als Einschluß in einer Blase wiederfinden, muß ihre Oberfläche metallisch rein sein. Eine anhaftende Oxyd- oder Rostschicht würde sofort eine örtliche Gasabscheidung einleiten und das Schmelzen bzw. Verschweißen erschweren.

Wie man sieht, gilt es auch auf anscheinend geringfügige und besonders dem Arbeiter als nebensächlich erscheinende Umstände zu achten, wenn man sicher gehen will, ein in jeder Beziehung einwandfreies Ausgangsmaterial für die weitere Verarbeitung zu erzielen. Wie dieses durch die Behandlung im Walzwerk und den anschließenden Betrieben beeinflußt wird, soll in den nächsten Abschnitten gezeigt werden.

B. Die Verarbeitung der Brammen im Walzwerk.

Bei der Umwandlung der Bramme in ein rohes Walzblech handelt es sich darum, einen durch Erwärmen plastisch gewordenen Körper nach 3 Richtungen hin auf bestimmte Abmessungen zu bringen, wobei das Produkt aus Länge, Breite und Dicke nahezu dasselbe bleibt und nur durch die eintretende Verdichtung und das Abfallen des Zunders eine geringe Änderung erfährt. Diese Formänderung, der sog. Walzprozeß, vollzieht sich zwischen rotierenden, zylindrischen Walzen, deren Abstand nach jedem Stich zugleich mit der Richtung des Walzgutes geändert wird. Zur Ausführung der Umformungsarbeit müssen die Brammen auf genügend hohe Temperatur erhitzt werden, so daß zu den Einflüssen mechanischer Art sich noch solche thermisch-physikalischer gesellen. Nach dem Erkalten wird das Walzblech angezeichnet, auf Maß geschnitten und, soweit es sich aus Zweckmäßigkeitsgründen oder durch Vorschrift ergibt, einer Glühbehandlung unterzogen.

1. Das Wärmen der Brammen.

Warmer oder kalter Einsatz?

Das Erhitzen der Brammen auf die erforderliche Walztemperatur wird in kohle- oder gasgeheizten Wärmeöfen vorgenommen. Man unterscheidet grundsätzlich zwischen Arbeiten mit warmem oder kaltem Einsatz, woraus sich für den Ofen- und Walzwerksbetrieb von vornherein bestimmte Bedingungen ergeben. Das erste Arbeitsverfahren hat den Vorzug, daß man die Gießwärme des Blockes zugunsten einer kürzeren Wärmedauer und eines dadurch bedingten geringeren Abbrandes und Kohlenverbrauches ausnutzen kann. Den entsprechenden Nachteilen, stärkere Abbrandverluste und höherer Kohlenaufwand, steht beim Arbeiten mit kaltem Einsatz als nicht zu unterschätzender Vorteil die Möglichkeit gegenüber, die erkalteten Blöcke sorgfältig verputzen, besser nach Analyse und Festigkeitseigenschaften klassieren und reihenweise verarbeiten zu können. Ein nach derartigen Gesichtspunkten zwischen Stahl- und Walzwerk eingerichtetes Blocklager erfordert aber neben den Bedienungskosten beträchtliche Aufwendungen für die Verzinsung, so daß sich bei einem einigermaßen sicher und sauber arbeitenden Stahlwerksbetrieb das auf warmem Einsatz aufgebaute Verfahren als das wirtschaftlichere erweisen wird.

Während man bei kaltem Einsatz die Blöcke so lange in den Gußformen stehen läßt, bis sie mit Sicherheit im Inneren vollständig erstarrt sind, sucht man sie bei der anderen Arbeitsweise sobald als möglich davon zu befreien und möglichst heiß in die Öfen einzusetzen. In diesem Bestreben ist man jedoch durch verschiedene Umstände behindert. Einerseits setzen die noch nicht genügend geschwundenen und daher noch fest in den Kokillen haftenden Blöcke dem Loslösen großen Widerstand entgegen. Da sich bei der Mannigfaltigkeit der Gußformen die Anlage eines bei Quadratblöcken gebräuchlichen Strippers verbietet, sucht man dieser Schwierigkeiten durch stärkere Verjüngung der Blockformen Herr zu werden. Andererseits besteht die Gefahr, daß durch vorzeitiges Umlegen die Erstarrungsvorgänge bei dem möglicherweise im Inneren noch flüssigen Block in ihrem regelmäßigen Verlauf gestört werden. Dadurch zieht sich der Lunker leicht tiefer in den Block hinein, die Seigerungen verteilen sich auf eine größere Fläche und nehmen in bezug auf den Querschnitt eine unsymmetrische Lage ein, auch wird die Anordnung des inneren Blasenkranzes sowie die Verteilung etwaiger kleinerer Schwindungshohlräume eine ungünstigere.

Man bedient sich aus diesem Grunde für den Transport warmer schwerer Brammen besonders gebauter Wagen, in denen die Blöcke aufrecht stehen. Am sichersten geht man da, wo man die Brammen ohne Umlegen in die Tieföfen einsetzen kann, die in der Verlängerung der Gießhalle angeordnet sind. In diesem Falle holt sie der Einsetzkran vom Gießstand ab und setzt sie aufrecht in den Ofen. Liegen Gießhalle und Ofenhalle nicht in derselben Flucht, sondern parallel nebeneinander, so läßt sich derselbe Zweck durch einen Auslegerkran erreichen.

Die Ofensysteme.

Wie hieraus ohne weiteres ersichtlich, ist die Frage des Arbeitens mit warmem oder kaltem Einsatz für die Wahl des Ofensystems von großer Bedeutung. Bei kaltem Einsatz bevorzugt man im allgemeinen Öfen, die eine weitgehende Vorwärmung der Blöcke durch die Abhitze der Feuerung ermöglichen, das sind die Stoß- oder Rollöfen, bei denen die an dem einen Ende eingesetzten Blöcke der den Ofen durchziehenden Flamme entgegen nach der Feuerungsseite durchgedrückt werden. Bei der beträchtlichen Herdlänge dieser Öfen — bis zu 15 m — ist die Wärmeausnutzung eine sehr günstige und die Vorwärmung äußerst stetig und gleichmäßig. Dieser letztere Umstand ist zwar beim Verarbeiten sehr harter Qualitäten von großem Vorteil, kommt aber bei dem durchweg weicheren Kesselmaterial, das auch einen schroffen Temperaturwechsel ohne Rißbildung verträgt, weniger in Betracht.

Die Vorwärtsbewegung der Brammen im Ofen erfolgt mit Hilfe elektrisch oder hydraulisch betriebener Blockdrücker über die im Herd eingelassenen Gleitschienen hinweg, die mancherorts mit Wasser gekühlt werden. Dabei wird jedoch die obere Seite stärker erhitzt als die untere, und es ist daher nötig, die Blöcke auf den letzten Teil des Herdes, dem unmittelbar an der Feuerung gelegenen Schweißherd, zu wenden und noch einige Zeit der Flamme auszusetzen. Das Wenden muß vorzugsweise von Hand geschehen und erfordert zahlreiches, geschultes und kräftiges Ofenpersonal. Auch wo es unter mechanischer Nachhilfe erfolgt, ist man in bezug auf Abmessungen und Gewicht an bestimmte Grenzen gebunden und kann nur in Ausnahmefällen über 3—4000 kg hinausgehen. Da aber bei der Kesselblechherstellung vielfach bedeutend höhere Gewichte in Frage kommen, wird die Aufstellung von Herd- oder Tieföfen, bei denen alle Handarbeit in Wegfall kommt, überall da, wo man ein geschlossenes Walzprogramm erledigen will, zur zwingenden Notwendigkeit.

Während Stoßöfen meist als Halbgasöfen — also mit Rostfeuerung — gebaut werden, kommt bei Herd- oder Tieföfen ausschließlich Gasfeuerung zur Anwendung. Öfen mit unmittelbar angebautem Generator gehören zu den Ausnahmen und sind höchsten Falles da am Platze, wo ein einzelner Ofen zur Aufstellung gelangt. In der Regel wird das Gas in einer zentral gelegenen Generatorenanlage aus Stein- oder Braunkohlen erzeugt und in unterirdischen oder oberirdischen Leitungen den Verbrauchsstellen zugeführt. Auch Hoch- oder Koksofengas ist an manchen Stellen, meist gemischt, mit Vorteil verwandt worden.

Tieföfen sind im letzten Jahrzehnt als Brammenwärmöfen immer mehr in Aufnahme gekommen, indes herrschen die Herdöfen zurzeit noch bei weitem vor. Die Beheizung ist bei beiden Öfenarten die gleiche, sie erfolgt nach dem Siemensschen Regenerativsystem unter Vorwärmung von Gas und Luft; indes findet man auch Öfen, bei denen nur die Verbrennungsluft vorgewärmt wird. Neuerdings ist man dazu übergegangen, auch Stoßöfen für Brammen mit Gasfeuerung auszuführen, man muß aber hierbei auf den Vorteil des Wechsels der Flammenrichtung verzichten und sich damit begnügen, einen Teil der Flamme abzuzweigen und zur Beheizung der Kammern oder Rekuperatoren zu verwenden.

Von großem Einfluß auf die Wärmewirkung der Öfen ist die Flammenführung, die durch geeignete Konstruktion der Brennerköpfe und des Gewölbes bestimmt wird. Die Flamme soll über den Ofeninhalt ohne Stauung hinwegfließen, darf also weder in zu starkem Winkel auf den Herd stoßen, noch sich zu dicht unter dem Gewölbe hinziehen. Auch muß zwischen Gewölbe und Ofenwänden einerseits und den Brammen andererseits ein genügend großer Zwischenraum eingehalten werden, damit die Beheizung von allen Seiten gleichmäßig erfolgt. Die Flamme soll möglichst die ganze Länge des Ofens ausfüllen, ohne daß die Verbrennung sich noch beim Abzug in den Zügen fortsetzt.

Das Beschicken und Ziehen der Öfen erfolgt in der Regel im Wechsel, indem auf der einen Ofenseite die Brammen eingesetzt und gewärmt werden, während man auf der anderen leer zieht. Da stets an jeder

Ofenseite mehrere Türen vorhanden sind und auch die mittleren Türen besetzt werden, läßt sich bei warmem Einsatz auf diese Weise ein ununterbrochener Betrieb bequem aufrechterhalten. Bei kaltem Einsatz fallen naturgemäß die Pausen zwischen Einsetzen und Ziehen bedeutend größer aus und diese Arbeitsweise erfordert zur Erzielung der gleichen Schichtleistung bedeutend mehr Ofenraum. Schwere Straßen arbeiten aber nur selten in ununterbrochenem Betrieb, und besonders bei dreigeteilter Schicht kann immer eine ganze oder zwei halbe Stochschichten eingelegt werden. In diesem Falle wird der Ofen voll besetzt, auf Hitze gestocht und während der Walzschicht hintereinander leer gezogen, wobei man mit dem Nachsetzen der kalten Blöcke wieder beginnt, sobald eine Ofenseite leer gezogen ist. Mit dem Umstellen der Flamme muß man sich nach dem Ziehen richten, es ist aber stets darauf zu achten, daß Gas und Luft nicht zu lange auf einem Kopf stehen.

Die Tieföfen werden durch Zangenkrane, die Herdöfen durch Greiferkrane oder Chargierwagen bedient. Während bei den Greiferkranen sowohl das Einsetzen wie das Ziehen durch den in den Ofen eingeführten Greifer besorgt wird, muß bei den Chargierwagen, bei denen der Ausleger nur bis an die Schaffplatte heranbewegt werden kann, der Block durch Stempel in den Ofen gedrückt und durch Haken herausgezogen werden. Das Übereinanderlegen von zwei Reihen Blöcken ist auf diese Weise nicht möglich, und da derartige Wagen auch viel Platz in Anspruch nehmen, ist ihr Gebrauch auf solche Werke beschränkt, wo man keine Tieföfen besitzt und die schweren Brammen im Herdofen wärmen muß.

Für das Umlegen der senkrecht aus dem Tiefofen gezogenen Brammen kommen entweder ortsfeste oder bewegliche Blockkipper zur Anwendung.

Nachdem in vorstehendem der Ofenbetrieb, soweit es für das Verständnis erforderlich erschien, nach der rein technischen Seite kurz geschildert worden ist, sollen nunmehr diejenigen Umstände erörtert werden, die die Eigenschaften des zu wärmenden Walzgutes nach der chemisch-physikalischen Seite hin zu beeinflussen vermögen.

Walztemperatur und Kraftverbrauch.

Mit der Erwärmung der Brammen auf Walzhitze verfolgt man lediglich einen auf physikalischer Grundlage beruhenden Zweck. Zustandsänderungen chemischer Art werden dabei nicht beabsichtigt, sondern treten höchstens als Begleiterscheinungen auf. Je höher die Temperatur des Walzgutes gesteigert wird, desto bildsamer wird es und desto geringer gestaltet sich der für die Formänderung erforderliche Energieaufwand. Man sucht deshalb die Temperatur so hoch zu treiben, als es die Gefahr des beginnenden Ablaufens oder des Verbrennens zuläßt. Der dadurch verursachte Mehraufwand an Brennstoffenergie in Form von Wärmekohle oder -Gas beträgt nur einen Bruchteil der bei niedrigeren Walztemperaturen in Form von Dampfkohle mehr erforderlichen Umformungsenergie.

Der Wärmeinhalt eines Kilogramm Eisen von 1200° beträgt etwa 200 WE, der Kohlenverbrauch für die Erhitzung kalter Brammen auf diese Temperatur im Gasofen unter normalen Verhältnissen rund 150 kg von 7000 WE/kg oder insgesamt 1050000 WE für die Tonne Walzgut. Der tatsächliche Wärmeaufwand beträgt also rund das Fünffache des theoretischen. Würde man die Wärme der Brammen z. B. nur auf 1050° bringen, so ließen sich an Kohle unter Berücksichtigung der höheren spez. Wärme bei hohen Temperaturen etwa 15% sparen, also auf die Tonne etwa 22,5 kg mit 157 000 WE. Die aufzuwendende Walzarbeit steht aber nicht etwa im einfachen umgekehrten Verhältnis zur Temperatur, sondern steigt in viel steilerer Kurve an. Bei 1050° wird bereits die dreifache Energiemenge für die Walzarbeit benötigt, wie bei 1200°. Nun erstreckt sich der Walzprozeß über einen bestimmten Temperaturbereich, der je nach Walzgeschwindigkeit, Blockabmessungen und Abnahmeverhältnis wechselt und für den vorliegenden Fall mit 200° angenommen werden soll. Als Anfangstemperaturen kämen demnach 1200 und 1050° in Betracht. Als Maßstab für die aufzuwendende Walzarbeit können die Festigkeitszahlen des Flußeisens bei den verschiedenen in Frage kommenden Temperaturen gewählt werden, die nach Geuze[1]) betragen:

bei 1200°	2,1 kg/mm²	bei 1050°	6 kg/mm²
„ 1000°	7,6 „	„ 850°	11,25 „

Die Mittelwerte von 4,85 bzw. 8,6 kg/mm² ergeben dann für die aufzuwendenden Energiemengen das Verhältnis 1 : 1,77. Beträgt der Dampfkohlenverbrauch für die Tonne Walzgut bei der höheren Temperatur 100 kg, so sind bei der niedrigeren 177 kg oder 77% mehr erforderlich. Dabei ist nur die reine Umformungsarbeit, nicht aber der Umstand berücksichtigt, daß bei kälterem Walzgut schwächer gedrückt werden muß, sich somit mehr Stiche und mehr Leerlaufsarbeit ergeben.

Die Dampfkohlenziffer von 100 kg/t Walzgut erscheint zwar gegenüber den in der Literatur angegebenen Dampfverbrauchzahlen[2]) reichlich hoch. Es ist jedoch zu berücksichtigen, daß sich derartige Werte meist auf Abnahmeversuche stützen und schon in normalen Zeiten gewöhnlich weit unter den im Dauerbetrieb erreichbaren Ziffern liegen. Demgegenüber ist der für die Wärmkohlen angenommene Zuschlag von

[1]) Eisenhütte, S. 783.
[2]) Eisenhütte, S. 753.

15% als sehr hoch zu bezeichnen, da die im gleichen Verhältnis vorgenommene Erhöhung eine ebensolche Steigerung der Strahlungs-, Leitungs- und Abhitzeverluste voraussetzt, die aber in Wirklichkeit in dem Maße nicht besteht.

Immerhin ist auch schon aus diesen rohen Zahlen zu ersehen, welch große wirtschaftliche Vorteile mit einer hohen Walztemperatur verknüpft sind.

Wärmedauer und Abbrandverluste.

Es ist natürlich Vorbedingung, daß die Brammen durch und durch die erforderliche Walzhitze besitzen und nicht bloß oberflächlich hoch erwärmt sind. Hierauf ist die Dauer der Erwärmung von hohem Einfluß. Man rechnet als ausreichende Wärmzeit bei satzweisem Einsatz für warme Blöcke etwa die Zeit, die zwischen Abguß und Einsetzen verstrichen ist, zuzüglich einer halben bis einer ganzen Stunde, je nach Gewicht und Abmessungen. Für die Erwärmung kalt eingesetzter Blöcke ist ungefähr die doppelte Zeit wie bei rotwarm eingesetzten zu rechnen. Kalte Brammen im Gewichte von etwa 2000 kg erfordern ungefähr 3 Stunden, für je 1000 kg Mehrgewicht kann man 40 bis 45 Minuten zuschlagen. Diese Zahlen stellen gute Mittelwerte dar und sind je nach Ofengang, Zahl und Format entsprechend zu ändern.

Bei dem verhältnismäßig langem Verweilen der Brammen in den Wärmöfen muß dafür gesorgt werden, daß die unvermeidlichen Abbrandverluste auf das geringste Maß beschränkt bleiben. Das lebhafte Vereinigungsbestreben des Eisens mit dem Luftsauerstoff sowie mit dem Sauerstoff der Kohlensäure bewirkt bei den hohen Ofentemperaturen eine schnelle Oxydation der Oberfläche, die durch die sich bildende Glühspanschicht nicht weiter aufgehalten wird. Die Erzielung einer neutralen Flamme, die aus heiztechnischen Gründen angestrebt werden muß, ist natürlich praktisch nicht zu erreichen und es muß daher stets mit einem gewissen Überschuß an Verbrennungsluft oder unverbranntem Gas gerechnet werden. Zur Vermehrung des Sauerstoffüberschusses trägt auch die beim Öffnen der Türen oder durch Undichtigkeiten in die Öfen eindringende Luft bei. Aufgabe des Schweißers ist es, das Verhältnis von Gas zu Luft richtig einzustellen und dem Ofengange anzupassen. Auch muß er stets einen schwachen Überdruck halten, um den Zutritt falscher Luft zu verhüten. Werden diese Regeln nicht in genügendem Maße beachtet, so gehen erhebliche Mengen wertvollen Materiales durch Verschlackung verloren, und es hält schwer, beim Walzen Bleche mit sauberer Oberfläche herzustellen. Besondere Gefahr liegt bei den schon an früherer Stelle erwähnten randblasigen Blöcken vor, bei denen durch zu scharfes Wärmen die hart unter der Oberfläche befindlichen Poren bloßgelegt und mit Schlacke gefüllt werden. Derartige Fehler sind nicht mehr zu beseitigen und die damit behafteten Bleche können nur als Ausschußware abgesetzt werden. Noch schlimmer ist das Verbrennen der Blöcke infolge auf Ungeschick oder Fahrlässigkeit beruhendem zu scharfem Wärmen. Es tritt hierbei eine so starke Oxydation ein, daß Rotbruch hervorgerufen wird und die Brammen beim Walzen tief einreißen oder gar auseinanderfallen. Derart grobe Fahrlässigkeiten gehören glücklicherweise zu den Seltenheiten, müssen aber doch ihrer unheilvollen Wirkung wegen Erwähnung finden.

Um eine saubere Blechoberfläche zu erzielen, ist es angebracht, die Brammen abzuschweißen, d. h. den gebildeten Glühspan durch Schmelzen zum Ablaufen zu bringen. Hierbei den geeigneten Zeitpunkt abzupassen und das richtige Maß von Hitze anzuwenden, erfordert die höchste Kunst und Geschicklichkeit des Schweißers. Der ablaufenden Schlacke muß Gelegenheit gegeben werden, aus dem Ofen auszulaufen, ohne die Brammen von unten her bespülende Sümpfe zu bilden. Da die Herde der Wärmöfen meist aus eingebranntem Sand oder Quarz bestehen, stellt die sich bildende Schweißschlacke ein reines Eisensilikat dar, das in flüssigem Zustande ein hohes Lösungsvermögen gegenüber metallischem Eisen besitzt. Es werden also durch den Angriff der Schlacke leicht Anfressungen an den Brammen hervorgerufen. Der Übelstand läßt sich vermeiden, wenn man die Herdsohle aus Magnesit bildet. Dieser neigt sehr wenig zur Schlackenbildung und gibt daher einen trockenen Herd ab. Leider steht der allgemeinen Verwendung der Magnesitziegel zu diesem Zwecke ihr hoher Preis hindernd im Wege.

Einfluß des Wärmens auf chemische Zusammensetzung und Gefügeeigenschaften.

Von den ungewollten chemischen Einflüssen, denen das Wärmgut im Ofen ausgesetzt ist, steht die bereits besprochene Oberflächenverschlackung an erster Stelle. Der daraus entstehende Abbrand beziffert sich je nach Wärmedauer und Sauerstoffgehalt der Flamme auf 1,5 bis 3,5%. Bei längerer Erhitzung erstreckt sich der Einfluß der Oxydation weiter in das Blockinnere hinein, und zwar sind es die Elemente mit höherer Diffusionsfähigkeit und großer Verwandtschaft zum Sauerstoff, deren Gehalt dabei eine beträchtliche Verminderung erfährt. Der Vorgang ist so zu verstehen, daß diese Elemente nach den Stellen größter Verdünnung hinwandern, also nach der Oberfläche, wo durch die verstärkte Oxydationswirkung eine ständige Abscheidung vor sich geht. So wurde in Rothe Erde bei der Untersuchung einiger Stücke Glühspan, bei denen eine Berührung mit der Herdschlacke ausgeschlossen war, auf der der metallischen Oberfläche des Blockes zugekehrten

Seite ein beträchtlich höherer Gehalt an SiO_2 nachgewiesen, nämlich 0,70 gegen 0,06% in der äußeren Schicht. Da die Charge, aus der der Block gegossen war, nur Spuren Silizium aufwies, ist anzunehmen, daß das ganze Silizium nach außen diffundiert und zu Kieselsäure oxydiert worden ist.

Die Glühschlacke ließ sich bequem in zwei abgesonderte Lagen zerteilen, eine äußere, derbe und glatte, und eine innere, poröse und rauhe. Die Blasenbildung in letzterer ist durch CO- bzw. CO_2-Bildung aus dem ebenfalls herausdiffundierenden Kohlenstoff zu erklären.

Weiterhin konnte bei einem schweren Block, der zu einem 4300 mm breiten Blech ausgewalzt werden sollte, aber wegen dauernd zu niedrigem Dampfdruck über Sonntag und Montag im Ofen geblieben war, eine durchaus gleichmäßige Verringerung des C-Gehaltes von ursprünglich 0,12 auf 0,04% festgestellt werden. Trotz dreitägiger Wärmedauer ließ sich der Block vorzüglich walzen und zeigte keinerlei Rißbildung. Die in Gestalt kleiner Zementitanhäufungen darin verbliebenen C-Reste sind, wie die Gefügebilder zeigen, gleichmäßig über den ganzen Querschnitt des ungeglühten Bleches verteilt. (Abb. 12, a—f.) Auch sind keinerlei auf Überhitzung beruhende Änderungen des Gefüges wahrzunehmen, was als Beweis dafür anzusehen ist, daß sich der Walzprozeß im richtigen Temperaturbereich abgespielt hat.

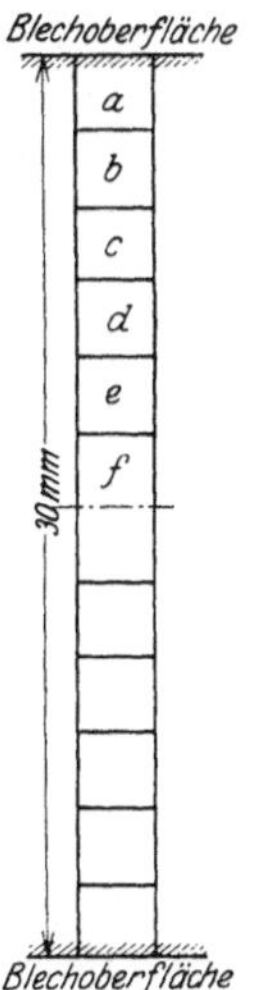

Abb. 12. Lage der Gefügebilder 12, a—f.

Ob eine Aufnahme von Schwefel aus SO_2haltigem Heizgase stattfinden kann, ist meines Wissens noch nicht einwandfrei nachgewiesen, jedoch nicht unwahrscheinlich. Voraussetzung ist jedoch ein neutrales oder reduzierendes Verhalten der Flamme. Nach einem Bericht von Gale[1]) wurde beim wiederholten Glühen von Stahlguß in einem kohlenstaubgefeuerten Ofen eine Zunahme des S-Gehaltes von ursprünglich 0,043 auf 0,065% in einer Entfernung von 3 mm unter der Oberfläche und von 0,051% in einer solchen von 19 mm festgestellt. Diese Anreicherung ist nicht sehr beträchtlich zu nennen, wenn man die lange Glühdauer und den hohen S-Gehalt der Kohle, nämlich 2,45—2,80%, in Betracht zieht. Für den behandelten Gegenstand dürfte eine S-Aufnahme aus den Heizgasen nur bei der späteren Warmverarbeitung in Frage kommen.

Auf die Verteilung der im Stahl enthaltenen Elemente geringer Diffusionsfähigkeit bleibt die Erwärmung praktisch ohne Einfluß, insbesondere wird der in Form von Seigerungen vorhandene Gehalt nicht

[1]) Iron Coal Tr. Rev. 1920, S. 1066.

verändert. Dagegen ist die Einwirkung auf den Gasgehalt der Blöcke um so bedeutsamer, und zwar bezieht sich dies nicht nur auf die gebundenen (okkludierten) Gase, sondern auch auf den Inhalt der Gasblasen. In erster Linie erleidet der CO- und H-Gehalt eine beträchtliche Verringerung, die zum Teil auf Oxydation der in den dicht unter der Oberfläche gelegenen Randblasen enthaltenen Gase zurückzuführen ist. Aus dem Auftreten beträchtlicher Stickstoffmengen in ungeheizten Tiefgruben schließt Howe[1]), daß auch dieses Gas beim Erwärmen entweicht. Dem läßt sich entgegenhalten, daß durch die oxydierende Wirkung des Luftsauerstoffes eine Anreicherung des Stickstoffgehaltes in der die Blöcke umgebenden Atmosphäre eintreten muß. In welcher Weise die Oxydations- und Dissoziationsvorgänge die Zusammensetzung der eingeschlossenen Gase beeinflussen, läßt sich experimentell sehr schwer feststellen, da derartige Versuche sich auf das warme Material erstrecken müssen. Einen Überblick über die einschlägigen Arbeiten

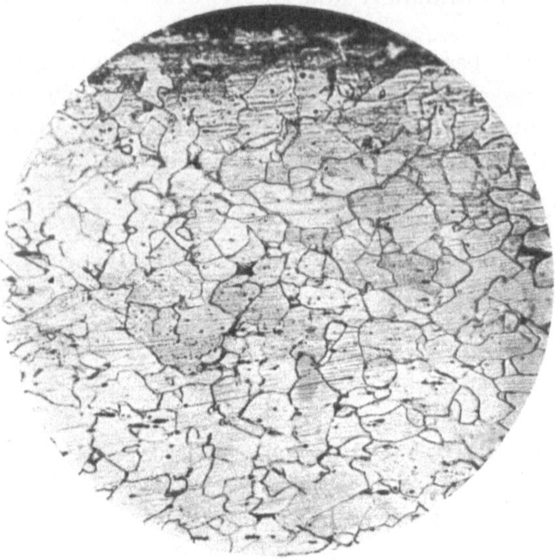

a ×50

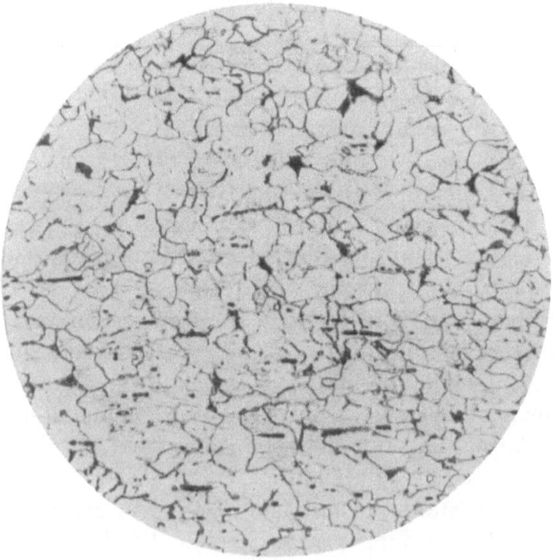

b ×50

Abb. 12a und b. Gefügebilder aus einem Blechquerschnitt mit weitgehender Diffusion des Kohlenstoffes infolge außergewöhnlich langer Wärmedauer der Bramme.

[1]) Trans. Am. Min. Inst. 1909, S. 327, 1910, S. 167.

gibt u.a. ein Referat von Stadeler[1]). Außerdem sind noch die Arbeiten von Stead[2]) zu nennen.

Es bleiben noch einige Worte über die beim Erwärmen eintretenden Gefügeumwandlungen zu sagen, obwohl diese nicht bleibender Art sind und nur unter gewissen Voraussetzungen die Eigenschaften der Fertigerzeugnisse zu beeinflussen vermögen. Die Modifikationsänderungen vollziehen sich in umgekehrter Reihenfolge wie bei der Erstarrung, und die Menge der bei Überschreitung der Perlitgrenze nach oben sich bildenden Mischkristalle wächst allmählich, bis im Bereich der festen Lösung alle freien Gefügebestandteile, also α- bzw. β-Eisen und Eisenkarbid in die austenitische Form übergegangen sind und sich nur noch γ-Mischkristalle vorfinden. Es ist dabei zu beachten, daß der Perlitpunkt bei der Erwärmung unverändert bei 740° liegt,

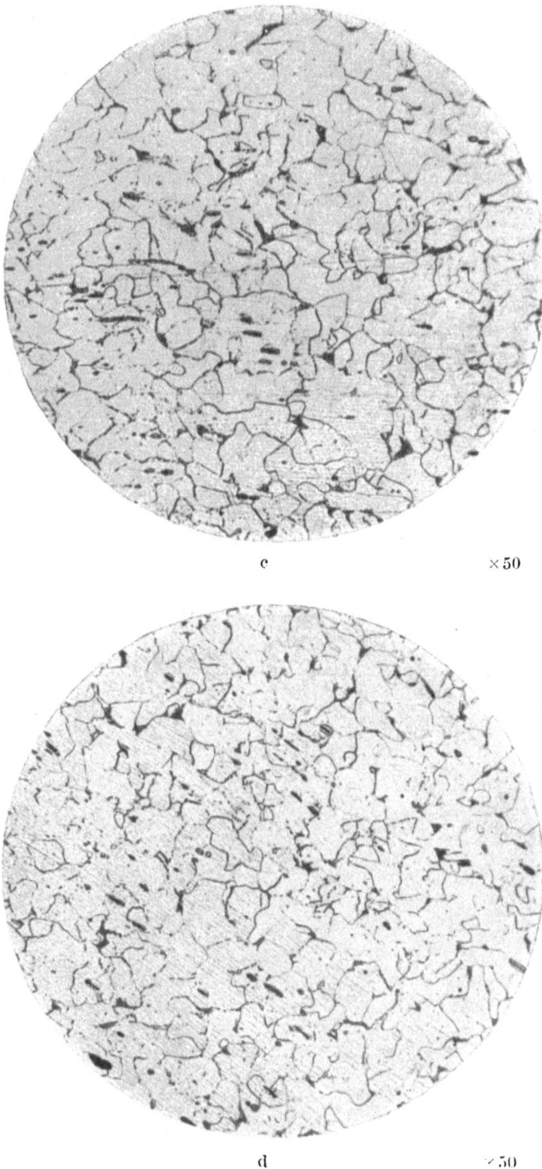

Abb. 12c und d. Gefügebilder aus einem Blechquerschnitt mit weitgehender Diffusion des Kohlenstoffes infolge außergewöhnlich langer Wärmedauer der Bramme.

[1]) Stahl u. Eisen 1917, S. 769, nach Vortr. v. Brearly, Journ. Iron Steel Inst. 1916.

[2]) Journ. Iron Steel Inst. 1911, T. I.

daß also gegenüber dem Erstarrungsvorgang eine durch Abkühlungsgeschwindigkeit und Kohlenstoffgehalt bestimmte Hysteresis besteht.

Die an höchster Stelle stehende Modifikation, das δ-Eisen, kommt bei den in Frage kommenden Temperaturen normalerweise nicht zur Ausbildung.

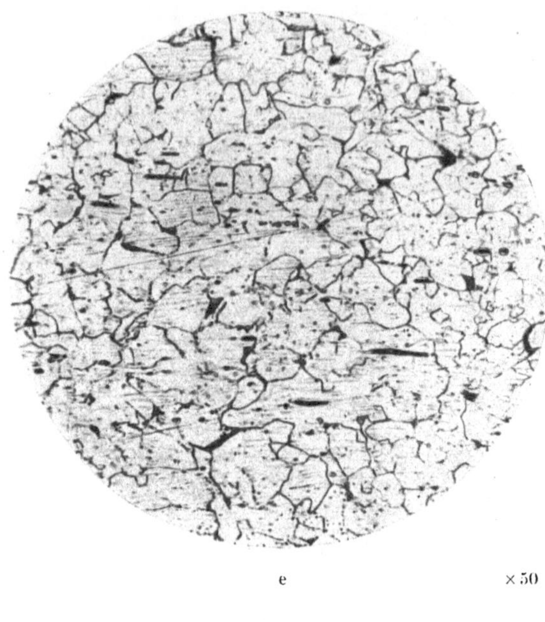

e ×50

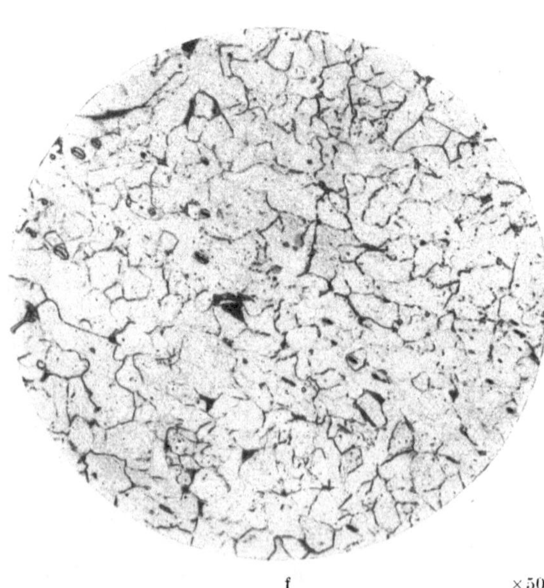

f ×50

Abb. 12e und f. Gefügebilder aus einem Blechquerschnitt mit weitgehender Diffusion des Kohlenstoffes infolge außergewöhnlich langer Wärmedauer der Bramme.

Durch die anhaltende Erwärmung auf die hoch im Gebiete der festen Lösung gelegenen Temperaturen wird ein starkes Wachstum der Kristalle gefördert, das ohne nachfolgende Verarbeitung eine hohe Sprödigkeit des Materiales bewirken würde. In welcher Weise die nach dem Erwärmen einsetzende Walzarbeit auf Korngröße und -verlagerung einwirkt, soll im nächsten Abschnitt gezeigt werden.

2. Das Auswalzen der Brammen.

Die von den Kesselfabrikanten benötigten rechtwinkligen Bleche werden den Walzwerken mit einer gewissen Zugabe für das Behobeln der Seitenkanten in Auftrag gegeben. Auch die Bestellung der Skizzenbleche für die Kümpel- und Bördelteile erfolgt seitens des Preßbaues mit einer entsprechenden Bearbeitungszugabe. Die so erhaltenen Abmessungen gelten für das Walzwerk als Fertigmaße und dürfen weder in Länge und Breite noch in der Stärke unterschritten werden. Reichen die Einzelabmessungen für die wirtschaftliche Walzung eines genügend großen Rohbleches nicht aus, so werden mehrere Bleche gleicher Stärke und Breite zusammengelegt. Skizzenbleche werden als rechteckige Bleche behandelt.

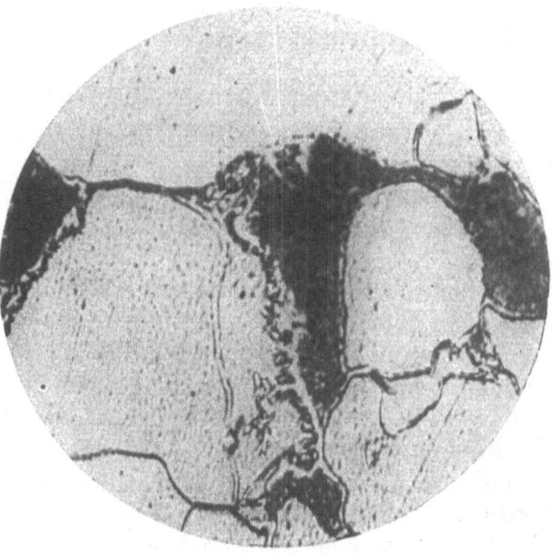

Abb. 13. Körniger Perlit aus dem Gefüge des Bleches, Abb. 12a—f. ×1000

Ermittelung der Brammengewichte.

Zur Ermittelung des Rohblockgewichtes und der zugehörigen Abmessungen werden zu dem rechnerischen Gewicht der einfachen oder zusammengelegten rechteckigen Bleche bestimmte Erfahrungszuschläge gemacht, die zur Deckung folgender Zugaben bzw. Fabrikationsverluste dienen:

1. Der zur Entnahme der Probestreifen für die Materialprüfung dienenden Probeenden. Sie erfordern eine Längenzugabe von 500 bis 800 mm.

2. Der seitlichen Zugabe. Sie richtet sich nach der Breite des Bleches und beträgt durchschnittlich 10%.

3. Der Zugabe für den sog. Kopfschrott. Am oberen „schlechten“ Ende beträgt sie je nach Blockgröße und Beschaffenheit des Stahles 1500—5000 mm, zusammen ungefähr ein Drittel der Blechlänge, 30—40%.

4. Des Zuschlages für Übergewicht, der sich ebenfalls wie der Zuschlag unter 2. nach der Blechbreite richtet und durch den Walzenverschleiß und die Durchbiegung der Walzen bedingt wird. Er schwankt sehr stark, zwischen 3 und 15%, und ist bei Kesselblech, das nicht dünner als vorgeschrieben gewalzt werden darf, mit etwa 7,5% anzusetzen.

5. Der Zuschlag für Abbrandverluste, die 2,5—4% vom Blechgewicht ausmachen.

Die Summe der für mittlere Verhältnisse angegebenen durchschnittlichen Zuschläge ergibt rund 60% vom Gewicht des fertigen Bleches.

Werden die Bleche, was seltener der Fall ist, aus Vorblöcken gewalzt, so tritt bei den Zuschlägen unter 2. und 3. eine entsprechende Verminderung ein. Umgekehrt muß bei besonders strengen Gütevorschriften oder bei außergewöhnlichen Abmessungen eine beträchtliche Erhöhung vorgenommen werden.

Walzverfahren und Walzenstraßen.

Für den eigentlichen Walzprozeß kommen folgende Arbeitsverfahren zur Anwendung:

a) Unmittelbares Auswalzen in einer Hitze,

b) Auswalzen mit Zwischenhitze;

ferner:

c) Vor- und Fertigwalzen auf ein und demselben Gerüst,

d) Verteilung der Walzarbeit auf Vor- und Fertiggerüst.

In Deutschland sind ausschließlich die Verfahren unter a) und c) bei der Herstellung schwerer Bleche im Gebrauch, in England arbeitet man vorwiegend nach b) und d). Bei der Arbeitsweise nach b) wird die Rohbramme auf einem besonderen Blockwalzwerk auf etwa 300 mm Dicke heruntergewalzt, hochkant gestellt und in einem Stauchkaliber auf den Seitenflächen bearbeitet. Nach dem Umlegen erhält der Block noch einige Flachstiche und wird dann geschopft, d. h. unter einer schweren Warmschere von den Schrottköpfen befreit, sowie nötigenfalls auf kürzere Längen unterteilt. Die so erhaltenen Vorbrammen werden wieder in die Wärmöfen eingesetzt, auf Walzhitze gebracht und dem Blechwalzwerk zugeführt.

Dieses Verfahren hat den Vorteil, daß keine unnötige Walzarbeit auf das Auswalzen des gesamten Abfalles verwandt zu werden braucht und daß der Seitenschrott knapp gehalten werden kann. Auch wird dadurch vermieden, daß die Schrottenden unbeschnitten auf die Fertigwalze gelangen und mit ihren tiefgehenden Doppelungen die Abstreifmeißel gefährden. Ferner werden durch die Beseitigung der schnell erkaltenden, unregelmäßigen Zungen die Walzen geschont und die Gefahr des Einwalzens von Blockabfällen in das Blech auf ein Mindestmaß beschränkt.

Diesen nicht zu unterschätzenden Vorteilen steht die beträchtliche Erhöhung der Wärmekosten gegenüber, die freilich nach dem vorher Gesagten angesichts der Verringerung der Walzarbeit nicht schwer ins Gewicht fällt. Man muß sich indes vor Augen halten, daß es sich bei Kesselblechen vorwiegend um größere Stärken und höhere Blockgewichte handelt, bei denen auch beim Auswalzen in einer Hitze immer noch mit genügend hohen Endtemperaturen gerechnet werden kann. Das Ganze läuft also auf eine Kalkulationsfrage hinaus. Es ist jedoch nicht zu verkennen, daß bei der Auswalzung dünnerer Bleche, wie

Schiffs- und Behälterbleche, das Vorblocken mit Zwischenhitze das vorteilhaftere Verfahren darstellt.

Ähnlich liegen die Verhältnisse bei den anderen beiden Verfahren. Auch hier hat man in Deutschland auf die Unterteilung verzichtet und walzt das Blech auf demselben Gerüst vor und fertig. In England arbeitet man dagegen in der Weise, daß man auf dem Vorgerüst bis auf etwa die doppelte Blechstärke herunterwalzt, das Blech dann vor das Fertiggerüst schleppt und auf diesem fertigmacht. Dadurch werden die Fertigwalzen in hohem Maße geschont und ein öfterer Walzenwechsel vermieden. Nachteilig wirkt bei diesem Verfahren, daß die Mittelpartie des vorgewalzten Bleches, die infolge des größeren Walzenverschleißes der Vorwalze dicker auszufallen pflegt, auf der Fertigwalze stärker gestreckt wird. Die hierdurch entstehenden Wellen müssen in den nachfolgenden Stichen ausgeglichen werden, was aber nur dann vollkommen gelingt, wenn das Blech noch genügend warm und bildsam ist. Andernfalls werden leicht Spannungen hervorgerufen, die sich schwer beseitigen lassen. Als weiterer Nachteil fällt der durch die doppelte Leerlaufsarbeit verursachte höhere Kraftbedarf ins Gewicht. Es soll aber nicht verkannt werden, daß die erwähnten Nachteile durch die exaktere Walzung reichlich wett gemacht werden, sobald es auf genaue Einhaltung der vorgeschriebenen Stärke und geringes Übergewicht ankommt.

Die Walzung der Kesselbleche wird entweder auf Duo- oder auf Triogerüsten vorgenommen. Bei ersteren wechseln die Walzen mit jedem Stich ihre Drehrichtung, der Antrieb erfolgt daher durch eine schwungradlose Umsteuermaschine. Bei den Triowalzwerken haben Unter- und Oberwalze den gleichen Drehsinn. Die nicht ausbalanzierte Mittelwalze wird abwechselnd gegen die Oberwalze gepreßt oder auf die Unterwalze gesenkt und durch deren Reibung mitgenommen. Auf diese Weise läuft sie in umgekehrtem Sinne, wie ihre Schwesterwalzen. Ihr Durchmesser ist kleiner, um an Gewicht zu sparen, den Ausschlag des Hebetisches zu verringern und um stärker strecken zu können. Bekanntlich strecken Walzen mit kleinem Durchmesser besser in die Länge als solche größeren Durchmessers.

Da die Antriebsmaschine einer Triostraße mit Schwungmassen ausgerüstet werden kann, laden sich diese während der Stichpausen auf und geben während des Stiches ihre überschüssige Energie zur Verrichtung von Walzarbeit ab. Bei schwereren Triostraßen hat man jedoch vielfach auf die Schwungmassen verzichtet, um durch Stillsetzen während der Pausen Leerlaufarbeit zu sparen und die Walzgeschwindigkeit besser regeln zu können.

Duowalzwerke werden vorwiegend in großen Abmessungen für Walzen bis 4500 mm Ballenlänge bei 1250 mm Durchmesser gebaut, während bei Triostraßen die Höchstabmessungen etwa 3600 mm bei

1000 mm Durchmesser betragen. Da diese letzteren Maße indes schon Ausnahmefälle darstellen, werden die größeren Platten für Mantelbleche, Bodenscheiben und Wellrohre vorzugsweise auf Duostraßen gewalzt.

Der Walzvorgang.

Wie bereits zu Eingang des Kapitels hervorgehoben wurde, entsteht ein Walzblech durch Änderung der Längen-, Breiten- und Dickenabmessungen einer Bramme. Diese Formänderung wird durch den Druck rotierender Walzen hervorgerufen, deren Peripherieabstand von Stich zu Stich in bestimmtem Verhältnis verringert wird. Eingeleitet wird der Walzprozeß durch den Druck des Blockes gegen die Walzenoberfläche, der sich in Reibung umsetzt. Hierbei ist der Reibungskoeffizient des glühenden Eisens gegenüber dem Material, aus dem die Walzen bestehen, von Bedeutung. Sollen letztere den Block bequem fassen, so darf die Tangente des Walzwinkels φ nicht größer sein als der Reibungskoeffizient μ. Unter Walzwinkel versteht man den von der Verbindungslinie der Walzenmittelpunkte mit dem Radius des Berührungspunktes gebildeten Winkel. Für die diesem Winkel entsprechende Stärkenabnahme ergibt sich die Beziehung $D - d = 2 R (1 - \cos\varphi)$.

Beim Blechwalzen wird das durch den Walz- oder Reibungswinkel, der bis zu 30° betragen kann, sich ergebende Abnahmeverhältnis niemals ausgenutzt, da sich bei den großen Blechbreiten zu hohe Walzdrücke ergeben würden. Der Walzdruck bildet die Resultierende aus:

1. der Pressung des Walzgutes gegen die Berührungsfläche,
2. der gleitenden Reibung am Walzenumfang,
3. dem Beschleunigungsdruck, der sich aus dem Geschwindigkeitsunterschiede des Walzstückes beim Ein- und Austritt ergibt.

Die zugehörige Horizontalkomponente pflegt man als Durchzugskraft zu bezeichnen, sie fällt zusammen mit der Richtung der Streckung. Würde die Materialverschiebung lediglich in dieser Richtung erfolgen, so würde die Verlängerung genau im umgekehrten Verhältnis zur Abnahme stehen, d. h. bei einer Verringerung des Querschnittes Q auf $Q : n$ würde die Länge $L \cdot n$ betragen. Nun wandert aber, da man es bei Blechwalzen nicht mit geschlossenen Kalibern zu tun hat, ein Teil des Materiales in die Breite und diese Breitung ist um so größer, je größer das Verhältnis des Walzendurchmessers zur Blechdicke ist. Diese Erscheinung läßt sich dadurch erklären, daß sich unter solchen Verhältnissen der Walzvorgang dem Preßvorgang nähert, bei dem die Stoffverdrängung nach allen Seiten hin gleichmäßig erfolgt. Die natürliche Breitung reicht freilich nur in den seltensten Fällen aus, das Blech auf die gewünschte Endbreite zu bringen. Diese wird vielmehr dadurch erzielt, daß man die durch einige Längsstiche auf gleichmäßige Stärke gebrachte konische Bramme um 90° wendet und so lange in der Breitenrichtung streckt, bis das gewünschte Maß einschließlich der Zugabe für den Seitenschrott erreicht ist.

Der Widerstand des Materiales gegen Formänderung, der sich im Walzdruck äußert, ist von dem Grade seiner Bildsamkeit abhängig. Als Maßstab kann man die Festigkeit des Eisens bei den verschiedenen bei der Walzung in Frage kommenden Temperaturen ansehen. Nach neueren Versuchen von Riedel[1]), die allerdings beim Schmieden gewonnene Werte ergeben, sind die von Geuze[2]) bereits vor längeren Jahren festgestellten Zahlenwerte in befriedigender Weise bestätigt worden.

Unmittelbare Zahlen für den spez. Flächendruck zwischen Walze und Werkstück lassen sich aus den Ergebnissen der Puppeschen Versuche[3]) über die bei Blockwalzwerken auftretenden Walzdrücke gewinnen. Aus den daselbst angegebenen Höchstdrücken und dem Flächeninhalt der auf die Horizontalebene projizierten berührten Walzenoberfläche ergeben sich Werte, welche je nach Materialdichte und Walztemperatur etwa in den Grenzen von 8—10 kg/mm² wechseln, während die über den ganzen Stich gewonnenen Ziffern für die mittleren Drücke 40—60% von denen der Höchstdrücke betragen. Die hier untersuchten Verhältnisse lassen sich ohne weiteres auf die bei Blechwalzwerken herrschenden übertragen. Man kommt dadurch in die Lage, den mit Rücksicht auf die Sicherheit der Walzen und Leistungsfähigkeit der Maschine zulässigen Abnahmekoeffizienten mit einiger Sicherheit zu errechnen. Die dabei in Frage kommenden Gesamtdrücke erreichen infolge der großen Breiten ganz gewaltige Werte, so daß man gezwungen ist, mit viel geringeren Abnahmedrücken zu arbeiten, als bei den Blockwalzwerken, bei denen die Blöcke erheblich schmaler sind. Man muß sich daher davor hüten, die dichtende Wirkung des Walzdruckes bei Blechwalzen zu überschätzen. Die Tiefe, bis zu der der Walzdruck eindringt, ist verhältnismäßig beschränkt. Man erkennt dies einmal an der größeren Breitung der Oberflächenpartien gegenüber der Mitte, durch die Überwalzungen hervorgerufen werden. Ferner beweist das Bruchaussehen blasiger vorgewalzter Blöcke, daß sich auch bei verhältnismäßig weitgehendem Herunterwalzen immer noch Hohlräume finden, deren ursprüngliche Form kaum verändert worden ist. Es ergibt sich auch hieraus die Forderung, bei möglichst hohen Temperaturen zu walzen, damit noch ein Verschweißen der Blasenwandungen eintreten kann, sobald die für eine wirksame Durchdringung erforderliche Blechdicke erreicht ist.

---

1) Stahl u. Eisen 1914, S. 22.

2) Eisenhütte S. 783.

3) Stahl u. Eisen 1910, S. 823.

Soweit die für die Walzung aufgewandte Energie nicht in Formänderungsarbeit umgesetzt wird, wird sie in Wärme umgewandelt und trägt dadurch zum teilweisen Ausgleich der Temperaturverluste bei. Diese setzen sich zusammen aus der Wärme, die dem Blech durch Berührung mit den kalten, wassergekühlten Walzen und dem Rollwerk entzogen wird und aus der durch Strahlung bzw. Leitung an die Luft verloren gehenden Wärmemenge. Besonders die letztere ist sehr beträchtlich wegen der großen abkühlenden Flächen und wegen der langen Zeitdauer, die das Walzen eines Bleches in Anspruch nimmt. Je nach den Abmessungen beträgt sie 3—10 Minuten, wobei die Summe der Stichzeiten durchschnittlich nur 10% der gesamten Walzzeit ausmacht, während der Rest auf die Pausen für das Umsteuern und das Zurechtlegen des Bleches entfällt.

Mängel und Fehler beim Walzen.

Die Strahlungsverluste sind nach dem Stefan-Boltzmannschen Gesetz der Oberfläche, der Zeit und der vierten Potenz der absoluten Temperatur des Walzgutes proportional, es überwiegt aber der Einfluß der Fläche, weil diese mit fortschreitender Walzung in erhöhtem Maße zunimmt. Die Abkühlung verläuft daher um so schneller, je mehr sich der Walzprozeß seinem Ende nähert und dadurch wächst der Widerstand des Materiales gegen die Umformung in noch weiter gesteigerter Proportion. Während man anfänglich mit konstantem Abnahmedruck oder mit konstantem Abnahmeverhältnis arbeiten kann, ist man mit sinkender Temperatur gezwungen, den Abnahmekoeffizienten immer mehr zu verkleinern, so daß man zuletzt nur noch mit Millimetern oder Bruchteilen davon drücken kann. Handelt es sich um besonders breite Bleche bei geringer Stärke, so tritt bei den letzten Stichen eine merkliche Durchbiegung der Walzen ein, wodurch auch bei neuen Walzen die Blechstärke auf der Mitte größer ausfällt als am Rande. Diesem Übelstande sucht eine amerikanische Konstruktion abzuhelfen, bei der sich Ober- und Unterwalze gegen besondere Stützwalzen legen, die ungefähr den eineinhalbfachen Durchmesser der ersteren haben. Man hat dabei noch den Vorteil im Auge, daß die dünneren Arbeitswalzen viel besser strecken als die unter normalen Verhältnissen viel dicker bemessenen Walzen gleicher Ballenlänge. Die riesenhaften Abmessungen, welche sich bei der Ausführung eines derartigen Gerüstes mit Walzen von über 5 m Ballenlänge ergeben, haben seine Einführung in Europa bisher noch nicht wünschenswert erscheinen lassen. Die geringe Absatzmöglichkeit für Bleche, deren Breite über 4 m hinausgeht und die Schwierigkeiten, die sich ihrer Beförderung auf dem Bahnwege entgegenstellen, machen den wirtschaftlichen Betrieb derartiger Walzwerke für unsere Verhältnisse zu einem Ding der Unmöglichkeit.

Die Ungenauigkeit in der Stärke infolge Durchbiegung der Walzen wird noch durch den natürlichen Verschleiß erhöht. Um nicht bei frischen Walzen die Mitte der Bahn durch die Walzung schmaler Bleche vorzeitig abzunutzen, stellt man zu Anfang nach Möglichkeit breite Bleche her, die schmaleren erst nach einer gewissen Betriebsdauer. Man verfolgt dabei noch einen anderen Zweck. Bei flottem Walzen schmaler Bleche erwärmen sich die Walzen auf der Mitte stärker als am Rande und nehmen — übertrieben dargestellt — die Form von Ellipsoiden an. Dadurch wird es aber schwierig, die Bleche genau auf Mitte zu halten, sie laufen nach der einen oder anderen Seite, werden dabei wellig und ungleich in der Stärke. Dies ist auch der Grund des Mißerfolges mit Walzen, die man, um den natürlichen Verschleiß zu begegnen, von vornherein auf der Mitte etwas stärker drehte als am Rande.

Es bleibt unter diesen Umständen nichts anderes übrig, als die Walzen öfters nachzudrehen, oder, falls es sich um Hartgußwalzen handelt, nachzuschleifen. Man kann beides im Ständer vornehmen, wenn das Gerüst dafür eingerichtet ist; ein genaues Nacharbeiten, besonders bei größeren Ballenlängen, ist jedoch nur auf der Drehbank möglich.

Auch mit Rücksicht auf die Oberflächenbeschaffenheit der Bleche ist das Nachdrehen bzw. Nachschleifen der Walzen in gewissen Zeiträumen nötig. Durch die ständige Berührung mit dem heißen Walzgut, im Wechsel mit der Abkühlung durch das Spritzwasser, bilden sich an der Walzoberfläche die sog. Brandrisse. Auch lassen sich Eindrücke durch die schnell erkaltenden Blechenden, die bekannten Zungen, nicht vermeiden. Alle diese Fehler zeichnen sich auf den Blechen ab und ergeben eine rauhe Oberfläche. Man muß also auch aus diesem Grunde die Walzen von Zeit zu Zeit glätten.

W e l l i g e Bleche entstehen, wenn, wie bereits erwähnt, der Walzendurchmesser infolge Verschleißes oder ungleicher Erwärmung nicht überall gleich ist oder auch, wenn die Mittel der Walzen nicht genau parallel zueinander liegen. Letzteres ist auf ungenaue Lagerung zurückzuführen und durch entsprechende Beilagen an den Seitenlagern zu beheben. Keinesfalls darf man sich dabei zu sehr auf die Warmrichtmaschine verlassen, wenn eine solche vorhanden ist, da leicht Spannungen zurückbleiben und die Bleche Sprödigkeit annehmen, sobald das Richten bei zu niedriger Temperatur, besonders im Gebiete der Blauwärme, erfolgt. Die beste Richtmaschine ist das Walzwerk selbst, vorausgesetzt, daß die Walzen samt Lagerung gut in Ordnung und die Blöcke gleichmäßig gewärmt sind.

Unterschiede in der Stärke der beiden Längsseiten sind auf ungleichen Walzenabstand zurückzuführen, der meist durch ungleichmäßigen Lagerverschleiß hervorgerufen wird. Man stellt den richtigen Abstand mittels einer sog. Feinstellung wieder her, die aus einem adjustierbaren Doppelkeil, der unter der Druckschraube liegt, besteht. Bei größeren Abweichungen werden dünne Bleche unterlegt und so der Unterschied ausgeglichen.

Oft finden sich am fertigen Blech beträchtliche Abweichungen zwischen der Stärke des Kopf- und Fußendes. Dies kann entweder dadurch verursacht sein, daß an dem gesunden Fußende nicht genügend abgeschnitten wurde — die Enden walzen sich stets bedeutend dünner aus — oder es ist in der Beschaffenheit des Blockes zu suchen. Ist das eine Blockende wesentlich wärmer als das andere oder besitzt es ein lockereres Gefüge, so führt der verschieden große Widerstand zu einem größeren oder geringeren Sprung der Walzen, der sich in ungleicher Stärke äußert.

Die Ungleichmäßigkeit in der Erwärmung bzw. in der Dichte des Blockes bewirkt auch Unterschiede in der Streckung. Warmes Material streckt stärker als kälteres, während letzteres mehr breitet. Daher krümmt sich ein Block, dessen Oberseite stärker erhitzt ist als die untere, mit dem Rücken nach oben, drückt auf die Abstreifmeißel und läuft schlecht über die Rollen. Ein Block, dessen Seitenränder ungleich warm sind, streckt sich auf der warmen Seite mehr und ergibt ein sichelförmiges Blech, bei dem die hohle stärkere Seite dem kälteren Blockteil entspricht. Brammen mit ausgeprägtem Blasenkranz bleiben beim Walzen auf Breite in der porösen Zone zurück, weil hier erst die Poren gedichtet werden müssen, während der dichte homogene Teil gleich von vornherein stärker an der Streckung teilnimmt. Durch die ungleiche Breite ergibt sich eine unnötige Vermehrung des Seitenschrottes, die noch dadurch erhöht wird, daß der poröse Teil beim Walzen auf Länge meist einzureißen pflegt.

Die Randblasen, die zu nahe unter der Oberfläche sitzen, füllen sich, wie bereits früher erwähnt, mit Schlacke und bilden beim Auswalzen Pocken. (Abb. 14.) Gegen diesen Fehler läßt sich, wenn er am fertig gewärmten Block einmal vorhanden ist, kein wirksames Mittel mehr anwenden. Desto mehr muß man darauf bedacht sein, die den Block in größerer oder geringerer Stärke einhüllende Schlacken- oder Glühspanschicht während des Walzens restlos zu entfernen. Man erreicht dies durch Aufwerfen von Reisig auf das Blech kurz vor dem Eintritt in die Walzen. Durch den starken Druck und die hohe Temperatur wird das Zellwasser augenblicklich in hochgespannten Dampf verwandelt, der die Schlacke mit großer Gewalt explosionsartig abspritzen läßt. Man muß dies solange fortsetzen, als sich noch Schlackenkrusten auf dem Blech zeigen. Bei der großen Zähigkeit, mit denen diese Flecke an der Oberfläche haften, bedarf es steter Aufmerksamkeit und Sorgfalt, um sie mit Sicherheit zu entfernen. (Abb. 15.)

Der eigentliche Walzzunder wird durch Spritzwasser, das unter hohem Druck aus durchlöcherten Rohren von Zeit zu Zeit auf das Blech

Abb. 14. Oberfläche eines stark pockigen Bleches. Die Schlacke haftet z. T. noch in den Poren.

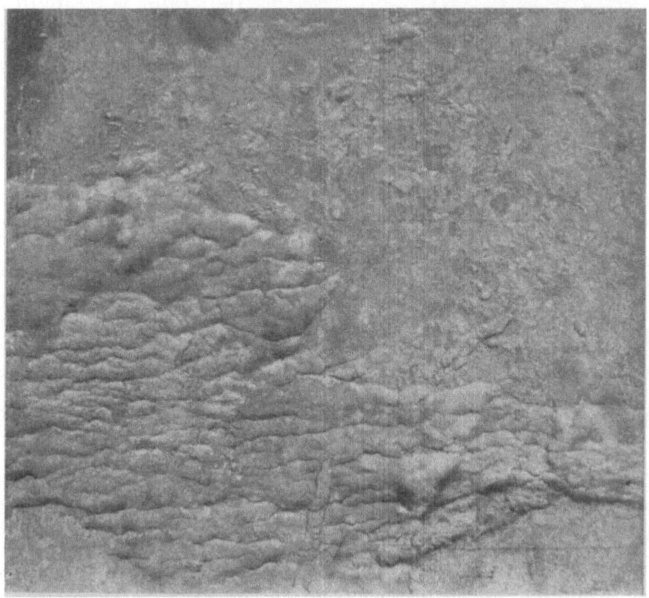

Abb. 15. Oberfläche eines Bleches mit Schlackennarben.

geleitet wird, abgespült oder mit langstieligen Besen abgefegt. Dies darf auch beim letzten Stich nicht versäumt werden, da sich sonst der Zunder nach dem Verdampfen des Spritzwassers auf dem Blech in Klumpen festsetzt und durch die Walzen der Warmrichtmaschine in die Oberfläche eingedrückt wird.

Mit nicht geringerer Sorgfalt muß verhindert werden, daß Blockabfälle oder feuerfeste Steinbrocken auf dem Blech liegen bleiben und sich mit einwalzen. Am Block haftende Gußspritzer und Schalen, die vor dem Einsetzen in den Ofen nicht beseitigt werden konnten, lassen sich über dem Walzen durch Abstoßen mit scharfen, meißelartigen Werkzeugen entfernen, die entstehenden Hohlstellen gleichen sich bei den nächsten Stichen wieder aus. Schwieriger lassen sich die sog. Sandflecken beseitigen, die von eingebrannter feuerfester Masse, mit der die Kokillen ausgeschmiert werden, oder von einem frischen, nicht genügend eingebrannten Herdfutter herrühren.

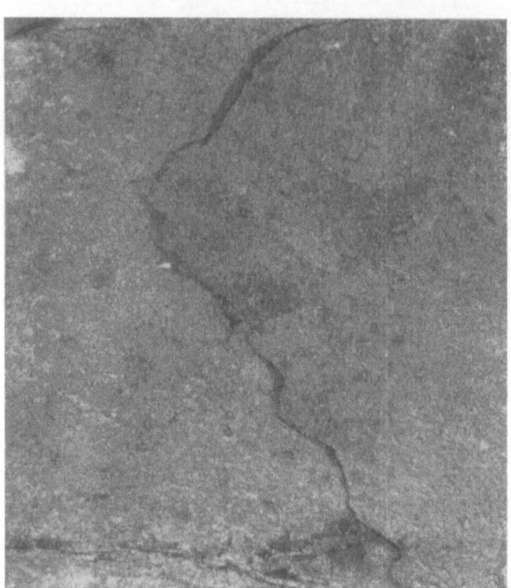

Abb. 16. Oberflächenriß eines Bleches, auf dem Querschnitt (Abb. 13) als Überwalzung zu erkennen.

An sonstigen Oberflächenfehlern sind noch die fälschlich so benannten Walzrisse zu erwähnen, deren Entstehung bereits im ersten Abschnitte besprochen wurde. (Abb. 16—18.) Auf dem ausgewalzten Blech zeichnen

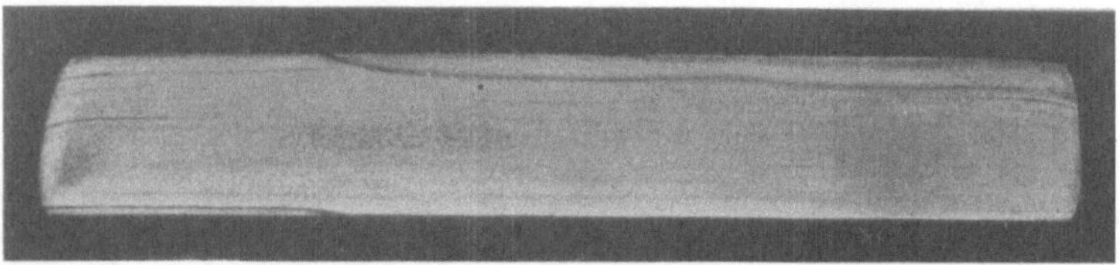

Abb. 16a. Querschnitt des Bleches Abb. 12.

sie sich als zickzackförmige, einfache oder von zwei parallelen Rändern eingefaßte Streifen ab, für die der Engländer die passende Bezeichnung „snakes = Schlangen" anwendet. Sie finden sich meist auf der mittleren Partie des Bleches und können, falls sie nicht so tief gehen, daß dadurch die vorgeschriebene Blechstärke unterschritten wird, durch Ausmeißeln und Abschleifen beseitigt werden. Dagegen ist es unzulässig, die ausgemeißelten Risse durch Hämmern auszuebenen, wie man sagt, beizuziehen, da hierdurch Oberflächenspannungen hervorgerufen werden, die beim Biegen leicht zu Anrissen oder zum Bruche Veranlassung geben.

Alle derartigen Ausbesserungsarbeiten, zu denen auch das Wegmeißeln und Ausschleifen von Schalen, wie von Schlackennarben zählt, dürfen selbstverständlich nur in sachgemäßer Weise mit Überlegung und Sorgfalt vorgenommen werden, gegebenenfalls unter Zuziehung des Abnahmebeamten.

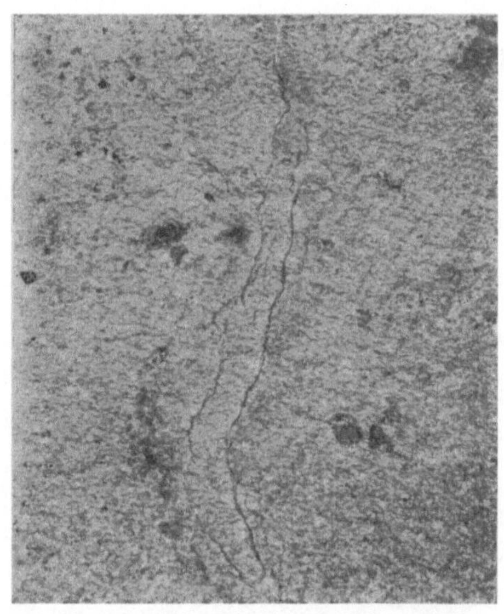

Abb. 17. Doppelriß an der Oberfläche eines Bleches, im ersten Stadium der Erstarrung der Brammen entstanden.

Als weitere Fehler kommen hin und wieder auf der Blechoberfläche winzige Schalen oder Schuppen vor. Hierbei handelt es sich um die Häutchen von Randblasen, die beim Wärmen noch geschlossen blieben, infolge der Streckung beim Walzen aber aufgerissen sind. Am deutlichsten lassen sich diese Mängel beobachten, wenn sie sich an Zerreiß- oder Biegeproben finden. Da sie nicht tiefer in die Oberfläche hineingehen, tun sie der Verwendungsfähigkeit der Bleche keinen erheblichen Abbruch und können als Schönheitsfehler angesehen werden. Für die Verarbeitung zu empfindlicheren Teilen, wie Wellrohren und Feuerbüchsen, sollten die damit behafteten Bleche jedoch ausgeschlossen bleiben.

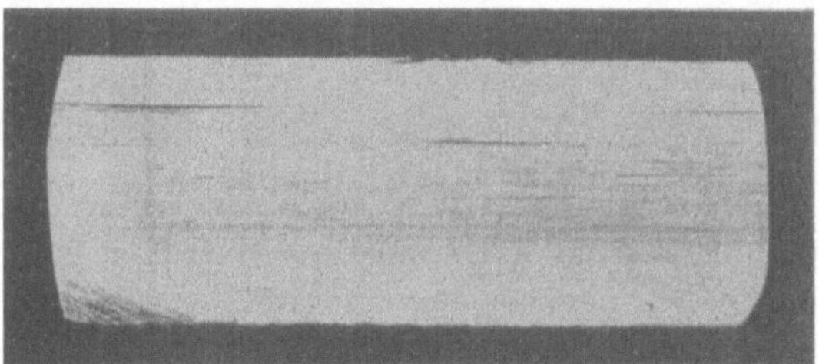

Abb. 17a. Querschnitt des Bleches Abb. 14. Der Riß erweist sich als verhältnismäßig harmlos.

Schließlich ist noch eine allerdings seltene Art von Oberflächenrissen zu erwähnen, die netzartig große Partien der Bleche bedecken und dabei Felder von 25—30 mm Durchmesser einrahmen. Über die Entstehung dieser Risse, die anscheinend nur unter ganz bestimmten Bedingungen auftreten, hat sich mit Sicherheit noch nichts feststellen lassen. Da sie vorzugsweise in der kalten Jahreszeit beobachtet worden sind, liegt die Vermutung nahe, daß ein Aufreißen der hocherhitzten Oberfläche infolge Abschreckwirkung der Außenluft oder des kalten Kühlwassers die Ursache bildet (Abb. 19).

Hiermit kann die Erörterung der mit der Walzung in Zusammenhang stehenden äußeren Eigenschaften und Fehler ihren Abschluß finden und es bleibt nur noch die Einwirkung des Walzvorganges auf die innere Struktur zu besprechen.

3. Der Einfluß der Warmverarbeitung auf Groß- und Kleingefüge und Festigkeitseigenschaften der Walzbleche.

Verschweißen von Hohlräumen und Gasblasen.

Die im Block vorhandenen Hohlräume: Kopf- und Einzellunker sowie die verschiedenen Arten der Gasblasen werden durch den Druck

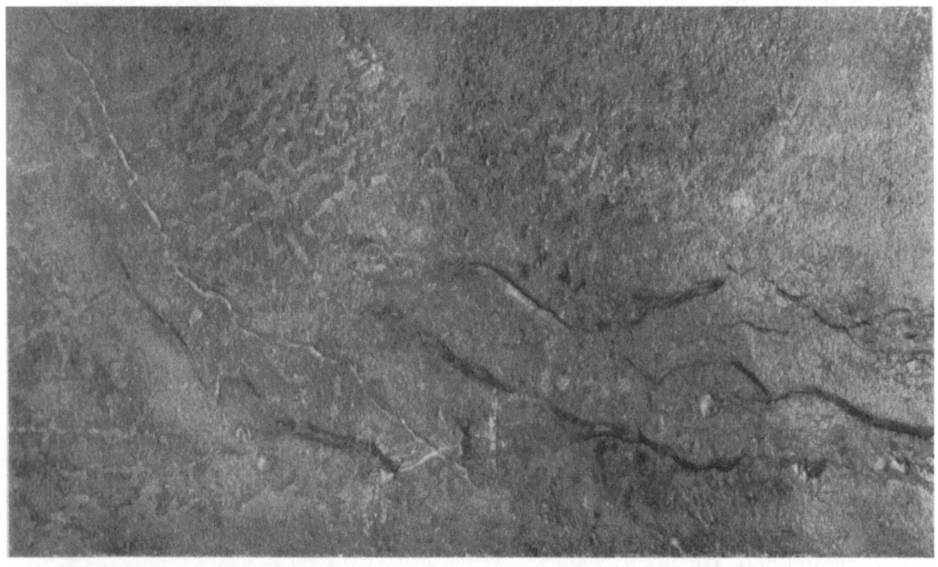

Abb. 18. Oberfläche eines Bleches mit parallelen Schrumpfrissen.

der Walzen je nach ihrer Lage früher oder später zusammengepreßt und ihre Innenflächen verschweißen zum Teil unter bestimmten Voraussetzungen. Darunter fällt in erster Linie die Freiheit der Hohlraumwandungen von Metalloxyden und -sulfiden und von Verunreinigungen nicht metallischer Art. Beim Kopflunker ist mit der Erfüllung dieser Bedingungen aus begreiflichen Gründen nicht zu rechnen, bei den übrigen Schwindungshohlräumen und bei den Gasblasen liegen die Verhältnisse günstiger. Der durch Kompression auf hohe Spannung gebrachte Inhalt der Blasen würde an sich dem Verschweißen hinderlich sein, es ist jedoch anzunehmen, daß durch das Erwärmen und möglicherweise auch noch über dem Walzen eine Druckminderung durch Diffusion hervorgerufen wird. Die Ansichten der Forscher über diese Frage gehen noch ziemlich weit auseinander[1]). Es ist dann weiterhin mit der chemischen Beschaffenheit der Blasenwandungen und ihrer Umgebung zu rechnen. Bei den nach außen gelegenen Randblasen liegt die Gefahr vor, daß sie aus den Verbrennungsgasen Sauerstoff durch Diffusion aufnehmen, andererseits wirkt die hohe Temperatur, unter der sich die Schließung gleich zu Anfang vollzieht und die unmittelbare Druckwirkung der Walzen sehr förderlich. In der Tat findet man bei Bruchproben blasiger Bleche meist dichte Randschichten, während die weiter nach innen gelegenen unverschweißte Bläschen in großer Menge enthalten. Die Erklärung dürfte nach dem oben Gesagten sehr nahe liegen. Einerseits dauert es geraume Zeit, bis der Walzdruck zur vollen Wirkung auf die inneren Partien kommt und die Schließung vollzieht sich bei einer nicht mehr als Schweißhitze anzusprechenden

Abb. 19. Netzwerk von Rissen auf der Oberfläche eines Bleches. $\times 1/3$

Temperatur, andererseits bilden die Gasblasenseigerungen[2]), da sie aus einer stärker konzentrierten Mutterlauge hervorgegangen sind, im Inneren ein schwerwiegenderes Hindernis, als bei den äußeren. Wie die Erfahrung lehrt, ist der Erfolg, den man von der Einwirkung der Walzen auf die Gasblasen erhofft, ein sehr zweifelhafter und es muß daher in erster Linie danach gestrebt werden, die Blasenbildung im Stahlwerk durch gutes Ausgaren und niedrige Gießtemperatur nach Möglichkeit einzuschränken.

Die praktische Auswertung der Steadschen Versuche, die mit Hilfe von angebohrten Eisenstücken den Nachweis erbrachten, daß bei hinlänglichem C-Gehalt trotz Oxydation der Innenflächen ein Verschweißen möglich sei, begegnet wegen der damit verbundenen Zwischenhitze einigen Schwierigkeiten. Es erscheint außerdem sehr fraglich, ob mit Seigerungen behaftete Blasen mit Sicherheit verschweißen werden.

[1]) Ref. Stahl u. Eisen 1911, S. 978.

[2]) Oberhoffer, Das schmiedbare Eisen. S. 252.

Entmischungsvorgänge (Seigerungen) und mechanische Eigenschaften.

Bei der Betrachtung der Gefügeveränderungen, die das Blech durch das Auswalzen erleidet, hat man zu bedenken, daß es sich in der Hauptsache um die Umwandlung einer Eisen-Kohlenstofflegierung handelt, deren Verarbeitung normalerweise im Gebiete der festen Lösung, also bei Temperaturen über dem Ar_3-Punkte erfolgt. Weiterhin muß man sich der Seigerungs- und Kristallisationsvorgänge erinnern, die für die Verteilung der begleitenden Elemente, vor allem des P und S von Bedeutung sind.

Es ist eine Eigentümlichkeit der homogenen, festen Lösung, daß die Kristalle oder Kristallkörner, aus denen sie besteht, durch die Warmverarbeitung oberhalb Ar_3 keine Änderung ihrer Gestalt erfahren. Wohl tritt bei der Abkühlung von Ar_3 auf Ar_1 ein Zerfall der festen Lösung ein und die Korngröße der Zerfallprodukte ist in gewissem Sinne von den Bedingungen abhängig, die den voraufgegangenen Zustand beherrschten. Hätte man es mit einem lediglich aus Eisenkohlenstoff bestehenden Ausgangsstoff zu tun, so würde die Richtung, in der die Formänderung erfolgte, keinerlei Einfluß auf die Gefügeanordnung haben, vorausgesetzt, daß der Bearbeitungsvorgang bei einer oberhalb Ar_3 liegenden Temperatur zu Ende geführt wurde. Mit anderen Worten, ein Unterschied in der Streckung würde nicht zur Ausbildung einer ausgeprägten Walzfaser führen und von einem Unterschied in den Festigkeitseigenschaften der nach verschiedenen Richtungen entnommenen Probestücke könnte nicht die Rede sein. Es ist jedoch noch mit der Anwesenheit einer Reihe anderer Elemente zu rechnen, die gegenüber der reinen Eisenkohlenstofflegierung ein abweichendes Verhalten zeigen und dadurch die Eigenschaften des gesamten, der Warmbearbeitung unterzogenen Systems wesentlich anders gestalten als bei dem angenommenen hypothetischen Falle.

Während bei einem Walzstab, wie z. B. einem Rund- oder Quadrateisen, die Formänderung durch allseitigen Druck und die Streckung lediglich in einer Richtung erfolgt, wirkt beim Walzblech der Druck nur von oben und unten und die Streckung vollzieht sich in der Längs- und Querrichtung. Ist der Ausgangsstoff nicht homogen, so besteht der Endkörper in letzterem Falle aus einer Reihe paralleler Schichten, die zwar nicht scharf voneinander abgegrenzt sind, aber einzeln für sich betrachtet, unterschiedliche Eigenschaften aufweisen.

Entsprechend der durch die Erstarrungsvorgänge des Blockes gegebenen Anordnung bestehen die Außenränder des Blechquerschnittes in der Regel aus reinerem Metall, als die Innenpartien, bei denen sich die Beimengungen in reichlicherer Menge vorfinden. Dieser Umstand muß sich beim Walzen durch ein verschiedenes Maß der Bildsamkeit äußern, er tritt aber der einfacheren Querschnittsform wegen bei Blechen nicht so unmittelbar in Erscheinung wie bei weiter ausgearbeiteten Profilen, bei denen Ungleichförmigkeiten stärkerer Art leicht zu Rißbildungen führen. Dagegen tritt das unterschiedliche Verhalten der einzelnen Zonen gegen Beanspruchung in kaltem Zustande deutlich bei der Zerreißprobe, die man mit Blechen mit Seigerungen anstellt, zutage.

Infolge der geringeren Zähigkeit der mittleren Zone erfolgt hier die Lösung des Zusammenhanges früher als bei den äußeren. Man erkennt dies häufig an der Entstehung von Rissen, die auf den bearbeiteten Seitenflächen der Probe parallel zum Bruchquerschnitt verlaufen, aber nicht über die Breite der Seigerungspartie hinausgehen. Auch das Aussehen der Bruchfläche ist nicht einheitlich. Die Randzonen zeigen sehniges, auf größere Zähigkeit hindeutendes Gefüge, die mittlere Partie weist dagegen einen kurzen, schieferigen Bruch auf. Noch augenfälliger wird der Unterschied durch Ätzung des polierten Querschnittes mit einem der bekannten Mittel, z. B. Kupferammoniumchlorid, die durch verschiedenartige Färbung die Seigerungsstreifen deutlich hervortreten lassen.

Da die Herstellung seigerungsfreier Blöcke nach dem heutigen Stande der Gießtechnik nicht möglich ist, andererseits der Verwendung eines nicht durchweg gleichmäßigen Werkstoffes auf Grund ausgedehnter Prüfungsergebnisse und Betriebserfahrungen ernstliche Bedenken nicht im Wege stehen, so muß man sich mit den bestehenden Verhältnissen abzufinden suchen. Es bleibt nur die Frage zu beantworten, bis zu welchem Grade die Seigerungen als unschädlich anzusehen sind und von wo ab sie als bedenklich oder gar gefährlich betrachtet werden müssen. Für die Entscheidung von Fall zu Fall stehen verschiedene Hilfsmittel zur Verfügung, deren man sich allerdings mit Vorsicht und Sachkenntnis bedienen muß. Am nächsten liegt die Beurteilung des Scherenschnittes nach dem Augenschein, die jedoch einen geübten, durch Erfahrung geschulten Blick erfordert. Ein besseres Bild ergibt schon das Bruchaussehen einer Kerbbiegeprobe, die ohne große Schwierigkeiten schnell im Betriebe hergestellt werden kann. Auch die Ätzprobe läßt den Anteil der Seigerungen gut erkennen, ist aber als Betriebsprobe zu umständlich auszuführen, ganz abgesehen davon, daß sie leicht durch Art und Dauer der Ätzung verschieden beeinflußt wird. Die chemische Untersuchung von Rand und Mitte kann für laufende Prüfung nicht in Frage kommen, bietet aber wertvolle Anhaltspunkte für nachträgliche Feststellungen und für die Schulung des Auges bei der Beurteilung der Ätz- und Bruchproben. Eine Anreicherung der einzelnen Elemente im Kern der Probe auf das Doppelte des noch als zulässig anzusehenden Durchschnittsgehaltes kann auf Grund übereinstimmender Erfahrungen noch als unbedenklich angesehen werden, woraus sich ein örtlicher Höchstgehalt für Phosphor und Schwefel von etwa 0,10—0,12% ergeben würde. Am sichersten, weil zahlenmäßige Werte liefernd, ist noch immer die Zerreißprobe, bei der sowohl die Festigkeit als die Dehnung durch die Seigerungen beeinflußt wird. Erhält man bei einer von der Mitte des Kopfendes entnommenen Probe einen günstigen Dehnungswert, ohne über die zulässige Höchstfestigkeit zu kommen, so kann man beruhigt sein, selbst wenn der Bruch noch einen Seigerungsstreifen aufweisen sollte. Im übrigen ist den durch die Seigerungen bedingten unvermeidlichen Unterschieden dadurch Rechnung getragen, daß die Abnahmevorschriften durchweg eine mehr oder weniger beträchtliche Spanne für die Festigkeit am Kopf- und Fußende eines und desselben Bleches zulassen.

Die Kaltbiegeprobe ist, selbst wenn sie bis zum Aufeinanderliegen beider Schenkel durchgeführt wird, als weit weniger streng anzusehen, da sie noch von Probestücken ausgehalten wird, die recht beträchtliche Seigerungen aufzuweisen haben. Es liegt dies daran, daß sowohl die am stärksten gezogene wie gedrückte Faser aus zähem Material besteht, während der unsichere Teil mit der neutralen Faser zusammenfällt. Immerhin läßt sie gut erkennen, welch geringen Einfluß mäßige Seigerungen selbst bei weitgehender Biegungsbeanspruchung auszuüben vermögen.

Viel kritischer ist die Kerbschlagprobe, deren Einführung als Abnahmeprobe daher immer von neuem angestrebt wird. Wenn sich die Erzeugerkreise bisher dagegen gewehrt haben, so geschah dies aus der Erkenntnis heraus, daß ihr Ergebnis zu sehr von Zufälligkeiten abhängt, wie es z. B. die Anwesenheit eines kleinen Einschlusses in sonst gesundem Material darstellt und daß durch die wechselnde Probenbreite ein starker Faktor der Unsicherheit in die Ergebnisse hineingetragen wird[1]). Im übrigen entspricht sie als rein dynamische Probe nicht den im Kesselbetrieb auftretenden Beanspruchungen, die vorwiegend statischer Art sind. Immerhin muß anerkannt werden, daß sie ein wertvolles Hilfsmittel bei der Beantwortung der Frage bildet, ob die Wärmebehandlung in richtiger und wirksamster Weise erfolgt ist, sowie bei der Feststellung nachträglich eingetretener Sprödigkeit infolge Alters- oder Ermüdungserscheinungen. (Abb. 20 u. 21.)

Gasblasen- und Kristallseigerungen, Zeilenstruktur.

Bei den Seigerungen, von denen bisher die Rede war, handelte es sich um Blockseigerungen, die sich schon im Grobgefüge des Bleches leicht zu erkennen geben. Für die Untersuchung der noch weiter in

[1]) Siehe Baumann, Z. V. d. I. 1912, S. 1113.

Frage kommenden Seigerungsarten, der Blasen- und Kristallseigerungen, bedarf es jedoch metallographischer Hilfsmittel.

Die Blasenseigerungen sind als Erstarrungsreste von Mutterlauge anzusehen, welche vor Entstehung der Hohlräume deren Stelle erfüllte. Sie bilden im Gefügebild eines unverarbeiteten Blockes tropfenförmige Anhängsel der vorhandenen Blasen. Infolge ihrer größeren Konzentration an Phosphor und Schwefel, bei unvollkommener Diffusion auch an Kohlenstoff, heben sie sich von der reineren Grundmasse

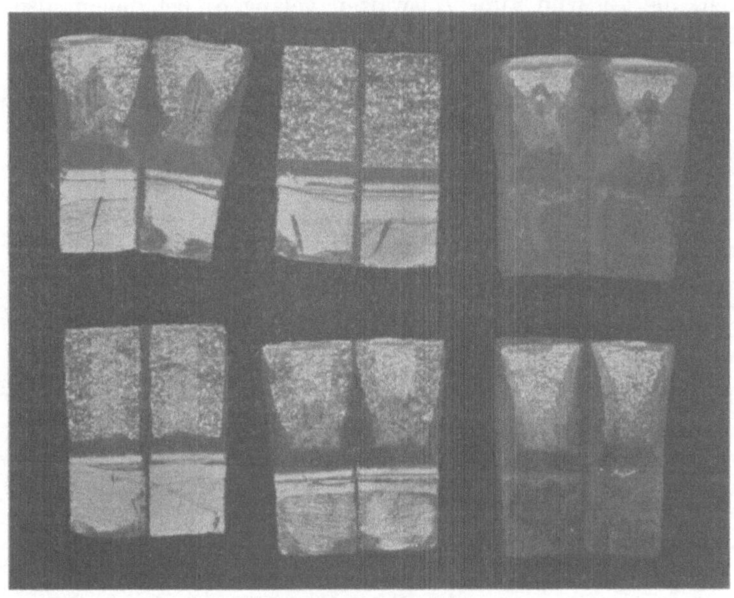

Obere Reihe: Längsproben.
Anl.-Zust., 20,3 mkg/cm². Anl.-Zust., 1,2 mkg/cm². Geglüht, 27,6 mkg/cm².
Untere Reihe: Querproben.
Anl.-Zust., 4,7 mkg/cm². Anl.-Zust., 14,6 mkg/cm². Geglüht, 22,9 mkg/cm².
Glühtemperatur: 930°.

Abb. 20. Verschiedene Kerbschlagproben aus einem durch unrichtige Glühbehandlung verdorbenen Feuerkistenblech im Anlieferungszustand und nach Ausglühen bei 930°.

durch Andersfärbung ab und stellen in kleinerem Maßstabe ähnliche Anreicherungen dar, wie die am Grunde des Kopflunkers befindlichen. Beim Auswalzen werden sie zu linsenförmigen Gebilden zusammengedrückt, die sich im Querschnitt auf dem Ätzschliff als länger oder kürzer getreckte Streifen oder Bänder abzeichnen. Auf diese Weise bleibt auch die ursprüngliche Stelle solcher Blasen gekennzeichnet, bei denen durch günstige Umstände, wie z. B. asymmetrische Lage der Seigerung, ein vollständiges Verschweißen und damit ein Aufgehen im Gefügebild hervorgerufen wurde.

Je nach dem Entstehungsabschnitt der mit Seigerungen behafteten Blasen finden sich erstere in mehr oder weniger ausgeprägter Gestalt vor. Am schwächsten ist ihre Ausbildung im Bereich des äußeren Blasenkranzes, der sich an erster Stelle innerhalb einer verhältnismäßig reinen Grundmasse bildet. Am stärksten treten sie dagegen an den Stellen hervor, wo sich die Erstarrung zuletzt vollzieht, also entweder im Kern des Blockes oder in der Mittelpartie zwischen Randkruste und Kern. Es handelt sich daher vorzugsweise um diejenige Blasenart, die man nach ihrer Entstehung eher als Schwindungshohlräume denn als Gasblasen ansprechen muß.

Etwas verwickelter gestalten sich die Verhältnisse bei solchen Blöcken, die zu früh zum Auswalzen gelangen, bei denen also, wie schon früher gezeigt wurde, Reste einer hochkonzentrierten, in zäh-

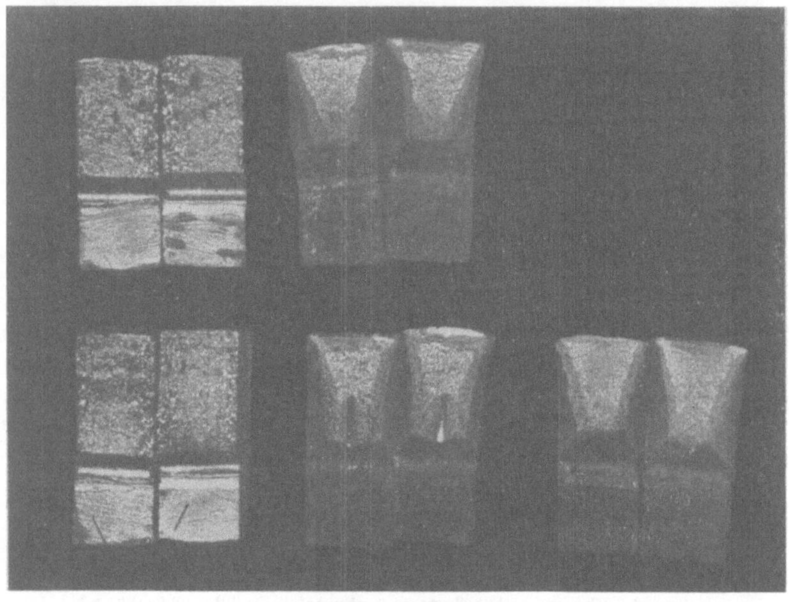

Obere Reihe: Längsproben.
Anl.-Zust., 2,2 mkg/cm². Geglüht, 23,1 mkg/cm².
Untere Reihe: Querproben.
Anl.-Zust., 2,1 mkg/cm². Geglüht, 16 mkg/cm². Geglüht, 22,4 mkg/cm².
Glühtemperatur: 930°.

Abb. 21. Wie Abb. 20. Proben aus einem zweiten Blech.

flüssigem Zustande befindlichen Mutterlauge durch die Pressung der Walzen in die weiter nach außen gelegenen Randpartien gedrückt wurden. Dieser Fall kann zwar nur selten und nur durch Zufall eintreten, muß aber Erwähnung finden, weil er eine plausible Erklärung für die schon wiederholt beobachtete Anreicherung von Kohlenstoff und Phosphor in dicht unter der Blechoberfläche gelegenen Schichten bildet. Einige derartige Fälle sind z. B. in einem Vortrag von Houghton[1]) erwähnt und durch Schliffbilder belegt, ohne daß eine ausreichende

[1]) Journ. Iron Steel Inst. 1914.

Aufklärung gegeben wird. Auch bei Blöcken, die nach dem Talbotverfahren gedichtet werden, muß mit dem Auftreten derartiger Erscheinungen gerechnet werden.

Die in den Gefügebildern von Walzblechen häufiger wahrnehmbare Zeilenstruktur beruht auf dem Vorhandensein sog. Kristallseigerungen. Man kann hiermit nach dem Vorgehen von Oberhoffer örtliche Anreicherungen der einzelnen Komponenten bei der Bildung von Mischkristallen bezeichnen, die bei normalem Verlauf ihrer Entstehung eine durchaus homogone Zusammensetzung aufweisen müßten. Derartige Unterschiede sind auf die Verschiebung des Gleichgewichtes in der Zusammensetzung von Kristall und Schmelze beim Erstarrungsprozeß zurückzuführen. Der Vorgang beruht auf der geringeren Diffusionsfähigkeit der einzelnen Komponenten und auf ungenügender Ausgleichsdauer und äußert sich in einem höherem Gehalte der Randschichten der Kristalle an C, P und S gegenüber dem Kristallinneren. Auf diese Weise entstehen oft an den Berührungsflächen Ansammlungen von Verbindungen der am schwersten diffundierenden Elemente P und S, die sich in der Zusammensetzung mit dem Eutektikum decken oder ihm nähern.

Während vollkommene Mischkristalle des binären Systemes Eisen-Kohlenstoff oder des ternären Eisen-Kohlenstoff-Phosphor bei der Ätzung ein völlig gleichmäßiges Aussehen zeigen, lassen die unter den oben geschilderten Bedingungen entstandenen Kristalle die Unterschiede in der Zusammensetzung der einzelnen Schichten gut erkennen. Bei der auf dem Querschnitt eines Walzbleches entnommenen Schliffprobe heben sich bei hinreichender Vergrößerung die Anreicherungen von der hellen ferritischen Grundmasse in Gestalt zahlreicher, langgestreckter und genau paralleler Schnüre oder Zeilen ab, deren Abstand durch den Grad der Verarbeitung bestimmt wird. Ob die ursprüngliche Kristallform dendritisch oder globulitisch war, spielt dabei keine erhebliche Rolle.

Bei der Kohlenstoffabscheidung, die in Form von Perlit erfolgt, handelt es sich um ein Zerfallprodukt bei der Abkühlung der festen Lösung, also um eine sekundäre Erscheinung. Durch die Wahl eines geeigneten Ätzmittels läßt sich das verschiedene Verhalten der Kohlenstoff- und Phosphorzeilen gut veranschaulichen. Bei der Kohlenstoffätzung (Kupferammoniumchlorid) treten nämlich die Phosphorzeilen nicht zutage, während umgekehrt bei der Phosphorätzung (durch Oberhoffer verbessertes Rosenhainsches Ätzmittel) nur die Phosphorzeilen zum Vorschein kommen. Es ist nun möglich, durch geeignete Wärmebehandlung — etwa halbstündiges Glühen bei Ar_3 und langsames Erkaltenlassen — den Kohlenstoffgehalt der Probe in einen Zustand völlig gleichmäßiger Verteilung zu bringen. Während das ursprüngliche Schliffbild eine ausgeprägte Zeilenstruktur des Perlites erkennen läßt, weist die wärmebehandelte Probe bei der Ätzung auf *C* ein gleichmäßiges Perlitnetz auf. Ätzt man dieselbe Probe auf *P*, so zeigt es sich, daß hierbei die Zeilenstruktur unverändert geblieben ist, da die Diffusionsfähigkeit des *P* beträchtlich hinter der des *C* zurückbleibt und niemals zur vollkommenen Unterdrückung der Phosphorzeilen führen kann. Diesem Verhalten werden bei Besprechung des Glühprozesses noch einige Worte zu widmen sein.

Schlackeneinschlüsse.

Die Betrachtung der Schwefelverbindungen bei der Warmverarbeitung leitet zu der der Schlackeneinschlüsse hinüber. Infolge des außerordentlich ausgedehnten Erstarrungsintervalles der Schwefelverbindungen und deren an niedrigster Stelle stehenden Diffusionsfähigkeit hat man es bei diesem Element fast ausschließlich mit scharf abgegrenzten, eutektischen Einschlüssen zu tun, die sich schon auf dem ungeätzten Schliff durch ihre Färbung hervorheben und durch die Heynsche oder Baumannsche Schwefelprobe auch dem unbewaffneten Auge sichtbar gemacht werden können (Abb. 22). Außer Schwefeleisen kommt noch Schwefelmangan oder ein Gemenge der beiden in Betracht.

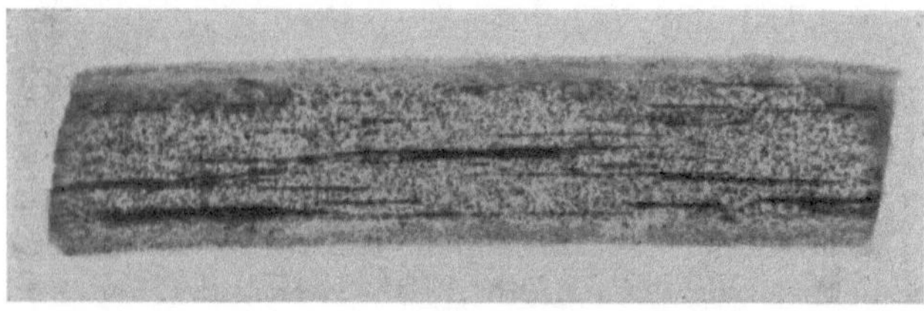

Abb. 22. Schwefelabdruck eines Ätzschliffes nach Baumann. Die dunklen Linien zeigen Stellen hoher Schwefelanreicherung an.

Bei den Schlackeneinschlüssen, die, wie bereits erwähnt, als Suspensions- oder Segregationseinschlüsse vorhanden sind, ist der Grad der Bildsamkeit bei der in Frage kommenden Verarbeitungstemperatur maßgebend. Meist handelt es sich um in hohem Maße plastische Verbindungen, die daher ohne weiteres an der Formänderung der Grundmasse, in die sie eingebettet sind, teilnehmen. Andere verhalten sich wieder sehr starr und spröde, wie z. B. die aus dem Aluminium hervorgehende Tonerde, und ändern daher nur bis zu einem gewissen Grade ihre Lage, nicht ihre Gestalt.

Als auffällige Erscheinung bei den Schlacken- oder sonstigen Einschlüssen verdient hervorgehoben zu werden, daß ihre unmittelbare Nachbarschaft meist aus reinem Ferrit besteht. Es ist dies auf die Keimwirkung zurückzuführen, die Fremdkörper — und als solche sind in erster Linie die Suspensionseinschlüsse zu betrachten — bei der Erstarrung der Lösung ausüben. (Abb. 23.) So wie an der Kokillenwandung sich zuerst Kristalle nahezu reinen Eisens ausscheiden, so bilden auch die durch die Schmelze verteilten Fremdkörper die Ausgangspunkte für die Entwicklung zahlreicher ferritischer Kristalle. Aber auch bei der sekundären Kristallisation, also bei dem Zerfall der festen Lösung, üben die Einschlüsse eine Keimwirkung aus, indem die Ferritabscheidung vorzugsweise von diesen Stellen aus einsetzt. Hieran nehmen nicht nur die von Anfang an ungelösten, sondern auch die durch Segregation entstandenen Schlackeneinschlüsse teil und in gleicher Weise verhalten sich die aus der Grundmasse abgeschiedenen Phosphide und Sulfide.

Es ist nunmehr leicht zu übersehen, wie die Verschiedenheit in den Ergebnissen nahe beieinander liegender Längs- und Querproben zustande kommt. Ist ein Blech auf annähernd quadratische Form gewalzt, so wird ein Unterschied kaum in Erscheinung treten, vorausgesetzt, daß die Probe aus einem von Blockseigerungen freiem Teile stammt. Je mehr aber das Maß der Verarbeitung in einer Richtung das in der anderen überwiegt, desto größer wird die Abweichung. Fällt die Zugkraft beim Zerreißversuch in die Richtung der größten Streckung, so ist auf dem beanspruchten Querschnitt der Flächenanteil der härteren und spröden Gefügebestandteile kleiner als auf dem rechtwinklig dazu gerichteten Schnitt. Infolgedessen fällt die Festigkeit meistens geringer, die Dehnung immer höher aus. (Abb. 24 u. 25.) Die größten Unterschiede finden sich daher beim Universaleisen, das nur in einer Richtung gestreckt wird und deshalb beim Kesselbau, z. B. für Laschen, trotz der bequemeren und billigeren Herstellungsart nicht verwandt werden darf.

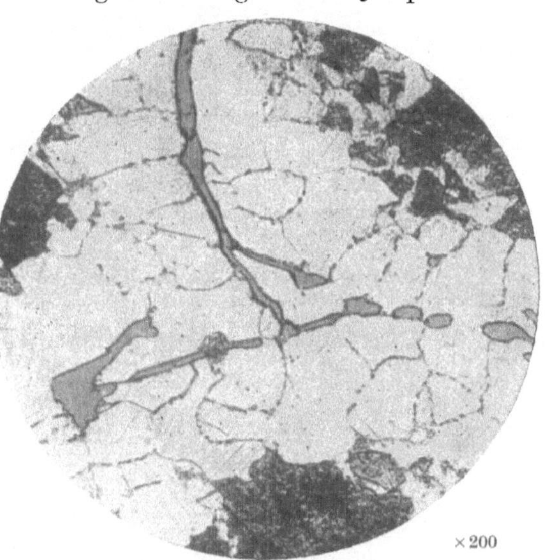

Abb. 23. Schlackeneinschlüsse als Keime für Ferritkristalle.

Ganz so einfach, als es nach dieser sinnfälligen Erklärung den Anschein hat, liegen allerdings die Verhältnisse nicht. Bei genauer Erforschung der Zusammenhänge zwischen Gefügeaufbau und Festigkeitseigenschaften müssen die Gesetze der Elastizitäts- und Festigkeitslehre mit denen der Metallographie in Einklang gebracht werden. Da aber bei letzteren in grundlegenden Fragen noch geteilte Ansichten herrschen — es sei nur an die Raumgitterlehre, die Verfestigungstheorie usw. erinnert —, so würde eine eingehendere Behandlung über den Rahmen dieser Arbeit hinausgehen und doch schwerlich etwas zur Aufklärung beitragen können.

Schließlich sei noch erwähnt, daß eine sachgemäße Glühbehandlung in hohem Maße der Beeinträchtigung der Festigkeitseigenschaften durch die Seigerungen entgegenzuwirken vermag, genau so, wie sie geeignet ist, die schädlichen Folgen zu kalten Walzens wie zu hoher Endtemperatur zu beheben. Es erscheint deshalb nicht recht verständlich, daß man in England das Ausglühen der Kesselbleche nicht verbindlich gemacht hat, und dieser Mangel kann höchstens durch die Tatsache erklärt werden, daß eine fehlerhafte Glühbehandlung mehr Schaden anzurichten vermag als die gänzliche Unterlassung des Ausglühens.

Abb. 24. Blech mit Zeilenstruktur, Schnitt quer zur Walzrichtung. Entspricht der Längs-Zerreißprobe. Ätzung nach Rosenhain-Oberhoffer.

Abb. 25. Wie Abb. 24. Schnitt längs zur Walzrichtung. Entspricht der Quer-Zerreißprobe. ×2

Da durch die für Deutschland und die Mehrzahl der übrigen Länder vorgeschriebene Glühbehandlung eine erneute Änderung der durch die Walzung stark beeinflußten Materialeigenschaften hervorgerufen wird, so hat der dem Glühen voraufgehende Zwischenzustand vorläufig nur untergeordnete Bedeutung. Er erfordert aber trotzdem Beachtung, weil er gewisse Vergleichsmöglichkeiten und Vorbedingungen für den Verlauf und das Ergebnis des Glühprozesses liefert. Die Möglichkeit einer derartigen Beeinflussung liegt in solchen Fällen vor, bei denen entweder der Walzvorgang oder die Glühbehandlung oder beide zusammen sich nicht so abspielen, wie es der Eigenart des Materiales und des beabsichtigten Zweckes entspricht. Aus diesem Grunde sollen alle mit der späteren Glühung in Zusammenhang stehenden Fragen bis zur eingehenden Behandlung dieses Kapitels zurückgestellt und hier nur noch eine kurze Übersicht über die auf den angezogenen Gegenstand bezüglichen Regeln gegeben werden, soweit sie Anspruch auf allgemeine Gültigkeit machen können.

a) Warmverarbeitung.

1. Als Warmverarbeitung ist jede durch mechanische Einwirkung hervorgerufene plastische Formänderung im Gebiete der festen Lösung anzusehen.

2. Jede Warmverarbeitung bewirkt eine Verringerung der Korngröße. Bei gleichem Ausgangsmaterial und gleichem Verarbeitungsgrad entspricht der gleichen Endtemperatur die gleiche Korngröße, ohne Rücksicht auf die Höhe der Anfangstemperatur.

3. Rasche Abkühlung nach der Bearbeitung bewirkt eine weitere Verminderung der Korngröße.

4. Der Verminderung der Korngröße bei der Warmverarbeitung entspricht die Erhöhung der Streck- und Bruchgrenze und der Kugeldruckhärte sowie die Verminderung der Bruchdehnung. Kontraktion und Zähigkeit erleiden keine wesentliche Veränderung.

5. Die vorteilhafteste Endtemperatur bei der Warmverarbeitung weichen Flußeisens bildet die Temperatur von Ar_3, also ungefähr 900°. Hierbei ergeben sich die günstigsten mechanischen Eigenschaften des Enderzeugnisses.

b) Kaltverarbeitung.

1. Als Kaltverarbeitung ist die Verarbeitung unterhalb des Gebietes der festen Lösung anzusehen. Da sich eine scharfe Trennung in der Praxis nicht immer durchführen läßt, kann als Grenzgebiet der Temperaturbereich zwischen Ar_3 und Ar_1 angenommen werden.

2. Durch Kaltverarbeitung wird eine weitergehende Kornverfeinerung hervorgerufen.

3. Damit im Zusammenhang steht eine noch stärker hervortretende Änderung der Festigkeitseigenschaften im gleichen Sinne wie unter a 4.

Die durch die Kaltverarbeitung bewirkten Gefügeänderungen sind die folgenden:

Auftreten von Gleitflächen und Zwillingsbildungen innerhalb der Kristallkörner infolge Überschreitung der Elastizitätsgrenze.

Reckung der Körner in der Richtung der Beanspruchung.

Obige Leitsätze bilden das Ergebnis umfangreicher Versuche (u. a. von Wüst und Huntington, Oberhoffer, Pomp) und decken sich vollauf mit den in der Praxis gemachten Erfahrungen. Abweichungen und scheinbare Widersprüche lassen sich aus dem Überwiegen des Einflusses einzelner Faktoren erklären. Insbesondere spielt der Grad der Verarbeitung, d. i. das Abnahmeverhältnis, eine bedeutsame Rolle, die aber beim Walzen von Blechen nicht so stark in Erscheinung tritt wie die Verarbeitungstemperatur, weil die Endstiche stets mit geringerer prozentualen Abnahme erfolgen. Ferner werden die Ergebnisse noch durch sog. Rückkristallisationserscheinungen getrübt, von denen später die Rede sein wird.

Hiermit kann die Behandlung der Vorgänge beim Wärmen und Walzen und der damit bewirkten Zustandsänderungen als abgeschlossen angesehen werden. Den Übergang zu der nunmehr anschließenden Besprechung der Adjustagebehandlung bildet das Warmrichten der von der Walze kommenden Bleche auf der im Abfuhrrollgang eingebauten Warmrichtmaschine. Es war schon hervorgehoben worden, daß nur gut warme Bleche dieser Bearbeitung unterzogen werden sollten, da die Richtarbeit bei niedrigen Temperaturen, besonders zwischen 200 und 350°, die bekannten, sich in hoher Sprödigkeit äußernden Blauwärmeerscheinungen hervorruft. Auf vielen Stellen, namentlich in älteren Anlagen, wird ohnehin von diesem Hilfsmittel kein Gebrauch gemacht, das, vorsichtig angewandt, viel nachträgliche Arbeit erspart.

4. Die Adjustierung (Zurichterei) der Kesselbleche.

In neuzeitlichen Walzwerken werden die Bleche von dem an das Walzwerk bzw. die Warmrichtmaschine anschließenden Rollgang durch mechanisch betriebene Schleppzüge auf die Warmbetten abgezogen, wo sie einzeln erkalten. Da die Warmbetten als hochgelegene Schienenroste ausgebildet sind, gelangt die Luft auch von unten her an die Bleche und bewirkt eine gleichmäßige Abkühlung ohne Verziehen oder Verwerfen.

Nach dem Erkalten wird die Stärke, Länge und Breite nachgemessen und die Oberflächenbeschaffenheit geprüft. Falls sich keine unvorschriftsmäßigen Abweichungen ergeben, werden die Bleche auf die Fertigmasse unter Einbeziehung der Probeenden angezeichnet und zur Kennzeichnung mit Auftrags- und Chargennummer sowie den Maßzahlen in Ölfarbe beschrieben. Gleichzeitig werden an wenigstens zwei Stellen die vorgeschriebenen Stempel eingeschlagen: Werksstempel, Chargennummer, Probe- oder Blechnummer, Monats- und Jahreszahl in allen Fällen, außerdem noch der sog. Garantiestempel, sobald die Abnahme amtlich ist. Die so vorbereiteten Bleche werden darauf den Scheeren zugeführt, von Kopf- und Seitenschrott befreit und zur Abnahme bereit gelegt. Bei den Platten, die nur mit Werksbescheinigung zu liefern sind, werden zugleich die Probeenden abgeschnitten und die vorgeschriebenen Probestreifen zur weiteren Verarbeitung davon abgetrennt.

Schon beim Anzeichnen auf dem Warmbett läßt sich oberflächlich feststellen, ob die für das Reinschneiden vorgesehene Zugabe das gewünschte, auf Erfahrung beruhende Maß erreicht. Bleche, bei denen infolge Untergewicht des Blockes oder zu großer Breitenzugabe beim Walzen die beabsichtigte Mehrlänge nicht erreicht ist, müssen mit besonderer Vorsicht weiter verfolgt werden. Beim Abspalten des Kopfes zeigt es sich schon, ob die Schneidkante gesund ist oder noch Doppelungen aufweist. Ist letzteres der Fall, so wird die Platte auf eine kürzere Abmessung umgezeichnet oder, wenn dafür keine passenden Aufträge vorhanden sind, zur gelegentlichen Verwendung zurückgelegt. Erscheint jedoch der Schnitt einwandfrei, so muß eine Vorprobe darüber entscheiden, ob das Blech den Bedingungen entspricht und mit den übrigen zur Abnahme vorgelegt werden kann.

Die Abnahmetätigkeit im Walzwerk erstreckt sich auf Nachmessen der Blechstärken an den Ecken und Seitenkanten, genaue Prüfung der Oberfläche von beiden Seiten und Abstempeln der Probestreifen, einschließlich der für etwaige Wiederholung vorgesehenen. Je nachdem es die Vorschrift verlangt, werden die Bleche mitsamt den anhängenden Probeenden geglüht und letztere erst später abgetrennt, oder die Enden werden schon vor dem Glühen abgeschnitten und für sich weiter verarbeitet. Vielfach ist die Forderung aufgestellt worden, die Bleche zunächst gänzlich unbeschnitten, aber angezeichnet vorzulegen; nach anderer Vorschrift dürfen sie nur an zwei aneinander stoßenden Seiten beschnitten sein. Ersteres Verlangen soll es dem Abnahmebeamten ermöglichen, sich ein Urteil darüber zu bilden, ob die Zugaben ausreichend bemessen sind. Seine Erfüllung verursacht indes große Unbequemlichkeiten, besonders wenn die Bleche von vornherein ausgeglüht werden sollen. Außerdem schließt es die Möglichkeit aus, durch Vorproben die bedingungsgemäße Beschaffenheit festzustellen, so daß, wenn das Blech nach dem Abschneiden des Kopfendes sich nicht als gesund erweist, viel überflüssige Arbeit verursacht worden ist. Die zweite Maßregel hat den Zweck, bei der Abnahme Kopf- und Fußende auseinanderhalten zu können. Da sich diese im rohen Zustande leicht feststellen lassen, bleibt es dem Werk unbenommen, das längere und kritische Kopfende abzuschneiden, und es läßt sich deshalb vom Betriebsstandpunkte nicht viel gegen diese Vorschrift einwenden, obgleich auch durch sie manche Unbequemlichkeiten verursacht werden.

Das Schneiden der Bleche wird auf langschnittigen Scheeren bis zu 4,5 m Messerlänge vorgenommen, die entweder hydraulisch oder elektrisch betrieben werden. Das obere bewegliche Messer ist im Messerbär eingelassen und bildet mit dem unteren, am Scheerentisch befestigten einen Winkel von etwa 10°. Die aneinander vorbeigleitenden Flächen springen von der Schneidkante aus einige Millimeter, meist 3% der Messerhöhe, zurück, die Schmalseiten sind um etwa 5° abgeschrägt. Auf diese Weise wird eine ruhige und allmählich wirkende Scheerwirkung erzielt, bei der das Material nicht gewaltsam beansprucht wird. Damit weiterhin keine Zerrungen und Quetschungen eintreten können, müssen die Schneidekanten stets stramm aneinander liegen und gut scharf erhalten werden.

Man unterscheidet zwischen Spalten und Besäumen: Beim Spalten werden der Länge oder Breite nach zusammengelegte Bleche voneinander getrennt, während beim Besäumen lediglich der ringsum befindliche Randschrott abgeschnitten wird. Damit sich beim Besäumen keine zu langen sperrigen Schrottstreifen ergeben, bringt man am offenen Scheerenende rechtwinklig zu den Hauptmessern stehende Schrott- oder Eckmesser an, die bei jedem durchgehenden Schnitt den Schrottstreifen zerteilen. Eine derartige Einrichtung ist jedoch nur bei nicht durchlaufenden Scheeren anwendbar, bei denen also der Scheerenbär in jeder Lage angehalten und zurückbewegt werden kann. Bei durchlaufenden Exzenterscheeren, die mit einer solchen Vorrichtung versehen sind, würde das Spalten in doppelter Breite gewalzter längerer Bleche nicht möglich sein.

Infolge der Neigung des beweglichen Messers tritt eine je nach der Blechstärke größere oder geringere Durchbiegung des in der Scheere steckenden Blechendes ein. Bei den in den Schrott geschnittenen Abfällen ist das nicht von Belang, um so unangenehmer wirkt es dagegen bei den Spaltblechen, bei denen beide Teile weiter verwandt werden sollen. Ein maschinelles Richten des gekrümmten Stückes ist ohne weiteres möglich, wenn es so in die Richtmaschine eingeführt werden kann, daß die verbogene Kante senkrecht zu den Rollenachsen liegt. Dies ist der Fall bei der Länge nach gespaltenen Blechen und bei solchen, deren ursprüngliche Breite zur Länge geworden ist, wie z. B. bei Laschenblechen. Sind die Abmessungen dagegen derart, daß ein Anstecken in dieser Weise wegen unzureichender Rollenbreite nicht möglich ist, so muß die Krümmung unter der Presse zurückgerichtet werden. Man kann sich auch in der Weise helfen, daß man beim Anzeichnen zwischen den benachbarten Kanten einen schmalen Schutzstreifen stehen läßt und diesen nachträglich abschneidet. Dadurch wird die Scheerkante des zweiten Stückes, das jetzt vor das Messer zu liegen kommt, wieder in die Ebene zurückgebogen.

Auch bei sehr scharfen und gut anliegenden Messern ist ein Zusammendrücken des Materiales an den Schneidkanten nicht zu vermeiden. Dieser Übelstand wird noch durch den sich bei abgenutzten Scheerenmessern bildenden Grat verstärkt. Da eine solche Deformation leicht bei der weiteren Verarbeitung Haarrisse hervorrufen kann, müssen die Blechkanten in der Werkstatt vor dem Biegen behobelt werden. Die dafür erforderliche Zugabe soll wenigstens die Hälfte, besser noch zwei Drittel der Blechstärke betragen.

Damit die Bleche sich nicht durch den Scheerdruck verschieben und dadurch schiefe Schnitte verursachen, werden sie durch hydraulische Stempel, die sog. Niederhalter, auf den Scheerentisch niedergedrückt. Die Platten dürfen dabei nicht hohl liegen, etwa infolge Hervorstehens des Untermessers, da sonst leicht Beulen eingedrückt werden.

Bleche mit gekrümmten Begrenzungslinien, wie z. B. Scheiben für Böden und Rohrwände, werden auf kurzschnittigen Scheeren unter möglichster Annäherung an die Kurvenform polygonal geschnitten. Für kreisrunde Scheiben benutzt man auch Rundscheeren, bei denen die roh vorgeschnittene Scheibe auf der Mitte eingespannt und durch ein rotierendes Kreismesserpaar am Umfang besäumt wird.

5. Die Glühbehandlung der Kesselbleche.

Mit dem Glühen der Kesselbleche bezweckt man eine Verbesserung der Festigkeitseigenschaften durch geeignete thermische Behandlung. Wie bereits hervorgehoben wurde, stehen die mechanischen Eigenschaften in engem Zusammenhange mit der Gefügebeschaffenheit, die durch den Walzvorgang je nach Endtemperatur und Verarbeitungsgrad in bestimmter Weise beeinflußt wird. Bei dem unter normalen Bedingungen verlaufenden Walzprozeß fallen die Gefügeeigenschaften derart aus, daß die Versuchswerte allen Anforderungen genügen, die man bedingungsgemäß an die Festigkeit, Dehnung und Zähigkeit stellen kann. Dagegen hat jede sich aus Betriebsschwierigkeiten oder Zufälligkeiten ergebende Abweichung vom regelmäßigen Verlauf Einwirkungen auf den Gefügeaufbau zur Folge, die sich in einer ungünstigen Beeinflussung der Festigkeitseigenschaften bemerkbar machen. Dazu gehört:

Fertigwalzen bei zu hoher Temperatur: ergibt grobes, überhitztes Gefüge,

Fertigwalzen bei zu niedriger Temperatur: Kaltreckung,

Ungleiche Erwärmung oder Abkühlung: Walzspannungen,

ferner im Anschluß an den eigentlichen Walzvorgang:

Richten oder Biegen in der Blauwärme: Sprödigkeit ohne besondere Gefügemerkmale,

schließlich als unvermeidliche Begleiterscheinung des Scherenschnittes: Kaltreckung der Scherkanten.

Das Gefüge der Kesselbleche im ungeglühten Zustande.

Der Gefügeaufbau eines bei normaler Temperatur, d. h. etwas oberhalb A_3 fertiggewalzten kohlenstoffarmen Flußeisens ist durch die Menge und die Verteilung der beiden Gefügebestandteile Ferrit und Perlit bestimmt. Der aus reinem α-Eisen bestehende Ferrit tritt in Gestalt unregelmäßig begrenzter, vielflächiger Körner auf, die sich aus gleich orientierten Kristallelementen zusammensetzen. Bei hinreichender Vergrößerung (250—300fach) eines tiefgeätzten Schliffes läßt sich deren Struktur deutlich als Würfel bzw. Oktaeder erkennen. Die Ausdehnung der Ferritkörner ist nach allen drei Richtungen hin ungefähr die gleiche; ihr durchschnittlicher Flächeninhalt, wie er auf der Bildfläche erscheint, beträgt bei vollkommen normalisiertem Material etwa 500 μ^2, worin $\mu = 0{,}001$ mm, also $\mu^2 = 0{,}000001$ mm², 500 $\mu^2 = 0{,}0005$ mm², entsprechend einer Seitenlänge des Quadrates von 0,0224 mm.

Der Perlit, dessen Menge vom C-Gehalte des Flußeisens abhängig ist, füllt bei niedrigen Kohlungsgraden gleichsam als Mörtel die Eckfugen zwischen den Ferritkörnern aus. Im Gefügebild des unverarbeiteten Materiales erscheint er zwischen den Ferritkörnern in Gestalt dunkler gefärbter Inseln von größerer oder geringerer Ausdehnung. Bei starker Vergrößerung (etwa 1000fach) lösen sich diese dunklen Flächen in eine große Anzahl gleich breiter, paralleler Streifen auf, die abwechselnd aus Ferrit und Zementit, Fe_3C, bestehen. Man bezeichnet diese Art des Perlites als lamellar, im Gegensatz zum körnigen Perlit, der durch besondere Wärmebehandlung daraus entsteht.

Die Zementitlamellen zeichnen sich gegenüber den Ferritlamellen durch große Härte aus. Sie werden durch Ätzmittel in bedeutend geringerem Maße angegriffen und bilden beim Ätzschliff vorspringende Rippen, die im schräg auffallenden Lichte die tiefer liegenden Ferritlamellen verdunkeln.

Der Flächeninhalt des Perlites im Gefügebild ist im Vergleich zu dem geringen Kohlenstoffgehalt des Materials ein ziemlich bedeutender. Bei dem als Höchstwert für weiches Flußeisen anzusehenden Gehalt von 0,3% C beträgt der Flächenanteil etwa ein Drittel, was sich dadurch zwanglos erklären läßt, daß zur Bildung von 100 Teilen Perlit nur 0,85 Teile C erforderlich sind, bei einem C-Gehalte des wirksamen Bestandteiles Zementit von 6,67%.

Während als Grundmaß für die natürliche Festigkeit von Flußeisen sein im konstanten Verhältnis zum C-Gehalte stehender Perlitgehalt angesehen werden kann, muß man den Verteilungsgrad als Koeffizienten anwenden. Schon die einfache Überlegung ergibt, daß die verfestigende Wirkung eines Zwischenmittels eine größere sein muß, wenn es die weichere Grundmaße in zahlreichen feinen Adern durchdringt, als wenn es sich innerhalb derselben in kompakteren, aber der Zahl nach beschränkten Anhäufungen vorfindet. Das erstere ist der Fall, wenn die einzelnen Ferritkörner sehr beschränkte Ausdehnung besitzen, aber durch das sie einhüllende, feinmaschige Perlitnetzwerk innig miteinander verkittet sind. Der letztere Zustand tritt ein, wenn die Ferritkristalle infolge besonderer thermischer Ursachen derartige Abmessungen erreichen, daß sie mit ihren Begrenzungsflächen fast auf dem ganzen Umfang unmittelbar aneinanderstoßen, während der Perlit in die Ecken zurückgedrängt wird.

Durch den praktischen Versuch wird die Richtigkeit dieser Auffassung bestätigt. Der durch mechanische Einwirkung hervorgerufenen Kornverfeinerung entspricht in den weitaus meisten Fällen eine Erhöhung der Fließ- und Bruchgrenze, der Kugeldruckhärte und der Kerbzähigkeit, während Dehnung und Kontraktion ein umgekehrtes Verhalten zeigen oder konstant bleiben. Als besonders bemerkenswerte Ausnahme, wegen ihrer Bedeutung für die Verbesserung der Gefügeeigenschaften, ist dabei hervorzuheben, daß sich bei einer Walztemperatur von 900—1000°, je nach dem Verarbeitungsgrade, trotz weitgehender Kornverfeinerung ein Maximum der Dehnung ergibt. Wo weitere Abweichungen auftreten, sind sie auf den Einfluß der noch näher zu behandelnden Rückkristallisationserscheinungen zurückzuführen.

Bei der bisherigen Betrachtung der Gefügeeigenschaften war vorausgesetzt worden, daß der Walzvorgang unter normalen Temperaturbedingungen verlief, insbesondere daß die Endtemperatur nicht unter Ar_3 hinuntergehen sollte. Maßgebend für die Einhaltung dieser Temperatur ist der Umstand, daß bei Verarbeitung im Gebiete der festen Lösung das Verhältnis der linearen Abmessungen des verfeinerten zu denen des groben Ausgangskornes ein stetiges bleibt, daß also keine Kornreckung auftritt, wie es bei den niedrigeren Temperaturen der Fall ist. Dabei wird der Verfeinerungsgrad um so beträchtlicher, je weiter sich die Temperatur Ar_3 nähert. Wird nun, wie es z. B. bei der Walzung dicker Bleche vorkommen kann, der Walzvorgang bei einer noch bedeutend über Ar_3 liegenden Temperatur zu Ende geführt, so behält das Gefüge die Merkmale, die dieser hohen Temperatur eigentümlich sind und charakterisiert sich nach der Abkühlung als überhitztes Gefüge.

In einem derartigen Fall zeigt sich der Mangel einer unzureichenden Kornverfeinerung weiterhin darin, daß auf der Mitte des Querschnittes, also dort, wo der Walzdruck nicht zur vollen Wirkung kommen konnte, Reste einer Art von Gußstruktur zurückbleiben, die das charakteristische Widmanstättensche Gefüge zeigen (Fig. 26). Die Eigentümlichkeit dieser Gefügeart besteht darin, daß sowohl der Ferrit als auch der Perlit nach gleichem kristallographischen Gesetz geordnet sind. Da die Kristallgröße in diesem Stadium eine sehr beträchtliche ist, so erscheinen auf dem Schliffbild schon bei schwacher Vergrößerung die Kennzeichen der kristallographischen Orientierung in Gestalt von einander unter bestimmten Winkeln schneidenden Linien oder Streifen. Je nach der Lage der Schnittflächen zu den Hauptsachen der Kristalle tritt dabei das dem Würfel bzw. Oktaeder entsprechende Quadrat oder gleichschenklige Dreieck in Erscheinung.

Abgesehen von dem leicht zu inneren Spannungen führenden Gefügeunterschieden zwischen Rand und Mitte, ist grobkristalline Struktur an sich in hohem Maße nachteilig für die Festigkeitseigenschaften des Walzbleches. Namentlich die Kerbzähigkeit und die Dehnung wird ungünstig beeinflußt, wozu noch der Umstand verschärfend beiträgt, daß die Mittelpartien die bevorzugten Stellen der Seigerungen und Schlackeneinschlüsse darstellen. Da eine Kornverfeinerung durch weitergehende Bearbeitung nicht in Frage kommt, so ist nur durch Wärmebehandlung — kurz oberhalb A_3 vorgenommenes Ausglühen — Abhilfe zu schaffen.

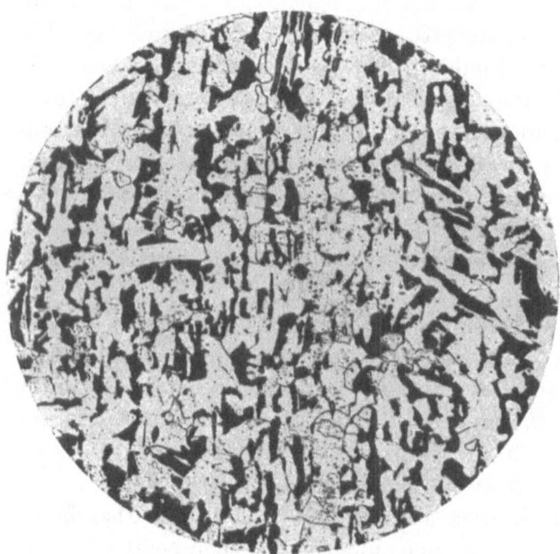
Abb. 26. Reste von Gußstruktur aus der Mitte eines starken Blechquerschnittes. ×50

Im Gegensatze zu den auf zu hoher Endtemperatur beruhenden Gefügeeigenschaften stehen die durch Bearbeitung bei zu niedriger Temperatur hervorgerufenen Erscheinungen. Die Kornverfeinerung geht zwar unterhalb Ar_3 noch weiter, ist aber mit einer weitgehenden Kornreckung, d. h. einer Änderung des Längenverhältnisses der Achsen verknüpft. Hand in Hand damit gehen bedeutsame Änderungen in der inneren Struktur der einzelnen Ferritkörner. Diese kommen jedoch, ebenso wie die Kornreckung, erst bei Temperaturen unterhalb Ar_1 voll zur Wirkung; im dazwischenliegenden Temperaturbereich werden die Vorgänge durch den sich bei der Abkühlung vollziehenden Zerfall der festen Lösung, also durch die Ferritabscheidung und Perlitbildung verdunkelt. Dieser Prozeß ist bei Ar_1, dem sog. Perlitpunkte, beendet, so daß sich die mechanische Formänderung nunmehr auf zwei scharf voneinander getrennte Gefügebestandteile erstrecken kann.

Auf Grund dieser Erkenntnis haben Wüst und Huntington[1]) die bei ihren umfangreichen Untersuchungen über den Einfluß des Warmwalzens auf die mechanischen Eigenschaften und das Gefüge des kohlenstoffarmen Flußeisens gewonnenen Werte in drei Gruppen eingeteilt. Die erste umfaßt das bei Temperaturen über 900°, die zweite das im Temperaturbereich von 900—700° und die dritte das unterhalb von 700° hergestellte Versuchsmaterial. Die bei diesen, von 50 zu 50° abgestuften Temperaturen und unter Anwendung verschiedener Abnahmedrücke gewalzten Flacheisenstäbe wurden auf ihre Fließgrenze, Bruchgrenze, Kerbzähigkeit und Kugeldruckhärte sowie Korngröße hin untersucht und bestätigten in ihren Ergebnissen die bereits früher geäußerte Ansicht, daß besonders bei niedrigen Walztemperaturen eine Abnahme der Korngröße und damit eine Erhöhung der Fließ- und Bruchgrenze und der Kerbzähigkeit und eine Verminderung der Dehnung eintritt. Da die Versuche mit Material von praktisch gleicher Zusammensetzung ausgeführt wurden, so sind die bei den einzelnen Bedingungen sich ergebenden Unterschiede in den Festigkeitseigenschaften lediglich auf das verschiedene Maß der Temperatur und des Bearbeitungsgrades zurückzuführen.

Die gleichen Erscheinungen sind nicht nur beim kohlenstoffarmen bzw. -freien Eisen, sondern auch bei anderen homogenen Metallen beobachtet worden. Die verfestigende Wirkung, die durch Bearbeitung bei niedrig gelegenen Temperaturen im reinen Metall eintritt, kann demnach keine andere Ursache als die einer rein mechanischen Beanspruchung haben. Über die dabei hervortretenden, der mikroskopischen Beobachtung zugänglichen Änderungen des Gefüges herrscht ausreichende Klarheit; dagegen gehen die Ansichten über das Wesen der eigentlichen Verfestigung noch weit auseinander. Die kennzeichnenden Merkmale, die bei der Überschreitung der Elastizitätsgrenze vorzugsweise in der Kristallstruktur der Ferritkörner auftauchen, sind zunächst die sog. Translations- oder Gleitlinien (Abb. 27 u. 28). Sie bilden das Kennzeichen der Parallelverschiebung einzelner Kristallindividuen oder gleichgerichteter Gruppen derselben längs der in die Richtung der Beanspruchung fallenden Gleit- oder Spaltflächen. Weiterhin ist in besonders günstigen Fällen die Bildung von Zwillingskristallen zu beobachten, die ebenfalls einzeln oder reihenweise auftreten. Hierbei erfolgt die Verschiebung zweier durch eine gleichgeartete Zone oder Lamelle getrennter Kristallpartien ebenfalls parallel, jedoch stellt sich die Zwischenzone in einem bestimmten Winkel ein, nimmt also eine

---

[1]) Stahl u. Eisen 1917, S. 829/836 u. 849/857.

andere Orientierung an. Infolge der Verschiedenheit in der Reflexionswirkung heben sich diese durch Deformation entstandenen Zwillingslamellen scharf von den zugehörigen Nachbarkristallen ab. Es ist indes nicht gesagt, daß in kaltbearbeitetem Eisen sämtliche Kristalle die erwähnten Kennzeichen aufweisen müssen, auch wenn die Deformation eine sehr weitgehende ist. Da die Anordnung der einzelnen Kristallkörner zueinander eine wahllose und infolgedessen die gegenseitige Orientierung eine sehr verschiedene ist, äußert sich die Beanspruchung am stärksten da, wo sie parallel zu den Gleitflächen, am schwächsten, wo sie senkrecht dazu erfolgt.

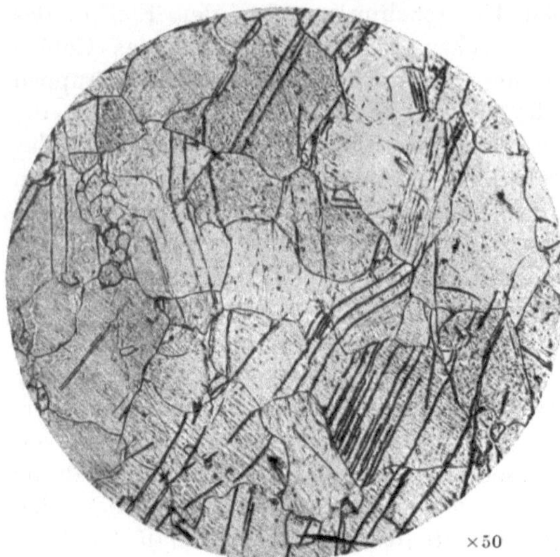

Abb. 27. Translations- oder Gleitlinien in Ferritkristallen.

Bei der Erklärung der Verfestigungserscheinungen spielen diese Gleitflächen, ebenso wie die Kornbegrenzungsflächen, eine bedeutsame Rolle. Den letzteren wird allgemein — also nicht etwa nur da, wo sich Zementit als Zwischenmittel einschiebt — eine höhere Festigkeit zugesprochen als dem Korninnern. Ob man eine amorphe Phase als harte Oberflächenschicht annehmen oder Orientierungsablenkungen der Randpartien bzw. Oberflächenspannungen als Ursache ansehen will, ist für den Gegenstand dieser Arbeit belanglos. Als Beweis für die angezogene Behauptung kann jedoch die Tat-

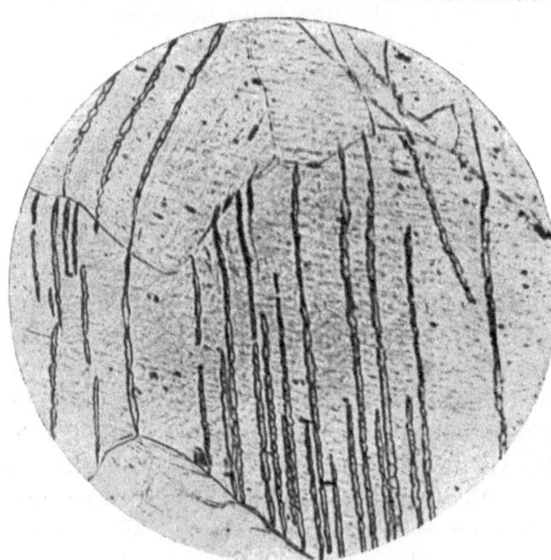

Abb. 28. Vergrößerte Partie aus Abb. 27. ×200

sache angeführt werden, daß bei Beanspruchungen bis zur Bruchgrenze der Bruch nicht den Begrenzungsflächen der Körner folgt, sondern quer durch diese hindurchgeht. Je feiner das Korn, d. h. je größer der Anteil der Grenzschichten am gesamten beanspruchten Querschnitt, desto größer der Widerstand gegen die Trennung des Zusammenhanges und desto höher die Fließ- und Bruchgrenze. Dies gilt jedoch nur im Gebiete der Kaltverarbeitung, also unterhalb Ar_3. Bei höheren Temperaturen verliert sich der Festigkeitsunterschied zwischen Oberfläche und Innerem oder wird negativ, und der Bruch folgt jetzt den Kornbegrenzungsflächen; er wird intergranular, im Gegensatz zum vorherigen intragranularen Verlauf. Ähnliche Eigenschaften werden von verschiedenen Forschern den Gleit- oder Spaltflächen zugewiesen, insbesondere wird die Erhöhung der Elastizitätsgrenze mit dem Einsetzen der Zwillingskristallbildung in Zusammenhang gebracht[1]). Es läßt sich jedoch schwer entscheiden, was Ursache und was Wirkung ist, und die völlige Klärung der Verhältnisse muß daher der weiteren Forschung vorbehalten bleiben. Eine gute Übersicht über den heutigen Stand der verschiedenen Theorien und Hypothesen bietet eine kleine Schrift von Fränkel: „Die Verfestigung der Metalle durch mechanische Bearbeitung"[2]).

Unterschiedliches Verhalten von warm und kalt verwalztem Material beim Glühen, Rückkristallisation.

Bei der Glühbehandlung der Walzbleche muß unterschieden werden, ob ein im strengen Sinne des Wortes warmverarbeitetes Material vorliegt oder ein solches, das Kaltbearbeitung irgendwelcher Art erfuhr. Zu letzterem zählen u. a. alle Bleche, die bei Temperaturen unterhalb Ar_3 fertiggewalzt wurden. Während es sich bei ersterem lediglich um eine Umkristallisation handelt, bei der die auf natürlichem Wege entstandenen und durch mechanische Bearbeitung nicht weiter beeinflußten Zerfallprodukte der festen Lösung die gleiche Umwandlung in umgekehrter Richtung durchmachen, spielen sich bei der Erwärmung kaltverarbeiteten Materiales eigenartige Vorgänge ab, die man mit Rückkristallisationserscheinungen zu bezeichnen pflegt. Sie äußern sich in einem Anwachsen der Korngröße des deformierten Materiales, der meist eine Kornverfeinerung voraufzugehen pflegt. Als beeinflussende Faktoren kommen in Frage:

1. der Verarbeitungsgrad, also das Maß der plastischen Deformation,
2. die Verarbeitungstemperatur,

---

[1]) Carpenter, Journ. Iron Steel Inst. **1914**.

[2]) Berlin, Verlag von Julius Springer.

3. die Temperatur der nachfolgenden Erhitzung, also die Glühtemperatur,
4. die Glühdauer,
5. der Kohlenstoff- bzw. Ferritgehalt des Materiales.

Da sich diese Einflüsse zum Teil nur innerhalb eines bestimmten Bereiches zur vollen Wirkung entfalten, spricht man von einer „kritischen Verarbeitung" bzw. „kritischen Temperatur". Das aus ihrem Zusammenwirken entstehende grobkristalline Gefüge verschwindet wieder, sobald eine genügend hohe Glühtemperatur, nämlich Ac_3 angewandt wird. Es bleibt aber mit all seinen schädlichen Folgen bestehen, wenn der Glühprozeß durch Unachtsamkeit oder Fahrlässigkeit vorzeitig abgebrochen wird.

Über das wahre Wesen der Rückkristallisationsvorgänge und der damit in Zusammenhang stehenden Erscheinungen hat erst die neuere Forschung Aufklärung gebracht. Nachdem zuerst Stead im Jahre 98 auf die in kohlenstoffarmem Eisen bei Glühtemperaturen zwischen 600 und 750° einsetzende Kornverfeinerung aufmerksam gemacht und Charpy, sowie Sauveur auf den Einfluß einer der Wärmebehandlung voraufgegangenen Kaltbearbeitung hingewiesen hatten, stellte Chappell[1]) seine im Jahre 1914 veröffentlichten Untersuchungen über die Rückkristallisation deformierten Eisens an. Es gelang ihm, mit Hilfe geschickt angestellter Versuche und auf Grund scharfsinniger Überlegungen die verwickelten Vorgänge erstmalig gesetzmäßig zu erfassen und auf diese Weise zur Klärung mancher noch dunklen Fragen beizutragen. Durch die Übertragung der von ihm sowie einer Reihe anderer Forscher gefundenen Ergebnisse auf die Verhältnisse der Praxis wurde der Glühprozeß für Bleche auf eine andere, wissenschaftliche Grundlage gestellt. Es wurde nunmehr möglich, die bisher infolge Unkenntnis oder mangelndem Verständnis gemachten Fehler planmäßig zu verhüten oder die Folgen trotzdem vorgekommener Unachtsamkeiten wieder zu beseitigen. Von späteren aus der Praxis hervorgegangenen Arbeiten seien noch die Untersuchungen von Pomp[2]) erwähnt, der auf Grund eines systematisch angelegten, umfassenden Versuchsprogrammes den Einfluß der kritischen Wärmebehandlung auf die Festigkeitseigenschaften eines kohlenstoffarmen Flußeisens, das kritische Kaltverarbeitung erfahren hat, feststellte. Soweit sie für den behandelten Gegenstand Bedeutung haben, seien zunächst die Chappellschen Feststellungen und Folgerungen hier kurz wiedergegeben:

1. Plastische Beanspruchung praktisch jeden Grades ruft Rückkristallisation des Eisens beim Ausglühen unterhalb A_3 hervor.

---

[1]) Ferrum 1916, S. 6. [2]) Stahl u. Eisen 1920, S. 1261 ff.

2. Der Rückkristallisationsprozeß besteht in einer Kornverfeinerung mit darauf folgendem Kornwachstum. Die endgültige Kristallgröße nach dem Ausglühen von deformiertem Eisen kann als die Resultierende dieser zwei entgegengesetzt gerichteten Bestrebungen angesehen werden; sie wächst regelmäßig mit abnehmendem Deformationsgrad.

3. Die Rückkristallisationstemperatur sinkt mit steigendem Deformationsgrad. Bei genügend langer Erhitzungsdauer ist die Rückkristallisation zum großen Teil bei 700—750° beendet, ihre Anfänge treten schon bei 350° auf.

4. Die Gegenwart von Kohlenstoff vermindert das Kristallwachstum. Für die Einleitung des Kornwachstumes ist ein höheres Maß von Beanspruchung erforderlich, als bei kohlenstoffarmem Eisen. Die grobkristalline Struktur verschwindet bei Eisen mit höheren Kohlenstoffgehalten früher, entsprechend der niedrigeren Lage von Ac_3.

5. Die plastische Deformation von praktisch kohlenstofffreiem Eisen ruft beim Ausglühen bei allen Temperaturen bis etwa 900° eine Rückkristallisation und Entwicklung großer Kristalle von zum Teil außergewöhnlichen Abmessungen hervor.

Zu den einzelnen Punkten sei erläuternd bemerkt:

Zu 1. Plastische Deformation setzt Überschreiten der Elastizitätsgrenze voraus. Diese bildet daher die untere Grenze der kritischen Beanspruchung.

Zu 2. Unter Kornverfeinerung ist nicht etwa der gleichzeitige oder allmähliche Zerfall der Kristallkörner in zahlreiche Einzelkristalle zu verstehen. Es bilden sich vielmehr innerhalb der Ferritkörner an den Gleitflächen (also nach der einen Anschauungsweise innerhalb der amorphen Phase) winzige Kristallkeime, die der mikroskopischen Beobachtung kaum zugänglich sind, jedoch sehr schnell wachsen, indem sie Nachbarkristalle und Grundmasse aufsaugen. Bei stärkeren Deformationsgraden — als solche sind etwa die über 20% Querschnittsverdrängung anzusehen — geht das neugebildete Korn nicht über die Abmessungen des ursprünglichen hinaus, bei schwächeren erreicht es ein beträchtliches Vielfaches derselben.

Zu 3. Jedem Maße von Deformation, das praktisch durch die Querschnittsverminderung ausgedrückt wird, entspricht eine bestimmte kritische Temperatur, bei der sich das Kornwachstum in einem sich oft nur auf wenige Minuten belaufenden Minimum der Zeit vollzieht. Je niedriger die Glühtemperatur unter dieser liegt, desto längere Glühdauer ist erforderlich. Praktisch kommen nur Temperaturen über 550° für die Rückkristallisation in Betracht.

Zu 4. und 5. Praktisch kohlenstofffreies, also lediglich aus Ferrit bestehendes Eisen bietet die günstigten Bedingungen für das Kornwachstum infolge Rückkristallisation. Daher bilden bei unhomogenem

Material die Ferriteinhüllungen der Schlackeneinschlüsse oder die entkohlten Randschichten bevorzugte Stellen für die Entwicklung grober Kristalle. Als obere Grenze für das Auftreten der Rückkristallisation kann bei Blechen ein Kohlenstoffgehalt von 0,2% angesehen werden.

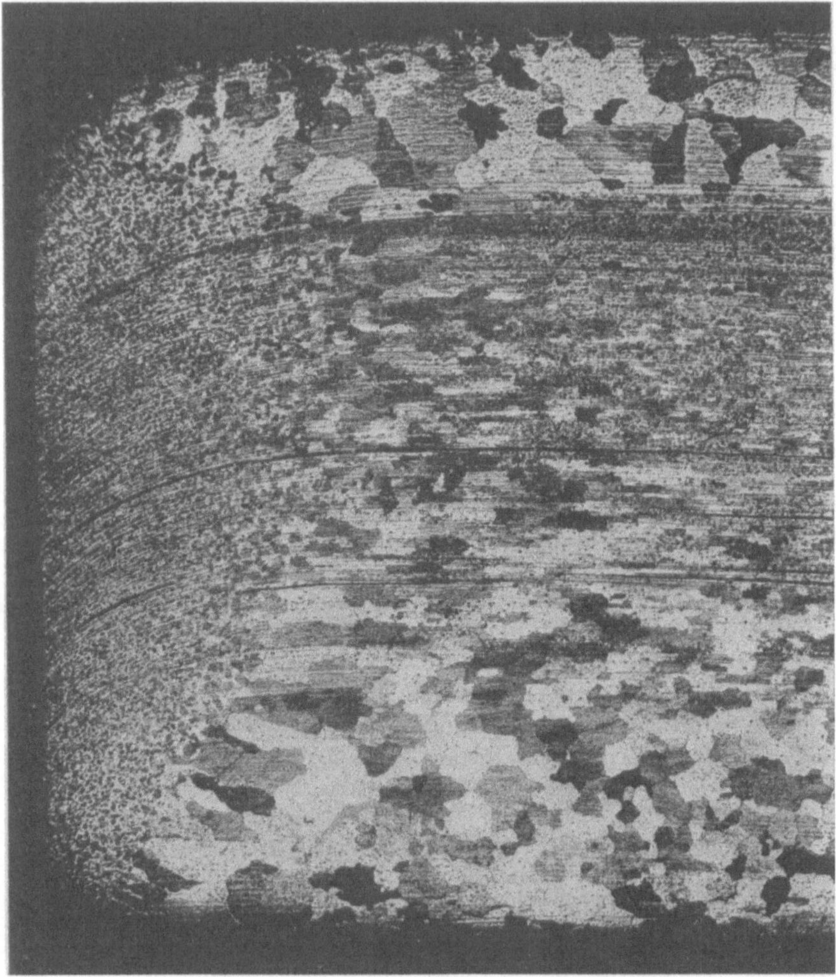

Abb. 29. Schnitt durch die Scheerkante eines Bleches mit durch besondere Wärmebehandlung unnatürlich vergrößerten Kristallen (Rückkristallisation). ×10

Ein anschauliches Bild des verschiedenen Kornwachstumes infolge verschiedenartigen Deformationsgrades bietet ein Schnitt durch die Scheerkante eines Blechstückes, das bei etwa 750° einige Stunden lang erwärmt wurde. (Abb. 29.) An den Stellen der stärksten Beanspruchung ist ein Unterschied in der Korngröße gegenüber den nicht beanspruchten kaum wahrzunehmen. Mit abnehmender Beanspruchung wächst das Korn dagegen sehr stark, um da, wo die Elastizitätsgrenze rückwärtsgehend erreicht wird, ziemlich unvermittelt in das normale Gefüge überzugehen.

In ähnlicher Weise läßt sich auch bei weiterverarbeiteten Kesselteilen die schädliche Wirkung der Kaltbeanspruchung, wie z. B. unsachgemäßen Verstemmens oder zu starken Nietdruckes durch eine einfache Wärmebehandlung kenntlich machen. (Abb. 30.)

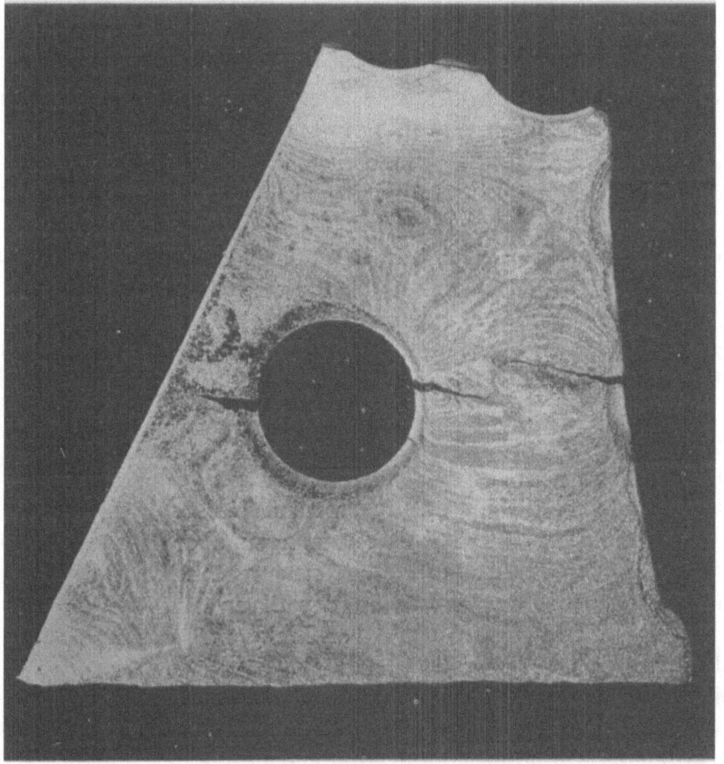

Abb. 30. Abgeschliffene Oberfläche eines wärmebehandelten Blechstückes, bei dem sich zu hoher Nietdruck durch Kornvergrößerung am Nietlochrande äußert. Infolge von Kristallsteigerungen (Zeilenstruktur) ist Damaszenergefüge entstanden.

Die Pompschen Versuche stellen insofern eine Erweiterung der Chappellschen dar, als bei der der Glühung voraufgehenden Formänderung durch Walzen alle Temperaturen von 10—900° in Abstufungen von 100° zur Anwendung gelangten. Für die Beanspruchung wurden bei einer Ausgangsstärke von 15 mm Abnahmen von 0,5, 1, 1,5, 2, 3 und 5 mm angewandt, die unter Berücksichtigung der Breitung mittleren Querschnittsabnahmen von 3,1, 5,2, 8,3, 11,4, 15,8 und 24,2%

entsprechen. Die Proben einer Versuchsreihe wurden in ungeglühtem Zustande auf ihre Festigkeits- und Gefügeeigenschaften untersucht und liefern so ein wertvolles Material zum Vergleich mit den Wüst und Huntingtonschen Versuchen. Die übrigen wurden bei einer Temperatur, die in 2 Stunden auf 865° anstieg und während weiterer 5,5 Stunden auf 540° fiel, in einem geschlossenen Gefäß geglüht und in gleicher Weise geprüft.

Betreffs der Einzelheiten muß auf die Originalarbeit verwiesen werden. Als allgemein interessierende Feststellungen seien die folgenden hervorgehoben:

a) Ungeglühtes Material.

Die Fließ- und Bruchgrenze steigt ebenso wie die Kugeldruckhärte bei allen Walztemperaturen unter 900° mit zunehmender Abnahme stark an. Eine Ausnahme machen die bei 700 und 800° gewalzten Stäbe, bei denen die Werte nach anfänglichem Steigen wieder stark abfallen und unter den durch die Walztemperatur von 900° gegebenen Normalwert heruntergehen. Bei 200 und 300°, also im Gebiet der Blauwärme, nimmt die Fließgrenze ein Maximum von rund 60 kg/mm² (gleich dem 2,5fachen des Normalen) an, das bei einer Verdrängung von 24% hervorgerufen wird. Die Fließgrenze fällt dabei praktisch mit der Bruchgrenze zusammen, so daß nach Verarbeitung unter diesen Bedingungen ein Fließzustand überhaupt nicht mehr besteht.

Die Erhöhung der Kerbzähigkeit ist bei den von Wüst und Huntington angewandten Walztemperaturen, nämlich 500—900°, nach Pomp nur sehr gering. Bei Verdrängungen über 12% tritt ein Abfallen ein, das seinen tiefsten Stand, entsprechend dem oben geschilderten Verhalten bei den im Gebiete der Blauwärme gewalzten Proben erreicht. Die Mindestwerte liegen bei 2 mkg/cm², das sind rund 6 bis 9% des Normalen.

Die Dehnung nimmt bei Walztemperaturen von 600° und darunter stark ab. Bei den Blauwärmetemperaturen und bei stärkster Verdrängung wird ein Minimum von 5—6% erreicht, gleich einem Siebentel bis einem Sechstel des Normalwertes.

Die Kontraktion zeigt ein ähnliches, jedoch bei weitem nicht so scharf ausgeprägtes Verhalten. Die Tiefstwerte betragen noch drei Viertel des Normalen.

b) Geglühtes Material.

Auch hier weisen Fließ- und Bruchgrenze sowie die Härte ein ähnliches Verhalten auf, dem sich die Kerbzähigkeit in gleicher Weise anschließt. Nach ursprünglichem Ansteigen innerhalb des Gebietes, in dem die Deformation noch ohne Einfluß auf die Rückkristallisation bleibt, also bis zu ca. 5% Querschnittsverdrängung, sinken die Werte unvermittelt auf ein Minimum herab. Das liegt bei den niedrigeren Walztemperaturen im Bereich von 200—500° zwischen 8 und 12%, bei den höheren zwischen 11 und 16% Querschnittsverdrängung. Hierauf tritt ein erneutes Ansteigen ein, in dessen Verlauf bei den niedrigen Temperaturen die Ausgangswerte wieder erreicht werden. Eine Ausnahme macht die Bruchgrenze, bei welcher bei Walztemperaturen von 600° und darüber nach Erreichen des Minimums kein Ansteigen mehr stattfindet. Auch die Kerbzähigkeit erhebt sich in diesem Temperaturbereich nur noch ganz schwach über den erreichten Mindestwert.

Die Dehnung zeigt ein weniger regelmäßiges Verhalten; den Mindestwerten der Festigkeit entspricht im allgemeinen ein Maximum der Dehnung, der normale Dehnungswert wird jedoch nicht sehr erheblich überschritten. Auch die Kontraktion wird nicht nennenswert beeinflußt.

Die festgestellten Schwankungen stehen in unmittelbarem Zusammenhang mit der Korngröße, die im Bereich der kritischen Verdrängung Mittelwerte von über 160 000 μ^2 erreicht. Am einschneidensten wird dadurch die Fließgrenze und die Kerbzähigkeit beeinflußt. Bei ersterer gehen die Mindestwerte bis auf etwa 60% des Normalwertes herunter (von 23 kg/mm² auf 13,5), bei der Kerbzähigkeit stellt sich das Verhältnis sogar auf 10 : 1 (20 mkg/cm² zu 2). Bei der Bruchfestigkeit sind die Schwankungen weniger bedeutend, die Mindestwerte sinken nur bis zu 10% unter die normalen, bei der Härte herrscht ein ähnliches Verhalten. Im Gegensatz zum ungeglühten Material ist im kritischen Bereich die Härte auf dem Querschnitt geringer als an der Oberfläche.

Folgende Tabelle gibt eine gute Übersicht über die Änderungen der Festigkeits- und Gefügeeigenschaften im kritischen Bereich:

Materialeigenschaften	Normalisiert	Erniedrigung bzw. Erhöhung in % d. N.	Beobachteter Höchst- bzw. Tiefstwert
Oberflächenhärte . .	89 Brinell-H.	Erniedr. 9—14 %	77 Brinell-H.
Querschnitthärte . .	87 „	„ 7—12 %	76 „
Fließgrenze	23,1 kg/mm²	„ 35—47 %	12,2 kg/mm₂
Bruchgrenze	31,2 „	„ 4—11 %	27,8 „
Dehnung	34 %	Erhöh. 9—25 %	42,5%
Kerbzähigkeit	20,3 mkg/cm²	Erniedr. 84—93 %	1,5 mkg/cm³
Korngröße	499 μ^2	Erhöh. 22—34000 μ^2	172 000 μ^2

Bei Besprechung der Glühwirkung ist bislang vorzugsweise von solchen Blechen die Rede gewesen, die in mehrfach erläutertem Sinne als kaltbearbeitet angesehen werden müssen, während das Verhalten der warmverarbeiteten noch nicht ausführlicher erörtert wurde. Wie bereits betont und durch die verschiedenen Forschungsergebnisse belegt worden ist, bietet ein in richtiger Weise zu Ende geführter Walzvorgang von vornherein die sicherste Gewähr für die günstigste Gefügeausbildung und somit für das Zustandekommen der erwarteten Festigkeitseigenschaften. Es erscheint daher auf den ersten Blick wenig verständlich, daß die gesetzlichen Vorschriften ein Ausglühen sämtlicher Kesselbleche, ohne Rücksicht auf ihre Vorbeschaffenheit verlangen. Ohne Zweifel wird durch diese für Deutschland allgemein gültige Bestimmung eine weitgehende Belastung der Erzeuger und Verbraucher infolge der Verteuerung der Herstellungskosten verursacht. Demgegenüber wird mit Nachdruck betont, daß bei der von den Blechabmessungen in hohem Grade abhängigem, stark schwankenden Walztemperatur die erforderliche Endtemperatur von 900—1000° nicht mit Sicherheit einzuhalten sei und daß man somit keine Gewähr habe, daß auch wirklich alle Bleche unter den günstigsten Umständen fertiggewalzt werden. Dies trifft aber nur bedingt zu, da durch die Färbung der Walzbleche nach dem Erkalten ein zuverlässiger Maßstab für die nachträgliche Beurteilung der Endtemperatur gegeben ist. Liegt diese nämlich unterhalb des angegebenen Temperaturbereiches, so tritt eine, je nach dem Maße der Unterschreitung stärkere oder schwächere Rotfärbung der im anderen Falle schön schieferblauen Glühspanschicht ein. Ferner könnte man eine Gefahr darin erblicken, daß Bleche unterlaufen, die bei zu hoher Temperatur fertiggewalzt wurden. Dies läßt sich jedoch durch entsprechende Abkühlung vor den Endstichen vermeiden. Auf solche Weise könnte das Ausglühen unbedenklich auf diejenigen Bleche beschränkt bleiben, bei denen es die Farbe oder die außergewöhnliche Stärke ratsam erscheinen läßt. Dem Abnahmebeamten würde die Verantwortlichkeit in keiner Weise erschwert, da er ja an dem Aussehen der ihm vorgelegten Bleche unschwer erkennen kann, ob nach Vorschrift verfahren worden ist. Im übrigen wird er sich auf Grund der mechanischen Prüfung und des Bruchaussehens sein Urteil genau so bilden können, wie es unter den jetzt bestehenden Verhältnissen der Fall ist.

Dabei ist jedoch ein Umstand nicht berücksichtigt, der die Sache in wesentlich anderem Lichte erscheinen läßt. Für ein gleich günstiges Verhalten der Proben aus ungeglühten Blechen ist nämlich eine durchaus gleichmäßige Materialbeschaffenheit Voraussetzung, es dürfen also keine nennenswerten Abweichungen in der Verteilung der chemischen Bestandteile vorhanden sein. Dies ist aber, wie im Kapitel Kristallisation und Seigerung gezeigt wurde, immer nur bei bestimmten Partien eines Blockes bzw. Walzbleches der Fall, während besonders bei schwereren Brammen stets mit einer mehr oder minder beträchtlichen Entmischung gerechnet werden muß. Die von Pomp für seine Glühversuche benutzten Probestäbe bestanden durchweg aus einem hervorragend reinem und gleichmäßigem Material von ganz geringem Kohlenstoffgehalt. Es ist daher leicht erklärlich, daß sich nennenswerte Unterschiede im Verhalten des bei A_3 fertiggewalzten und des bei derselben Temperatur nachträglich geglühten Materiales kaum ergeben haben. In der Praxis sind aber diese Unterschiede immerhin ziemlich beträchtlich, sie äußern sich in einer bemerkenswerten Herabsetzung der Streck- und Bruchgrenze und Erhöhung der Dehnung und Kerbzähigkeit durch die Wärmebehandlung. Als Ursache ist die gleichmäßigere Verteilung der Beimengungen infolge Wiedereinsetzen der Diffusionsvorgänge, namentlich beim Kohlenstoff, anzusehen, die beim schnellen Erkalten des Bleches nach der Walzung nicht voll zur Wirkung kommen konnten.

Glühtemperatur, Glühdauer, Einfluß der Abkühlung.

Glühtemperatur. Wie aus den angestellten Betrachtungen hervorgeht, muß in beiden Fällen die Glühung bei einer Temperatur vorgenommen werden, die nicht wesentlich über A_3 liegt, jedenfalls aber nicht darunter. Es handelt sich also darum, die genaue Lage dieses Punktes auf Grund der Analyse des vorliegenden Materiales zu bestimmen. Ferner ist der Einfluß der Glühdauer und der Abkühlungszeit zu untersuchen.

Die Lage des A_3-Punktes richtet sich nach der chemischen Zusammensetzung des Materiales, in erster Linie nach der Menge des Kohlenstoffes. Für einen bestimmten Kohlenstoffgehalt läßt sich der zugehörige A_3-Punkt aus dem Eisenkohlenstoffdiagramm entnehmen. Phosphor und Schwefel sind im Kesselblech in zu geringen Mengen vorhanden, als daß sie Einfluß auf die Glühtemperatur gewinnen könnten. Dagegen ist der Mangangehalt meist so beträchtlich, daß er mit in die Berechnung einbezogen werden muß. Als Erfahrungswert kann man annehmen, daß 1% Mangan den A_3-Punkt um 70° herabsetzt. Damit die Umkristallisation vollständig erfolgt, sind zu der gefundenen Temperatur noch 30° hinzuzuzählen.

So würde z. B. bei einem Flußeisen mit 0,125% C und 0,40% Mn die Glühtemperatur $860 - 28 + 30 = 862°$ betragen, für ein solches von 0,25% C und 0,60% Mn nur $815 - 42 + 30 = 803°$. Auf diese Temperatur muß das Blech in allen seinen Teilen gebracht werden, wenn die Gefügeumwandlung in gewünschter Weise verlaufen soll. Die Ofentemperatur muß daher noch um einen bestimmten Betrag, etwa 30—40° höher gehalten werden. Ein Überschreiten der zulässigen Grenze ist dabei nicht zu befürchten, da die als Überhitzung bekannten Erscheinungen erst bei bedeutend höheren Temperaturen eintreten.

Glühdauer. Die für die wirksame Glühung erforderliche Zeit ist erheblich kürzer als man gemeinhin anzunehmen pflegt. Sie beträgt nach Erreichen des Umwandlungspunktes Ac_3 20—30 Minuten, keinesfalls aber ist es nötig, diese Periode über eine Stunde hinaus auszudehnen. Selbstverständlich muß auch hier in allen Teilen des Bleches die richtige Temperatur erreicht sein.

Eine Überschreitung der angegebenen Zeit ist nicht von Bedeutung, wenn damit eine Temperaturerniedrigung nicht verknüpft ist. Es geht dies deutlich aus einer früheren Arbeit von Pomp[1]) über den Einfluß der Glühdauer auf die Kerbzähigkeit und Härte, in Verbindung mit der Korngröße hervor. Auch hierbei benutzte Pomp ein hervorragend reines Ausgangsmaterial, das frei von jeder Art Kaltbearbeitung war, wodurch jede Rückkristallisation unterdrückt wurde.

Die angewandten Glühtemperaturen lagen zwischen 200 und 1300° mit Abstufungen von 100 zu 100°, die einzelnen Glühzeiten betrugen 1, 2, 6 und 8 Stunden.

Ein Kornwachstum wurde erst von 800° an beobachtet, es hielt sich aber in mäßigen Grenzen und überschritt erst bei der Glühung bei 1100° den Mittelwert von 1000 μ^2. Bei 1200° steigt die Korngröße auf 11000 μ^2 und erreicht bei 1300° ein Maximum von im Mittel 15000 μ^2. Die Glühdauer ist von geringem Einfluß, sie äußert sich erst bei Temperaturen, die an sich ein starkes Wachsen hervorrufen.

Ähnlich verhält sich die Kerbzähigkeit, die im Temperaturbereich von 200—1000° durch die Glühdauer ebenfalls nicht weiter beeinflußt wird, an sich aber zwischen 600 und 800° eine Erhöhung um 25—30 mkg erfährt. Über die Ursache dieser merkwürdigen Erscheinung, die übrigens ein Gegenstück in dem bei der gleichen Temperatur auftretenden Maximum der Kerbzähigkeit von warm geprüften Proben hat, ist noch keine befriedigende Erklärung gegeben worden. Von 1100° an tritt eine auch mit der Glühdauer zunehmende Verringerung der Kerbzähigkeit auf, die bei 1200° und 2 Stunden Glühdauer ein Minimum von 5,5 mkg erreicht.

Die Härte ändert sich unter allen Bedingungen nur sehr wenig im Sinne einer mit steigender Temperatur und Glühdauer allmählich wachsenden Abnahme. Der Mindestwert beträgt etwa 80% des normalen, dabei spielt aber die Entkohlung der Randschichten bei höheren Temperaturen stark mit.

Einen ziemlich bedeutenden Unterschied ruft die Art der Abkühlung der Proben nach der Glühung hervor. Während bei der ersten Probenreihe die Stücke in Kieselgur erkalteten, wobei die völlige

[1]) Dissertation, Aachen 1911.

Abkühlung bis zu 12 Stunden in Anspruch nahm, wurden bei einer zweiten, von 700° an aufwärts gehenden, die Abschnitte in Wasser abgeschreckt. Dabei ergab sich, daß von 900° an die Schlagfestigkeit der abgeschreckten Proben eine höhere ist als die der langsam abgekühlten. Die Unterschiede sind darauf zurückzuführen, daß im ersteren Fall das Gefüge einen vorwiegend martensitischen Charakter zeigt, während es im zweiten rein ferritisch ist.

Die außergewöhnliche absolute Höhe der Schlagwerte, die Pomp erzielte, ist außer durch die große Reinheit des Ausgangsmateriales auch durch die geringe Breite der Probestäbe, nämlich 10 mm zu erklären, die erfahrungsgemäß bedeutend höhere Werte liefert als es bei Anwendung des Normalmaßes von 30 mm der Fall ist.

Walz- und Glühversuche in Rothe Erde.

Legt man Material, das unter gewöhnlichen Betriebsbedingungen erzeugt wurde, den Glühversuchen zugrunde, so kann man naturgemäß nicht dieselbe Gleichmäßigkeit in den Ergebnissen erwarten. Immerhin wird durch derartige Untersuchungen die Richtigkeit der mit Hilfe eines reinen Ausgangsmateriales gewonnenen Versuchswerte und der daran geknüpften Schlußfolgerungen voll bestätigt. Auf beigefügtem Kurvenblatt sind die Ergebnisse einer in Gemeinschaft mit Dr.-Ing. Meuthen angestellten Untersuchung dargestellt. (Abb. 31.) Die Proben sind zwei dem gleichen Rohblock entstammenden Walzblechen von 10 mm Stärke entnommen, von denen das erste, weiterhin mit I bezeichnete Blech bei einer wenig über 900° liegenden Temperatur fertiggewalzt wurde, während das andere, das mit II bezeichnet werden soll, bei den letzten Stichen auf dunkle Rotglut, also auf 650—700° abkühlte. Die chemische Zusammensetzung des Materiales ist die folgende:

	Si	C	P	S	Mn
Blech I.	0,004	0,07	0,045	0,022	0,28
„ II.	0,004	0,07	0,057	0,036	0,28

Die Unterschiede im P- und S-Gehalte sind durch örtliche Seigerungen zu erklären. Die Vorblöcke, aus denen die Bleche gewalzt wurden, stammten aus einem 10 t-Block.

Festgestellt wurde: Streckgrenze, Bruchgrenze, Bruchdehnung, Querzusammenziehung, Kerbzähigkeit und Kugeldruckhärte, sowohl im Anlieferungszustand als nach verschiedenartiger Glühbehandlung. Letztere erstreckte sich auf folgende Temperaturen:

650° 6stündiges Ausglühen, langsames Erkalten im Ofen,
800° 1stündiges Ausglühen,
a) langsames Erkalten im Ofen,
b) schnelles „ an der Luft,
6stündiges Ausglühen, a) und b) wie vorher,
950° gleiche Proben wie bei 800°.

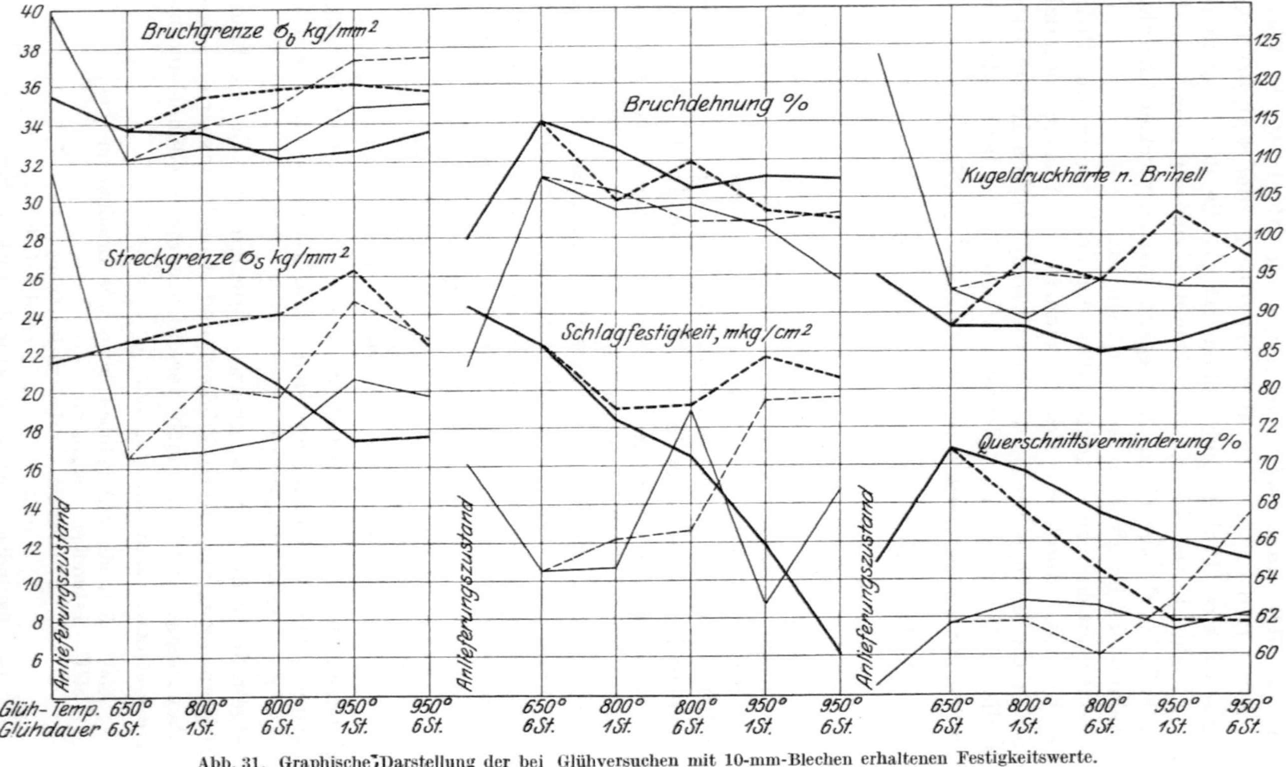

Abb. 31. Graphische Darstellung der bei Glühversuchen mit 10-mm-Blechen erhaltenen Festigkeitswerte.

Von einer Unterteilung der bei 650° geglühten Proben wurde abgesehen, weil bei dieser Temperatur keine wesentliche Änderung der Struktur durch die Glühdauer und Abkühlungsverhältnisse zu erwarten war.

Die dem A_3-Punkte entsprechende Umwandlungstemperatur ist aus 880 — 20 — 30 = 890° errechnet. Um sicher zu gehen, daß das gesamte Probenmaterial, das in einer gasgeheizten Muffel erwärmt wurde, gleichmäßig durchglüht wurde, wurde bei den entsprechenden Probenreihen die Ofentemperatur auf 950° gehalten.

Außerdem wurden noch Proben mit abgeschreckten und wiederangelassenem Material angestellt, die aber, weil für die Arbeit unter technischen Bedingungen nicht weiter in Frage kommend, unberücksichtigt bleiben sollen.

Die graphisch festgelegten Punkte entsprechen Mittelwerten, die bei den Zerreißproben aus 2, bei den Kerbschlagproben aus 4 und bei den Härtebestimmungen aus 3 Einzelwerten gewonnen wurden. Bis auf geringe Ausnahmen wiesen die Einzelwerte gute Übereinstimmung auf. Die starken Kurven entsprechen dem warmgewalzten Blech I, die schwachen dem kaltgewalzten II. Die Werte der schnell erkalteten Proben liegen auf den gestrichelten, die der langsam abgekühlten auf den ausgezogenen Kurven.

Versuchsergebnisse. Als Normalwerte können die für Blech I im Anlieferungszustande gewonnenen Daten angesehen werden, nämlich:

Streckgrenze	22 kg/mm²	Kerbzähigkeit	24 mkg/cm²
Bruchgrenze	35 „	Kontraktion	65 %
Bruchdehnung	28 %	Kugeldruckhärte	95 Brinell-Einh.

Diesen Ziffern gegenüber hat bei dem kaltgewalzten Blech II die Streckgrenze mit 31, die Bruchfestigkeit mit 40 und die Kugeldruckhärte mit 124 eine Erhöhung, die Bruchdehnung mit 21 und die Schlagfestigkeit mit 16 eine Verminderung erfahren. Durch die Glühbehandlung sind folgende Änderungen eingetreten: Streck- und Bruchgrenze weisen gleichartiges Verhalten auf, bei ersterer tritt der Einfluß der Glühung stärker hervor. Ausglühen bei 650° bewirkt bei Blech I keine wesentliche Veränderung, bei Blech II gehen die Zahlen unter den Normalwert herab. Einstündiges Ausglühen bei 800° und langsames Erkalten ändert an den so gewonnenen Werten nichts, dagegen tritt bei 6stündiger Glühung ein beträchtlicher Abfall der Streckgrenze, ein mäßiger der Bruchgrenze ein. Schnelle Abkühlung setzt die Ziffern in beiden Fällen wesentlich hinauf. Bei 950° und langsamer Abkühlung fallen die Werte von Blech I unter die von Blech II, ohne daß die Glühdauer an ihrer Lage etwas zu ändern vermag. Schnelle Abkühlung bewirkt entsprechende Erhöhung; bei diesen Werten ruft die längere Glühzeit einen beträchtlichen Abfall der Streckgrenze hervor.

Beachtenswert ist der erhebliche, durch die Art der Abkühlung bewirkte Unterschied, der namentlich bei der Streckgrenze stark in die Augen fällt.

Bruchdehnung. Das 6stündige Ausglühen bei 650° bewirkt in beiden Fällen eine beträchtliche Erhöhung der Dehnung, die wahrscheinlich in der Beseitigung von Spannungszuständen begründet ist. Bei der weiteren Glühbehandlung läßt sich weder ein erheblicher Einfluß der Glühdauer nach der Art der Abkühlung erkennen. Die mit steigender Glühtemperatur etwas abfallenden Werte halten sich durchweg über dem Normalwert, nur bei Blech II fällt die Dehnung nach 6stündigem Glühen bei 950° und langsamer Abkühlung einige Prozente darunter.

Querschnittsverminderung. Bei Blech I ruft das Ausglühen bei 650° genau wie bei der Dehnung ein Maximum hervor, bei Blech II ist es weniger ausgeprägt und liegt erst bei 800°. Während bei Blech I die Werte nach Erreichen des Maximums ständig abfallen, halten sie sich bei den langsam abgekühlten Proben von Blech II ziemlich auf gleicher Höhe und steigen bei den schnell erkalteten bis über den Normalwert an, nach anfänglichem geringen Fallen.

Kugeldruckhärte. Die ursprüngliche, durch das kalte Walzen hervorgerufenen Härte von Blech II fällt durch das Ausglühen beträchtlich ab. Im übrigen läßt sich ein ausgeprägter Einfluß der Glühbehandlung nur insofern nachweisen, als die Werte der schnell erkalteten Proben bei Blech I bedeutend, bei II nur mäßig höher über denen der langsam abgekühlten liegen.

Die Kerbzähigkeit weist das am wenigsten regelmäßige Verhalten auf. Der Ausgangswert wird in keinem Falle wieder erreicht. Bei Blech I zeigen die Werte der langsam abgekühlten Proben ein stetes Fallen bis zu einem Mindestwert von 6 mkg/cm^{1}. Die an der Luft erkalteten ergeben Schlagwerte, die zwar nicht an den Normalwert heranreichen, aber immer noch als recht befriedigend anzusehen sind.

Bei Blech II wird der ohnehin schon erheblich niedrigere Ausgangswert durch Ausglühen bei 650° noch weiter herabgesetzt. Durch 1stündiges Ausglühen bei 800° tritt keine Änderung ein. 6stündiges Glühen bei der gleichen Temperatur bewirkt insofern ein vorläufig noch ungeklärtes Verhalten der langsam abgekühlten Probe, als der betreffende Wert über 6 mkg höher ausfällt als der der schnell erkalteten. Bei 1stündigem Glühen bei 950° ist das gerade Gegenteil der Fall. Die langsam erkaltete Probe erreicht ein Minimum von 8,4 mkg, während die schnell erkaltete 19,4 mkg erreicht, also einen ziemlich normalen Wert. Dieser wird durch 6stündiges Glühen nicht geändert, während der Wert der langsam abgekühlten dabei wieder auf 14,6 hinaufgeht.

So wenig gleichmäßig die durch Rückkristallisationsvorgänge stark beeinflußten Ergebnisse der Kerbschlagproben ausgefallen sind, so zeigen sie doch mit großer Deutlichkeit, wie wichtig es ist, die Glühbleche, nachdem sie die erforderliche Zeit auf der richtigen Temperatur erhalten worden sind, so schnell als möglich abzukühlen. Ein zu langes Verweilen im kritischen Gebiet ist geeignet, die gewünschte Verbesserung in das Gegenteil zu verkehren und zwar gilt das auffallenderweise in erhöhtem Maße für das im Ausgangszustande einwandfreie, warmgewalzte Material.

Bei der Herstellung der Versuchsbleche hatte man absichtlich davon Abstand genommen, eine mit besonderer Sorgfalt angefertigte sog. Qualitätscharge auszuwählen. Man wollte Versuchsbedingungen schaffen, die in ihren Ergebnissen auf eine brauchbare Durchschnittsgüte Anwendung finden konnten. Infolgedessen finden sich in den Gefügebildern Merkmale aller kleinen Mängel und Unvollkommenheiten, mit denen man beim normalen Betriebe zu rechnen hat. Hierzu gehören: Schwache Seigerungsstreifen, Zeilenstruktur, Gasbläschen, Schlackeneinschlüsse und entkohlte Oberflächenschichten. Auch die Kennzeichen kritischer Kaltbearbeitung sind in Gestalt von Gleit- oder Fließlinien zu erkennen und zwar nicht nur bei dem absichtlich kaltgewalztem Blech, sondern auch bei einigen der aus dem warmgewalzten stammenden Proben. Die Erklärung für diese Erscheinung darf darin gesucht werden, daß das Blech während der letzten Stiche beim Umsteuern wahrscheinlich etwas lange auf den Rollgang liegen blieb, so daß die mit den Rollen in Berührung kommenden Stellen unter die A_3-Temperatur abkühlten und auf diese Weise Kaltbearbeitung erfuhren. Diese Vermutung wird noch dadurch gestützt, daß die Gleitlinien sowohl als das durch Rückkristallisation entstehende grobe Korn sich in diesen Fällen vorzugsweise auf einer der beiden Blechseiten bemerkbar machte.

Nutzanwendungen.

Auf Grund der vorstehend aufgeführten Tatsachen und Beobachtungen lassen sich für die Glühbehandlung dünner Bleche aus weichem Flußeisen folgende Richtlinien aufstellen:

1. Wenn irgend möglich, ist das Fertigwalzen bei zu tiefen Temperaturen zu vermeiden. Der letzte Stich soll bei etwa 900° erfolgen. Unter diesen Umständen erübrigt sich ein Ausglühen zum Zwecke der Verbesserung der Festigkeitseigenschaften in den meisten Fällen.

2. Handelt es sich lediglich um die Beseitigung von Walzspannungen, so genügt ein Ausglühen bei 550—600°. Mit Rücksicht auf die bei diesen Temperaturen bereits in vollem Umfange einsetzende Rückkristallisation kommt dabei nur Material in Frage, das keinerlei Kaltbearbeitung erfahren hat.

3. Jedes Glühen bei höheren Wärmegraden, bei denen also Gefügeänderungen beabsichtigt werden, muß bei einer Temperatur vorgenom-

men werden, die nicht allzu hoch über dem A_3-Punkt liegt, bei weichem Flußeisen zwischen 900 und 950°. Die dem Glühen folgende Abkühlung soll möglichst schnell und nicht im Ofen erfolgen.

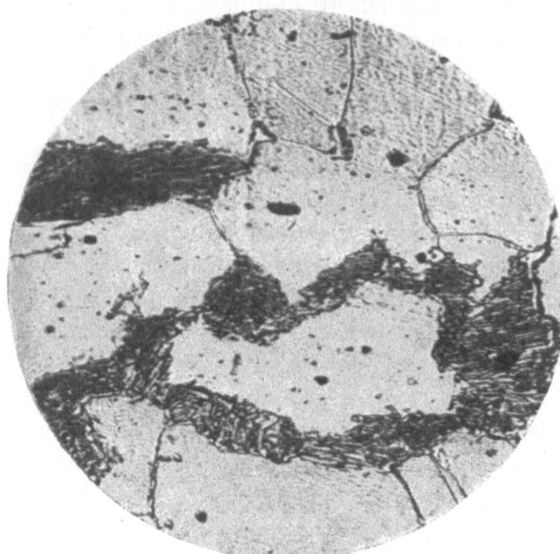

Abb. 32. Lamellarer Perlit. ×400

Die Forderung einer schnellen Abkühlung bezieht sich vorzugsweise auf das kurz unterhalb A_1 gelegene Temperaturgebiet. Zwischen A_3 und A_1 wird die Gefügeumwandlung durch die Abscheidung des Ferrites aus der festen Lösung beherrscht. Beim Unterschreiten des Perlitpunktes A_1 vollzieht sich der Zerfall des Restes der festen Lösung in das Eutektikum α-Eisen + Eisenkarbid, Fe_3C, innerhalb sehr kurzer Zeit. Aus diesem Eutektikum mit einem konstanten C-Gehalt von 0,85% setzt sich der Gefügebestandteil Perlit zusammen, dessen Struktur je nach der Geschwindigkeit der Abkühlung verschieden ausfällt. Im Augenblicke des Entstehens bilden die beiden Komponenten Ferrit und Zementit sozusagen eine Emulsion in äußerst feiner Verteilung. Erfolgt eine schnelle Abkühlung aus diesem Stadium heraus, so erhält man Sorbit, der mikroskopisch nicht in seine Bestandteile zerlegbar ist. Geht die Abkühlung normal weiter, so sondern sich beide Bestandteile voneinander ab und es entsteht

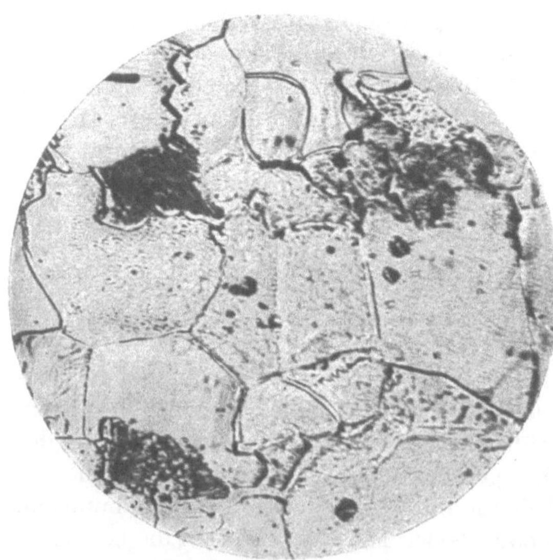

Abb. 33. Körniger, bzw. sorbitischer Perlit. ×600

lamellarer Perlit. (Abb. 32.) Diese Ausbildungsform ist jedoch keineswegs beständig. Bei verzögerter Abkühlung ballt sich der Zementit zusammen und es entwickelt sich aus dem lamellaren der sog. körnige Perlit. (Abb. 33.) Dieser Vorgang scheint sich innerhalb sehr eng gesteckter Temperaturgrenzen in der Nähe von A_1 zu vollziehen, jedenfalls muß die erforderliche molekulare Beweglichkeit durch genügende Plastizität des Metalles gesichert sein.

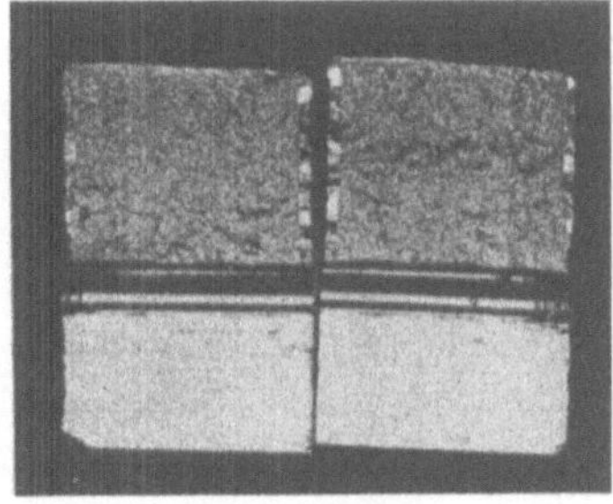

Abb. 34. Kerbschlagprobe mit doppelseitiger Kornvergröberung an der Oberfläche (Rückkristallisation).

Die Bildung des körnigen Perlites kann umgekehrt auch beim Wiedererhitzen solchen Materiales erfolgen, das infolge zu schnellen Erkaltens keine vollständige Umwandlung erfahren hat und noch Reste fester Lösung in Gestalt martensitischer oder austenitischer Gefügebestandteile enthält. Aus diesen scheidet sich der Zementit nicht lamellar, sondern körnig ab und behält diese Form bei, wenn die Temperatur nicht hoch genug getrieben wird, um ein vollständiges Wiederaufgehen in der festen Lösung zu bewirken.

Die Frage der Perlitausbildung ist wiederholt mit der Ursache mancher bisher noch unaufgeklärter Sprödigkeitserscheinungen in Zusammenhang gebracht worden, ohne daß es möglich war, einen überzeugenden Beweis zu führen. Man hat es leider zu wenig in der Hand, die Gefügeausbildung nach dieser Richtung vollkommen nach Wunsch zu beeinflussen, da sich weder die in Frage kommenden Temperaturgebiete scharf voneinander abgrenzen, noch die Abkühlungsgeschwindigkeiten während der einzelnen Perioden genau regeln lassen. Es darf daher nicht wundernehmen, daß innerhalb eines und desselben Probestückes sich oft sämtliche Perlitarten, vom sorbitischen bis zum körnigen, in mehr oder weniger ausgeprägter Form feststellen lassen.

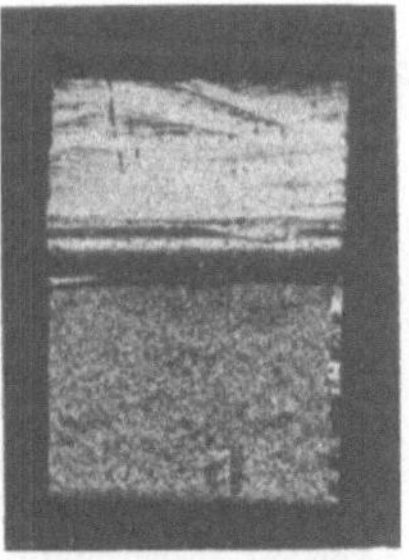

Abb. 35. Kerbschlagprobe mit einseitiger Kornvergrößerung an der Oberfläche (Rückkristallisation).

Während sich die Merkmale der Glühbehandlung in bezug auf die Perlitausbildung nur bei Anwendung sehr starker Vergrößerungen erkennen lassen, sind die auf anderen Ursachen beruhenden Kennzeichen einer ungeeigneten Wärmebehandlung oft schon dem bloßen Auge erkennbar. Insbesondere treten die großen Flächen des durch Rückkristallisation entstandenen groben Gefüges deutlich hervor, zumal wenn sie, wie es bei der Entkohlung der Oberflächenschichten häufig der Fall ist, scharf von dem feineren Korn getrennt sind. (Abb. 34—36.) Nicht minder deutlich ist bei schwacher Vergrößerung das auf Überhitzung beruhende Gefüge zu erkennen. (Abb. 37.) Ausgeprägte, d. h. das ganze Stück durchdringende Überhitzung setzt zu hohe Glühtemperaturen voraus und gehört deshalb zu den Seltenheiten, dagegen läßt sich diese Erscheinung öfters an vorstehenden Blechkanten, die der Flamme unmittelbar ausgesetzt sind, beobachten. Meist ist damit eine Entkohlung der Ränder verbunden, die sich im Ätzbild ebenfalls deutlich nachweisen läßt und leicht von der bereits in ungeglühtem Zustande vorhandenen zu unterscheiden ist. Wirkliches Verbrennen, d. h. beginnendes Schmelzen unter Sauerstoffaufnahme kann beim Glühen nicht eintreten, wird aber später gelegentlich der Warmverarbeitung der Bleche durch Schmieden und Schweißen zu besprechen sein. Einen Anhalt für die Beurteilung der Abkühlungsgeschwindigkeiten bietet sich bei solchen Blechen, deren Gefüge die bereits erwähnte Zeilenstruktur aufweist. Diese kommt nur beim Glühen oberhalb A_3 und langsamen Durchlaufen des Intervalles A_3-A_1 zum Vorschein, während sie bei schneller Abkühlung einem feinen gleichmäßigen Netzwerk Platz macht. Es gilt dies indes nur für die Perlitzeilen, während die Phosphorzeilen durch die verschiedene Art der Abkühlung unbeeinflußt bleiben.

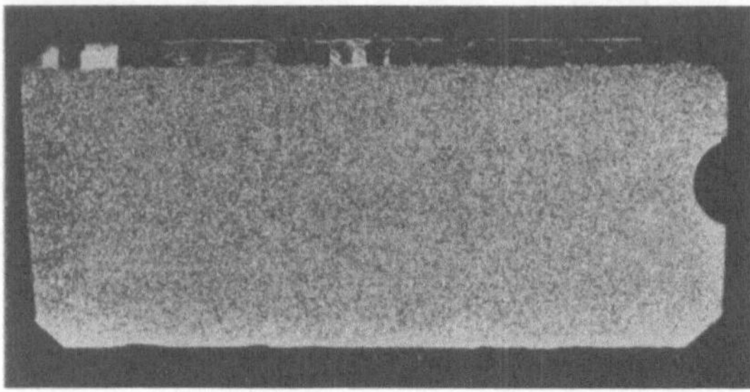

Abb. 36. Blechquerschnitt mit scharf abgegrenzter Rückkristallisationszone (einseitig).

Abb. 37. Überhitztes Gefüge auf dem Rand eines Kümpelteiles.

Aus dem Befund der Zeilenstruktur lassen sich ferner Rückschlüsse auf die Höhe der Glühtemperatur ziehen. Reichte diese hoch in das Gebiet der festen Lösung hinein, so ist der Zeilenabstand entsprechend dem dort vorwiegenden groben Korn ein bedeutend größerer als bei einer Erhitzung kurz oberhalb A_3, bei der das Korn der festen Lösung ein viel feineres ist.

Allgemeine Regeln für den Glühprozeß.

Für die zweckmäßige Führung des Glühprozesses lassen sich nun auf Grund der vorliegenden Untersuchungsergebnisse und der daran geknüpften Überlegungen folgende Regeln aufstellen:

1. Die zu glühenden Bleche sind nach ihrem Kohlenstoffgehalt in Gruppen einzuteilen, für welche die passende Glühtemperatur zu berechnen und durch den praktischen Versuch nachzuprüfen ist. Da der C-Gehalt in den wenigsten Fällen 0,25% zu überschreiten pflegt, genügt die Einteilung mit den Grenzen 0,08—0,16 und 0,17—0,25%. Etwa vorkommende härtere Blechsorten sind besonders zu behandeln.

2. Die Bleche sollen möglichst in einfacher Lage geglüht werden. Ist man im Interesse eines größeren Durchsatzes genötigt, in mehreren Lagen zu glühen, so müssen vorstehende Kanten und isolierende Hohlräume innerhalb der einzelnen Schichten vermieden werden. Die Gesamtstärke des Packetes soll über ein bestimmtes Maß, etwa 80 mm, nicht hinausgehen.

3. Die Temperatur ist in allen Teilen des Ofenraumes durchaus gleichmäßig zu halten und durch ständige Beobachtung und pyrometrische Messungen zu kontrollieren. Wechsel der Flammenrichtung trägt wirksam zur gleichmäßigen Beheizung bei. Die Flammenführung ist so einzurichten, daß sie Erwärmung möglichst nur durch strahlende Hitze erfolgt. Läßt sich ein Auftreffen der Flamme auf das Glühgut nicht umgehen, so muß dieses durch Deckbleche vor der unmittelbaren Einwirkung der Flamme geschützt werden.

4. Im Ofenraum soll ständig ein gelinder Überdruck herrschen, damit von außen her keine Luft eingesaugt werden kann. Das Verhältnis zwischen Gas und Verbrennungsluft muß so geregelt sein, daß Glühspanbildung und Entkohlung durch überschüssige Luft, aber auch Niederschlag von Ruß durch unverbranntes Gas nach Möglichkeit vermieden wird.

5. Nach Erreichung der gewünschten Glühtemperatur wird der Ofeninhalt je nach der Stärke der Blechlage 0,5—1 Stunde darauf erhalten. Sodann läßt man bei geschlossenem Rauchschieber die Temperatur etwas zurückgehen und zieht dann den Ofen leer. Die Abkühlung darf nicht verzögert werden; arbeitet man mit ausfahrbarem Herd, so sind die Bleche möglichst schnell davon abzuziehen. Bei der Abkühlung dürfen die Bleche nicht der Zugluft ausgesetzt sein, damit sie sich nicht durch ungleichmäßiges Erkalten verwerfen.

Die für die Ausführung des Glühprozesses benutzten Einrichtungen sind sehr verschiedener Art. Früher wurden dafür allgemein Flammöfen mit seitlich vor Kopf angeordneten Rostfeuerungen benutzt. Die Bleche wurden einzeln eingeschoben und, nachdem sie auf helle Rotglut gebracht waren, wieder ausgezogen. Sie erkalteten auf ebenen Platten und wurden nötigenfalls durch eine darüber hinweggerollte Walze gerichtet. Auf diese Weise wurde ohne Zuhilfenahme verwickelter Theorien eine durchaus zweckmäßige Glühbehandlung erreicht. In dem Maße, in dem sich die Abmessungen und die Durchsatzmengen vergrößerten, ging man zu größeren Öfen über, die mit mechanischer Beschickung oder ausfahrbarem Herd ausgerüstet waren. An Stelle der Rostfeuerung legte man Gasfeuerung mit Vorwärmung der Verbrennungsluft durch Rekuperatoren an oder heizte die Öfen nach dem Regenerativsystem. Letzteres Verfahren hat den Vorteil einer umkehrbaren Flammenrichtung und ermöglicht durch den höheren Wärmewirkungsgrad eine intensivere Beheizung. Für die Abkürzung der Chargendauer und die Vermehrung des Durchsatzes ist dieser Punkt von besonderer Wichtigkeit. Anfänglich suchte man bei den großen Öfen mit möglichst schweren Chargen zu arbeiten, hatte aber dabei manche Schwierigkeiten zu verzeichnen. Infolgedessen ging man dazu über, in dünneren Lagen zu glühen, dafür aber die Dauer der Glühperiode nach Möglichkeit zu verkürzen. Letzteres ist jedoch bei den Öfen mit ausfahrbarem Herd nur dann möglich, wenn die durch die Abkühlung des Herdes entstehenden Wärmeverluste durch scharfe Beheizung der neuen Beschickung schnell wieder eingeholt werden.

Gut geglühte und gleichmäßige abkühlende Bleche behalten auch nach dem Erkalten ihre Ebenheit bei. Sollte sich trotzdem ein Blech beim Erkalten verziehen, so darf ein Nachrichten nur in völlig kaltem Zustande erfolgen, da die Richtarbeit im Gebiete der Blauwärme leicht Sprödigkeit verursachen kann. Aus dem gleichen Grunde sind alle Krantransporte zu vermeiden, solange sich die Bleche in der kritischen Temperatur zwischen 200 und 300° befinden.

Es ist noch nachzutragen, daß nach aus Amerika herübergelangten Nachrichten, dort der Bau elektrisch beheizter Glühöfen aufgenommen worden ist. Obwohl die ersten Öfen für Stahlgußstücke und Feinbleche gebaut sind und über das Glühen von Grobblechen auf diesem Wege noch keine näheren Angaben vorliegen, läßt sich doch schon sagen, daß ein derart durchgeführter Glühprozeß sowohl in bezug auf genaue Innehaltung der erforderlichen Temperatur als auf die Freiheit von chemischen Einwirkungen auf das Glühgut ganz bedeutende Vorzüge aufweisen würde.

Zweiter Teil.

A. Die Weiterverarbeitung der Glattbleche im Kümpelbau.

Die Weiterverarbeitung der Kesselbleche im hüttenmännischen Betrieb beschränkt sich in der Hauptsache auf Vorgänge, die unter den Begriff Warmformgebung fallen. Die Kaltbearbeitung durch Hobeln und Biegen wird von den Walzwerken in der Regel nur in solchen Fällen vorgenommen, in denen die betreffende Kesselschmiede, z. B. wegen außergewöhnlicher Abmessungen, dazu selbst nicht in der Lage ist. Dagegen haben sich eine Anzahl Werke, vor allem die Werften, die Schiffskessel herstellen, darauf eingerichtet, das Bördeln der Stirnböden und Rauchkammerwände selbst vorzunehmen und beziehen daher die Bleche außer den Wellrohren in glattem Zustande. Auch das Schweißen und Krempen der kleineren Kesselteile, wie z. B. der Dampfdome, Verbindungsstutzen u. dgl. wird von den Kesselschmieden in großem Umfange selbst vorgenommen, so daß sich eine scharfe Grenze bezüglich des Ortes der Weiterverarbeitung nicht ziehen läßt.

Die Warmformgebung erstreckt sich auf folgende Arbeiten:

a) das Pressen in einem Arbeitsvorgang,
b) ,, schrittweise Umbördeln oder Flanschen auf der Presse,
c) ,, das Schmieden (Bördeln) von Hand und das Richten,
d) ,, das Warmbiegen oder Rollen,
e) ,, Schweißen,
f) ,, Walzen zum Zwecke des Richtens, Aufweitens oder Wellens.

Durch Pressen werden hergestellt:

Flache und gewölbte Vollböden mit und ohne Rohrlöchern, Mannloch- und Reinigungsöffnungen, ferner Spezialböden einschließlich der unter dem Namen Kropfböden bekannten Sonderform, Rauchkammerwände, Lokomotivkesselteile und Mannlochverschlußstücke, weiterhin Mantelplatten für Garbekessel und glatte Mantelschüsse außergewöhnlicher Stärke für andere Hochleistungskessel, z. B. Schulz-Thornicroft-Kessel.

Für das Flanschen kommen in Betracht:

Zweiteilige Stirnböden für Schiffskessel, deren Durchmesser zu groß ist, um die Anfertigung in einem Stück zu erlauben. Ferner die Rauchkammerwände und Lokomotivteile, bei denen sich wegen zu geringer Stückzahl die Beschaffung besonderer Formen nicht lohnt.

Die Schmiedearbeit erstreckt sich auf:

1. Das Winkligsetzen der Borde bei den auf der Flanschierpresse umgezogenen Bodenteilen und Wänden.

2. Das Einstauchen oder Aufweiten der Außen- und Innenborde bei solchen Böden, die von den normalen Durchmessern abweichen und daher nicht auf fertige Masse gepreßt werden können, ohne besondere Formen zu beschaffen.

3. Das Einstauchen der Ecken und Herumholen der Flanschen an den Rohrlöchern der Rauchkammerwände und Lokomotivteile.

4. Das Geraderichten flacher Böden, Rohrwände und Wasserkammerwände, die sich beim Flanschen verzogen haben.

5. Das Umziehen und Anrichten der Borde von Dampfdomen, Verbindungsstutzen und Wasserkammerhälsen.

6. Das Ausbilden der Ei- und Flügelflanschen an den Wellrohren.

7. Das Anschärfen der Borde an den Stirnbodenteilen und der Ecken der Mantelbleche.

Warmbiegen oder Rollen kommt bei solchen Mantelblechen zur Anwendung, bei denen die Blechstärke im Verhältnis zum Biegungsradius oder zur Stärke der Biegewalze zu groß ist, als daß diese Arbeit in kaltem Zustande vorgenommen werden könnte. Mit Hilfe der Schweißung werden alle diejenigen Teile hergestellt, bei denen sich die gewöhnliche Nietverbindung zu umständlich gestaltet, insbesondere die Dommäntel, Gallowaystutzen, die Ecken der Wasserkammern usw. Ferner kommt Schweißung zum Teil in Frage für die verschiedenen Arten von Flammrohren und deren Anschlüsse an die Rauchkammerwände, weiterhin für die Verbindung der Bodenteile zu einem Stück und schließlich für die Herstellung ungenieteter Trommeln von Hochleistungskesseln.

Eine Bearbeitung durch Walzen wird mit Hilfe sog. Rundiermaschinen ausgeführt. Sie dienen zum Winkligsetzen der Außen- und zum Aufweiten der Innenborde von Stirnböden. Derartige Maschinen sind, besonders wenn sie für große Durchmesser gebaut sind, sehr teuer in der Anlage, arbeiten aber sehr genau und ersparen viel kostspielige Handarbeit.

Das Runden der geschweißten glatten Flammrohre sowie das Einwalzen der Wellen, das beides in warmem Zustande erfolgen muß, gehört ebenfalls zur Warmbearbeitung durch Walzen.

1. Die Preßarbeit.

Die Formänderung, die ein Werkstück beim Pressen erfährt, ist einerseits abhängig von der Ausbildung und dem Widerstande der Preßform, andererseits von dem inneren Widerstand, den die Massenteilchen ihrer Verschiebung entgegensetzen. Letzterer ist, da es sich durchweg um Material gleicher Zusammensetzung handelt, lediglich eine Funktion der Temperatur. Es gilt also bezüglich des Maßes der Bildsamkeit dasselbe, was bereits bei Besprechung des Walzvorganges gesagt wurde, nur mit dem Unterschied, daß durch die stärkere abkühlende Wirkung des Preßwerkzeuges die Abnahme der Bildsamkeit viel schneller erfolgt. Um diesem Umstande nach Möglichkeit entgegenzuwirken und außer übermäßiger Beanspruchung des Materiales auch unnötigen Kraftaufwand zu vermeiden, erhitzt man das Werkstück so hoch, als man mit Rücksicht auf die Gefahr der Überhitzung gehen kann. Die günstigste Temperatur liegt bei etwa 1050°. Läßt sich die gesamte Formänderung nicht in einem Arbeitsvorgang durchführen, so muß sie in mehreren Abschnitten unter Einlegung von Zwischenhitzen durchgeführt werden.

Die Beanspruchung des Werkstückes beim Pressen ist eine zweifache, da gleichzeitig Zug- und Druckbeanspruchungen auftreten. Der zur Umformung erforderliche Pressendruck wird durch rein hydraulische oder dampfhydraulische Pressen erzeugt, deren Druckkraft bis auf 1200 t hinaufgeht. Der einfachste Preßvorgang ist das sog. Kümpeln oder Vertiefen glatter Scheiben, das als Vorarbeit für die Anfertigung gewölbter Böden dient. Es erfolgt zwischen zwei, die Ober- und Unterform bildenden Schablonenblechen, welche nach dem vorgeschriebenen, der Kugelform entsprechenden Wölbungsradius gekrümmt sind. Da diese Schablonenbleche nur beschränkte Abmessungen zu haben pflegen, so erfordert das Vertiefen größerer Scheiben eine Reihe von Pressenhüben, wobei die Scheibe jedesmal verschoben wird, so daß sie schließlich auf der ganzen Fläche den gleichen Wölbungsradius aufweist. Dünnere Scheiben kann man zu zweien oder mehreren übereinanderlegen.

Für die Herstellung der Außenborde benutzt man bei flachen und gewölbten Böden gleichen Durchmessers dieselbe Unterform (Matrize) und den gleichen Stempel (Patrize). Beide sind als einfache Gußeisen- oder Stahlgußringe ausgebildet und durch Rippen verstärkt. Während aber bei den flachen Böden der Stempel nach unten offen bleibt, wird bei den gewölbten ein nach dem entsprechenden Wölbungsradius gekrümmtes Schablonenblech untergeschraubt. Will man gewölbte Böden unmittelbar aus flachen Scheiben pressen, ohne sie vorher zu kümpeln, so muß ein ebensolches Schablonenblech auf dem unteren Preßstempel angebracht und damit von unten gegengedrückt werden. Unterläßt man die Anwendung dieses Hilfsmittels, so bilden sich flache Stellen auf der Wölbungsfläche.

Die Unterform muß mit einem genügend groß bemessenen Einmündungsradius versehen sein, damit der Rand der Scheibe beim Aufsetzen und Niedergehen des Stempels nicht kneift und faltet. Der lichte Abstand zwischen den Formen entspricht der größten Blechstärke. Da bei Normalböden stets der äußere Durchmesser maßgebend und konstant ist, müßte bei wechselnder Blechstärke der Außendurchmesser des Stempels verschieden sein. Um jedoch nicht zuviel Formen zu bekommen, dreht man den Stempel auf zwei verschiedene Durchmesser und benutzt bei dünnwandigen Böden den stärkeren, bei dickeren den schwächeren Teil. Bei Zwischenstärken drückt man den Boden nur in die Form hinein, legt dann schnell am Umfang zwischen Stempel und Bordrand passende Futterbleche ein und preßt durch. Dabei ist auf den Unterschied in der Blechstärke von Rand und Mitte des Walzbleches Rücksicht zu nehmen. Läßt man zuviel Spiel zwischen Form und Blech zu, so faltet der Rand, und man erhält einen unrunden Bord, der nachgearbeitet oder abgedreht werden muß.

Der Boden, welcher beim Durchdrücken auf dem Stempel sitzen bleibt, muß beim Zurückziehen abgezogen werden. Zu diesem Zwecke sind in der Matrize auf der Mitte der Höhe Löcher angebracht, durch die man Bolzen oder Spitzen steckt. Diese setzen beim Hochgehen des Stempels auf den Rand des Bodens auf und streifen diesen ab. Geringe Abweichungen vom Durchmesser, die etwa beim sofort erfolgenden Nachmessen festgestellt werden sollten, können durch einige Hammerschläge behoben werden. Eine größere Genauigkeit erzielt man, wenn man die Böden unmittelbar von der Presse auf eine Rundiermaschine bringt und in einigen Umdrehungen adjustiert.

Das Einpressen der Rohrlöcher in die Stirnböden von Schiffskesseln oder in die dafür bestimmten Scheiben wird einzeln vorgenommen, da der Durchmesser und die Lage der Mitten zu sehr wechselt und daher die Beschaffung vollständiger Preßformen wie bei den Spezialböden für die Landdampfkessel nicht in Frage kommt. Die Öffnungen für den Durchgang der Stempel werden auf der Drehbank ausgestochen oder mittels des Autogenbrenners ausgeschnitten, wobei auf sorgfältiges Entfernen des Grates, der leicht zu Einreißen führt, zu achten ist. Die Lochränder werden in genügender Breite auf dem Schmiedefeuer angewärmt, so daß sich auch am Grunde des Bordes die Umformung bei heller Rotglut vollzieht. In gleicher Weise werden auch die Mannlöcher und Reinigungslöcher vorbereitet und wie die Rohrlöcher einzeln gepreßt.

Bei den Stirnböden der Landdampfkessel, den sog. Spezialböden, wird die Preßarbeit ohne Unterteilung vorgenommen. Es handelt sich hierbei um Böden mit ein oder zwei, vereinzelt auch mit drei Rohrlöchern, die entweder ein- oder ausgehalst ausgeführt werden. Im Gegensatz zu den Schiffskesselböden, bei denen noch keine Normung eingeführt ist, hat man hier für jede Bodensorte einen vollständigen Satz Preßformen, an denen nur die Einsatzringe für die Rohrlöcher den verschiedenen Durchmessern entsprechend ausgewechselt werden. Die Rohrlochstempel werden bei den einzelnen Formen durcheinander gebraucht.

Bei einer neueren Ausführungsform, den Kropfböden des Ingenieurs Elsenhans, treten die Rohrlochborde nicht unmittelbar aus der Bodenwölbung heraus, sondern sitzen auf einer ringförmigen Wulst, wodurch eine gleichmäßige Bordhöhe erzielt und bei den ausgehalsten Böden der enge fugenartige Raum zwischen Flammrohrkopf und Rohrlochbord vermieden werden soll. Für das Pressen dieser Böden bieten sich allerdings größere Schwierigkeiten als bei der üblichen Form.

Die Wasserstandsflächen werden stets gleichzeitig mitgepreßt, während Mannlöcher und Speisestutzenflächen meist hinterher einzeln angebracht werden.

Beim Pressen der Außenborde tritt eine Vergrößerung, der Innenborde eine Verminderung der Blechstärke ein. Maßgebend für den Unterschied gegenüber dem ursprünglichen Maß ist außer dem Lochdurchmesser die Bordhöhe, die je nach Bodendurchmesser und Blechdicke bei einfacher Nietnaht 60—100 mm, bei doppelter 30 mm mehr beträgt. So würde sich z. B. bei einem flachen Boden von 2600 Durchmesser, 26 mm Blechstärke und 130 mm Bordhöhe der äußerste Rand des Bodens auf $(2860 : 2600) \cdot 26 = 28{,}6$ mm verdicken. Bei einem Rohrloch von 1000 mm Durchmesser und 90 mm Bordhöhe in dem gleichen Boden würde sich eine Verminderung auf $(820 : 1000)\ 26 = 21{,}3$ mm ergeben. Dabei ist der Einfachheit halber die doppelte Bordhöhe dem Durchmesser zugeschlagen bzw. in Abzug gebracht worden, um zum Durchmesser der Scheibe bzw. des Rohrlochausschnittes zu gelangen. In Wirklichkeit ergeben sich diese Maße etwas anders. Da in ersterem Falle die Verdickung durch die Matrize zum Teil verhindert wird, wird Material nach oben gedrängt und die Bordhöhe vergrößert. Im zweiten Falle würde infolge der Reckung in der Richtung des Umfanges eine Verkürzung der Bordhöhe eintreten, die indes durch die Reibung des Stempels wettgemacht wird.

Bei den hohen Rohrlochborden der Spezialböden treten diese Verhältnisse noch mehr in Erscheinung. So beträgt z. B. bei einem eingehalsten Boden von 2600 mm Durchmesser die größte Bordhöhe 365 mm, die mittlere etwa 250. Die beim Pressen dieser Böden auftretende Reckung des Materiales ist infolgedessen eine sehr beträchtliche und führt zu Verringerungen der Blechstärke, die bis zu 60% der ursprünglichen betragen. Nur ein durchaus gleichmäßiges Material von hoher Unempfindlichkeit gegen Zugbeanspruchung in der Wärme ist imstande, derart weitgehende Formänderungen auszuhalten, ohne einzuschnüren oder einzureißen. Nach den behördlichen Vorschriften für den Bau von Landdampfkesseln bleiben daher die Bleche, die für

Böden, Wellrohre und die übrigen durch Warmbearbeitung in gleicher Weise beanspruchten Teile bestimmt sind, von der Materialabnahme befreit, in der richtigen Erwägung, daß das Bestehen dieser praktischen Prüfung die beste Gewähr für die Verwendung eines einwandfreien hochwertigen Werkstoffes bietet.

In ähnlicher Weise werden auch die Rauchkammerwände und Lokomotivkesselteile durch Pressen hergestellt, sobald es sich um reihenweise Anfertigung handelt, für welche sich die Beschaffung besonderer Preßformen lohnt. Bei den mit Rohrlöchern versehenen Teilen werden diese jedoch in der Regel besonders eingepreßt.

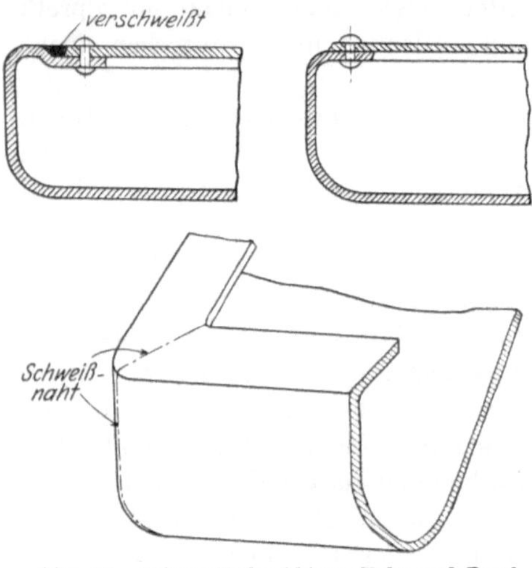

Abb. 38. Schematische Skizze, Ecke und Randquerschnitte von Wasserkammern.

Bei Böden, deren Durchmesser die Anfertigung in einem Stücke nicht erlaubt und die deshalb aus zwei Teilen zusammengefügt werden müssen, sowie bei den einzeln anzufertigenden Rauchkammerwänden wird der Außenbord unter einer sog. Flanschierpresse schrittweise umgezogen. Eine derartige Presse arbeitet mit zwei Vertikal- und einem Horizontalstempel. Der erste Vertikalstempel preßt das Arbeitsstück auf den Bördelklotz, der zweite drückt den überstehenden erwärmten Rand nach unten durch, und der Horizontalstempel gibt ihm die richtige Rundung. Das Flanschen erfordert ziemlich viel Zeit und Kosten, da immer nur ein beschränktes Stück des Umfanges auf Preßhitze gebracht werden kann und stets erhebliche Richtarbeit damit verknüpft ist. Bei kleinen Stücken wird die Bördelarbeit auch ganz von Hand, ohne Zuhilfenahme der Presse, ausgeführt.

Auch bei der Herstellung der Wasserkammern für Schrägrohrkessel bedient man sich der Flanschierpresse. Früher wurden diese Kammern ausschließlich durch Schweißen hergestellt, indem das Umfangblech stumpf mit der Vorder- und der Rückwand verschweißt wurde. Diese Ausführungsart hatte jedoch wegen der ungünstigen Beanspruchung der ohnehin keine große Sicherheit gewährenden Schweißnaht eine Reihe schwerer Kesselschäden im Gefolge und wurde daher durch eine betriebssicherere Konstruktion ersetzt. Hierbei werden die Ränder der Rückwand mit Hilfe der Flanschierpresse aufgeklappt und der so entstehende offene Kasten durch die aufgenietete oder aufgeschweißte Vorderwand geschlossen. In letzterem Falle erhält der Rand noch eine besondere als Falz dienende Kröpfung. (Abb. 38.)

Bei den nach obigem Verfahren hergestellten Kammern brauchen nur die Eckkanten der Seitenwände geschweißt zu werden. Diese Schweißnähte können ebenso wie diejenigen des Deckels durch eingezogene Stehbolzen entlastet werden und schließen daher keinerlei Explosionsgefahr ein. Das Umziehen der Seitenwände kann auf kaltem Wege vorgenommen werden, da es sich lediglich um Biegearbeit, nicht um Zusammendrücken oder Recken handelt. Die etwaigen schädlichen Folgen der Kaltbearbeitung werden durch das nach dem Schweißen ohnehin erfolgende Ausglühen der ganzen Kammer behoben.

2. Die Schmiedearbeit.

Die Schmiedearbeit ist zwar sehr mannigfaltiger Art, läuft aber in der Hauptsache auf Richtarbeit hinaus. Das eigentliche, die Kunst des danach benannten Bördelschmiedes ausmachende Handbördeln ist immer mehr durch Pressen- bzw. Maschinenarbeit ersetzt worden. Auch für das Nachrichten bzw. Aufweiten und Einstauchen der Borden hat man Spezialmaschinen eingeführt, auf denen Böden bis zu den größten Durchmessern mit Hilfe angetriebener, verstellbarer Rollenpaare schnell und genau adjustiert werden können. Immerhin bleibt noch genügend Handarbeit übrig, die namentlich in bezug auf die Wärmebehandlung und -ausnutzung große Erfahrungen und Geschicklichkeit verlangt. Es gilt hier noch mehr als auf jedem anderen Gebiete das Sprichwort: „Man muß das Eisen schmieden, solange es warm ist", und die Fehler, die durch eine zu weit getriebene Bearbeitung bei niedrigen Temperaturen gemacht werden, rächen sich oft in unangenehmster Weise.

Von Arbeiten, die sich nur sehr umständlich oder überhaupt kaum auf mechanischem Wege ausführen lassen, seien noch genannt: das Einstauchen der Ecken von schrittweise umgebördelten Rauchkammerwänden, das Ausschärfen der Bordenden von geteilten Stirnböden und der Ecken von Mantelblechen, das Ausziehen der Ei- und Flügelflanschen von Wellrohren und endlich das Krempen und Anrichten der Dampfdome, Verbindungsstutzen und Wasserkammerhälse. Hierbei hat die Maschine die mit Geschick und Umsicht ausgeführte Handarbeit noch nicht zu ersetzen vermocht.

Je nachdem die Preß- bzw. Schmiedearbeit eine vollständige oder nur örtliche Erwärmung des Werkstückes verlangt, wird die Erhitzung im Ofen oder auf dem offenen Schmiedefeuer vorgenommen. Die neueren Wärmöfen sind durchweg mit Gasfeuerung versehen; auch hier hat sich der Wechsel der Flammenrichtung am vorteilhaftesten für eine gleichmäßige Beheizung erwiesen. Genau wie beim Glühofen muß auch bei den Wärmöfen das Blech, bzw. das Zwischenerzeugnis weitgehend vor Überhitzung und Verschlackung geschützt werden; es ist also auf freie Flammenentfaltung bei mäßigem Gasüberschuß zu achten. Die günstigste Temperatur für das Pressen und Schmieden liegt zwischen 1000 und 1100°; für Stücke, die nur zur Beseitigung der Bearbeitungseinflüsse ausgeglüht werden sollen, genügt eine Ofentemperatur von 950°. Abdecken durch aufgelegte Schutzbleche ist in manchen Fällen zu empfehlen.

Die vorzugsweise als Rundherde gebauten Schmiedefeuer werden mit möglichst schwefelfreiem Koks betrieben. Zum Abdecken benutzt man Kokslösche oder eine magere Schmiedekohle, die wenig karburierende Gase enthält. Die Erwärmung muß in einer solchen Ausdehnung vorgenommen werden, daß die Bearbeitung sich nicht in Zonen niedrigerer Temperatur hinein zu erstrecken braucht. Alle Verrichtungen, die eine schrittweise fortschreitende Erwärmung verlangen, sind ohne größere Unterbrechungen zu Ende zu führen. Völliges Erkalten des Werkstückes in halbfertigem Zustande ruft stets Spannungen hervor, die besonders in der kälteren Jahreszeit leicht zu gewaltsamer Zerstörung führen können. Auch die örtliche Erwärmung von Stellen, an denen sich ein Spannungsausgleich nur schwer vollziehen kann, wie z. B. im vollen geraden Blech, ist nach Möglichkeit zu vermeiden. Ebenso ist die Erwärmung der Borde beim Nachrichten durch aufgelegte glühende Blechstücke unbedingt verwerflich, da dies meist zu Temperaturen führt, die ins Gebiet der Blauwärme fallen. Genau so gleichmäßig wie das Erhitzen vorgenommen wird, muß auch die Abkühlung erfolgen, es ist daher unzulässig, die Preß- oder Schmiedeteile auf feuchtem Boden oder im Freien erkalten zu lassen.

Da sich eine strenge Befolgung dieser Regeln nicht immer mit unbedingter Sicherheit durchführen läßt, anderseits gerade die Formstücke erhöhten Beanspruchungen bei der Weiterverarbeitung oder im Betriebe ausgesetzt sind, muß durch ein nachträgliches Ausglühen den schädlichen Folgen einer unvorsichtigen Behandlung vorgebeugt werden. Es ist jedoch nicht immer leicht, diese Sicherheitsmaßregeln zu erfüllen, da sich die fertig bearbeiteten Stücke, bei denen die Massenverteilung oft sehr ungünstig ist, beim Erwärmen verziehen oder auch beim Ausziehen aus dem Ofen deformieren. Man muß daher entsprechende Vorsichtsmaßregeln anwenden, um nicht gegen den alten einen neuen Nachteil einzutauschen. Dazu gehört: Ausfüllen der Rohrlöcher durch passende Bordscheiben, richtiges Unterlegen im Ofen, gleichmäßiges Erwärmen und Erkaltenlassen. Auch muß Vorsorge getroffen werden, daß unmittelbar nach dem Ziehen noch ein Nachrichten vorgenommen werden kann. Diese Arbeit wird durch die Anordnung eines verfahrbaren Richthammers vor dem Ofen sehr erleichtert. Die zugehörige Richtplatte ist so zusammengefügt, daß die Rohrlochborde jeweils in die Aussparungen auswechselbarer Einzelplatten fallen. Auch für das Flachrichten der Wasserkammern, die in sehr großen Abmessungen ausgeführt werden, ist eine derartige Einrichtung sehr zweckmäßig.

3. Das Schweißen.

a) Die Schweißverfahren.

Das Schweißen erfolgt je nach Art und Verwendungszweck des Werkstückes auf verschiedene Weise. Die ursprünglich allgemein angewandte Schweißung im Koksfeuer kommt jetzt nur für kleinere Stücke, wie Dommäntel, Gallowayrohre und Verbindungsstutzen in Frage. Da diese Stücke ohnehin beim Anrichten Feuerbearbeitung erfahren, werden sie von den meisten Kesselschmieden selbst angefertigt.

Bei allen Verfahren, die ein Schweißen im eigentlichen Sinne des Wortes darstellen, erfolgt im Kesselbau die Nahtbildung vorwiegend durch Überlappung; Stumpfschweißung kommt, nachdem die auf diese Weise hergestellten Wasserkammern als Neuanlagen nicht mehr ausgeführt werden dürfen, kaum noch vor. Die Blechkanten werden nur bei größeren Stärken abgeschärft, unter 15 mm etwa bleiben sie roh.

Als Feuerschweißung sind auch diejenigen Verfahren anzusehen, bei denen das ganze Stück im Ofen auf Schweißhitze gebracht und die Naht maschinell hergestellt wird. Dies ist z. B. bei der Anfertigung der geschweißten Leitungs- und Siederohre der Fall. Auch hierfür ist nur Überlappungsschweißung zugelassen, das Verfahren wird jedoch immer mehr durch die nahtlose Rohrfabrikation verdrängt.

Bei größeren Rohrdurchmessern, etwa von 350 mm Durchmesser an aufwärts, wendet man Wassergasschweißung an, also vor allem bei der Herstellung der Flammrohre. Sie erfordert außer der Gaserzeugungsanlage besondere maschinelle Einrichtungen, die sog. Schweißstraßen. Die Erhitzung wird von beiden Seiten der überlappten Naht her durch Brenner aus feuerfestem Material vorgenommen, denen Wassergas und Verbrennungsluft unter Druck zugeführt werden. Der Schweißdruck wird durch mechanisch betriebene Hämmer oder Segmente erzeugt.

Während bei der Feuer- und der Wassergasschweißung die Ränder auf Schweißhitze erwärmt und aufeinandergepreßt werden, wobei eine unmittelbare Verbindung durch Kohäsionswirkung entsteht, werden sie bei der autogenen sowie bei der elektrischen (Lichtbogen)-Schweißung durch Metall gleicher Zusammensetzung verbunden, das in flüssigem Zustande in die Schweißfuge eingebracht wird. Es tritt also ein vollständiges Ineinanderfließen der auf Schmelzhitze erhitzten Ränder und des flüssigen Schweißmittels ein. Die zur Verflüssigung nötige Wärme wird bei der Autogenschweißung durch die Verbrennung von Wasserstoff- oder Azetylengas mit komprimiertem Sauerstoff erzeugt. Weiterhin kommen für die Flammenschweißung noch Leuchtgas, Benzol und Blaugas in Betracht; jedoch hat sich das Azetylen nicht nur diesen Brennstoffen, sondern auch dem Wasserstoff gegenüber am besten bewährt und deshalb die ausgedehnteste Verbreitung gefunden. Die Autogenschweißung wird beim Kesselbau hauptsächlich da angewandt, wo die örtliche Erwärmung im Koksfeuer oder durch Wassergas mit Schwierigkeiten verknüpft ist, z. B. bei der Verbindung der Wellrohre mit den Rauchkämmerwänden, beim Zusammenfügen zweiteiliger Stirnböden, beim Verschweißen von Wasserkammerecken usw.

Auch die elektrische Lichtbogenschweißung hat sich bei der Kesselherstellung Eingang zu verschaffen gewußt, besonders nach Einführung der umkleideten Elektrode durch den Schweden Kjellberg. Diese Art Elektroden sind von einer gewisse Reduktionsmittel enthaltenden Hülle umgeben, durch welche die Schweißnaht vor der Aufnahme von Sauerstoff und Stickstoff aus der Luft geschätzt werden soll. Was den Sauerstoff anbetrifft, so kann dieser Zweck als vollkommen erreicht angesehen werden; beim Stickstoff muß man jedoch auf Grund der bisher bekannt gewordenen Versuchsergebnisse noch einige Zweifel hegen. Nach persönlicher Mitteilung des Erfinders lassen jedoch die Ergebnisse einer noch nicht zum Abschluß gekommenen größeren Untersuchung vorläufig schon erkennen, daß es voraussichtlich gelingen wird, diese Bedenken zu zerstreuen.

Auf dem Gebiete des Kesselbaues hatte die Lichtbogenschweißung bisher nur bei Ausbesserungsarbeiten an eingebauten Kesseln Anwendung gefunden, für welchen Zweck sie sich wegen der beschränkten Wärmeableitung in hervorragendem Maße eignet. In letzter Zeit ist sie jedoch auch bei Neubauten anscheinend mit gutem Erfolg praktisch erprobt worden. So befindet sich nach Mitteilung von Kjellberg seit Anfang 1920 ein Schiffskessel von 5050 mm Durchmesser und 12,6 Atm. Betriebsdruck anstandslos in Betrieb, der in den Hauptnähten mit Hilfe der elektrischen Schweißung zusammengefügt worden ist[1]). Der Kessel ist für eine britische Reederei hergestellt und vom Britischen Lloyd, Board of Trade und Bureau Veritas anerkannt worden. Es steht zu erwarten, daß das Verfahren für den gleichen Zweck weitere Ausbreitung finden wird, sobald durch eine längere störungsfreie Betriebszeit der Beweis für die Sicherheit und Zweckmäßigkeit erbracht ist.

---

[1]) Ref. Stahl u. Eisen 1921, S. 1654.

Der Vollständigkeit halber sei noch die elektrische Widerstandsschweißung erwähnt, bei der die Ränder infolge des Widerstandes, den sie dem Durchgang des elektrischen Stromes bieten, auf Schweißhitze erwärmt und durch mechanischen Druck aufeinander gepreßt werden. Mittels dieses Verfahrens können sowohl stumpfe als überlappte Schweißnähte hergestellt werden, für den Dampfkesselbau kommt er jedoch zur Zeit nicht in Frage.

b) Chemische und physikalische Einflüsse.

Bei allen Schweißverfahren, mögen sie nun auf der Vereinigung der Blechkanten in teigigem oder flüssigem Zustande beruhen, ist mit Änderungen der chemischen Zusammensetzung des Materials sowie der Gefügeeigenschaften zu rechnen. Fernerhin sind die infolge örtlicher Erwärmung bzw. Zusammenziehung auftretenden Spannungen zu berücksichtigen.

Von ausschlaggebender Bedeutung ist der Sauerstoff. Da bei der Erhitzung die atmosphärische Luft nicht ferngehalten werden kann, das Vereinigungsbestreben des Eisens zum Sauerstoff aber mit steigender Temperatur wächst, so ist eine Oxydation der Oberflächen, auch wenn sich diese in reinem Zustande befanden, nicht zu vermeiden. Von Wichtigkeit ist dabei der Gehalt des Bleches an solchen Elementen, die eine größere Verwandtschaft zum Sauerstoff besitzen als Eisen. Hierher gehören Mangan, Phosphor und Silizium, von denen aber nur das Mangan als wirksames Schutzmittel angewandt werden kann. Der Phosphor, dem das Schweißeisen zum Teil seine geringe Empfindlichkeit gegen Feuerverarbeitung verdankt, muß beim Flußeisen wegen seines Kaltbruch bewirkenden Einflusses auf ein Mindestmaß beschränkt bleiben. Beim Silizium wirkt die durch Oxydation in feinster Verteilung entstehende Kieselsäure schädlich. Das hindert aber nicht, daß Kieselsäure in Form von Sand vielfach als Schweißmittel angewandt wird. Man verfolgt dabei die Absicht, die Oxydationsprodukte Eisen- und Manganoxydul in eine leichtflüssige Schlacke überzuführen, die sich unter dem Druck der Bearbeitungswerkzeuge leicht herauspressen läßt. Diese Verschlackung vollzieht sich infolge der Massenwirkung an den stark oxydierten Oberflächen ziemlich energisch, so daß es, wenn das zu schweißende Material siliziumarm ist, nicht schwer hält, die durch die Sandkieselsäure gebildete Schlacke zu entfernen. Hat man es dagegen, was allerdings bei den Kesselwerkstoffen selten der Fall ist, mit einem siliziumreichen Ausgangsmaterial zu tun, so wird sich zwar an der Oberfläche ebenfalls eine leichtflüssige Schlacke bilden; die im Innern durch diffundierenden Sauerstoff gebildete Kieselsäure hat dagegen keine Gelegenheit zu verschlacken, weil ihr die Metalloxyde fehlen. Derart fein verteilte freie Kieselsäure wirkt aber, wie früher gezeigt wurde, auf Rotbruch hin, der sich um so stärker bemerkbar macht, je manganärmer das Eisen ist. Mangan hat nach dem Silizium die größte Verwandtschaft zum Sauerstoff, so daß seine Oxydation schon einsetzt, wenn sich die des Siliziums noch vollzieht. Dabei bildet sich ein leicht schmelzbares Mangansilikat, das auch durch den Hinzutritt von Eisenoxydul keine wesentliche Änderung seiner Eigenschaften erfährt.

Der Kohlenstoffgehalt vermag das Eisen nicht vor Sauerstoffaufnahme zu schützen und infolgedessen seinen schädlichen Einfluß auf die Schweißbarkeit zu beheben. Im allgemeinen gilt der Erfahrungsgrundsatz, daß die Schweißbarkeit mit steigendem Kohlenstoffgehalt abnimmt, die obere Grenze liegt etwa bei 0,5%. Dieser Gehalt kommt natürlich bei Kesselblechen nicht in Frage. Die Entkohlung geht nach den Reaktionsgleichungen

$$2\,CO \rightleftarrows C + CO_2 \qquad \text{und} \qquad 2\,CO_2 \rightleftarrows 2\,CO + O_2$$

vor sich und setzt sich bei länger andauernder Erhitzung immer weiter ins Innere fort.

Außer etwaigen unreduziert in der Schweißnaht verbleibenden Eisensauerstoffverbindungen sind besonders diejenigen Elemente dem Zustandekommen einer guten Schweißung hinderlich, die an sich geeignet sind, Rotbruch hervorzurufen, also in erster Linie Schwefel und Arsen, sowie diejenigen, deren Schwefelverbindungen den Rotbruch verstärken helfen, wie Kupfer. Obwohl scharfe Grenzen nach oben und unten nicht gezogen werden können, muß man sich doch hüten, den Einfluß dieser Elemente zu unterschätzen, wozu vielleicht die Ergebnisse mancher ad hoc angestellten Versuche Veranlassung geben könnten[1]). Ein Schwefelgehalt von 0,05—0,06% im Mittel und 0,08—0,10% an den Stellen stärkster Anreicherung muß im allgemeinen als höchster zulässiger Gehalt für gut schweißbares Kesselblech angesehen werden.

Weiterhin sind diejenigen Elemente zu berücksichtigen, die aus dem Heizstoff in das Material gelangen können. Hier ist es zunächst wieder der Schwefel, der bei der Verwendung von schwefelhaltigem Koks aus der bei der Verbrennung gebildeten schwefligen Säure durch das hocherhitzte Eisen reduziert wird. Auch aus der bei der Verbrennung von SO_2 führendem Wassergas gebildeten Flamme wird Schwefel anscheinend in gleicher Weise reduziert. Aufnahme von Kohlenstoff aus dem Schmiedefeuer kann dann eintreten, wenn das Stück in nicht genügend ausgebrannte Kohle eingepackt wird, so daß es dem karburierenden Einfluß der Kohlenwasserstoffe ausgesetzt ist. Eine ähnliche Zementationswirkung ist beim Schweißen mit Azetylen oder Leuchtgas festgestellt worden, wenn der Flamme zu wenig Sauerstoff

[1]) Unger, Am. Mach. 1916, S. 191, Ref. Stahl u. Eisen 1917, S. 290.

zugeführt wurde. Inwieweit überhaupt bei der Wassergas- oder autogenen Schweißung eine unmittelbare Aufnahme von Gasen durch die Schweißnaht stattfindet, bedarf noch umfassender Versuche; bisher haben sich die Feststellungen zumeist auf die mit chemischen Reaktionen verknüpften Einwirkungen der Verbrennungsgase beschäftigt. Der vielfach behauptete Übergang des neutralen Stickstoffes in die Schweißnaht beim elektrischen Lichtbogenschweißen ist bereits erwähnt worden.

Ausschlaggebend ist der Schutz der Schweißnaht vor Oxydation bzw. vor Übergang der Oxydationsprodukte ins Eisen. Bei der Flammenschweißung wird dies durch passende Regelung des Mischungsverhältnisses erreicht, wobei das Gas, das die stärkste reduzierende Wirkung ausübt, also das Azetylen, nach dieser Richtung hin am wenigsten Schwierigkeiten verursacht. Bei der Lichtbogenschweißung führt man die Reduktionsmittel nach dem Kjellbergschen Verfahren durch die Elektrodenumhüllung zu, es scheint sich dabei in der Hauptsache um Mangan zu handeln. Denkbar wäre auch ein Zusatz von Titan zum Schutze gegen die Stickstoffeinwirkung.

Die bei der Feuer- oder Wassergasschweißung angewandten Zusatzmittel bezwecken lediglich eine Verschlackung der entstehenden Metalloxyde und enthalten in der Regel Kieselsäure. Hier und da werden auch Feilspäne oder Drahtstückchen zugegeben, die leicht schmelzbar sind und so zu einer innigen Verbindung beitragen sollen. Ohne daß eine besondere Absicht bestände, gelangt noch Kieselsäure, aus dem feuerfesten Material der Brennerköpfe oder aus der Flugasche der Generatoren herrührend, bei der Wassergasschweißung auf die Schweißnaht.

Die sich bildende Schlacke wird zum großen Teil durch die mechanische Bearbeitung der Schweißnaht entfernt. Hierbei hat sich das Hämmern wirksamer erwiesen, als der ruhige Druck von Rollen oder Segmenten. Besonders bei der Autogenschweißung ist ein ständiges Behämmern der Schweißnaht unerläßlich, eine vollständige Beseitigung der Schlackeneinschlüsse läßt sich jedoch in keinem Falle erreichen.

Jede Schweißung ruft Überhitzung hervor, die sich in bekannter Weise in vergröbertem Gefüge äußert, wie an einer Bruchprobe oder an einem Ätzschliff leicht festzustellen ist. Solange keine ausgesprochene Verbrennung vorliegt, läßt sich durch Ausglühen bei A_3 und nicht zu langsames Abkühlen ohne Schwierigkeiten in normales Gefüge überführen. Von diesem Verbesserungsmittel wird umfassender Gebrauch gemacht, für die meisten Schweißarbeiten auf dem Gebiete des Kesselbaues ist es zur Vorschrift erhoben worden.

Schließlich muß noch die Dichte des Materials berücksichtigt werden. Blasige oder gar doppelte Bleche kommen für Schweißarbeiten nicht in Betracht. Die Gasbläschen in den erhitzten Rändern blähen sich auf, füllen sich mit Schlacke und zerplatzen unter dem Einfluß der Hammerschläge, so daß die Schlacke umherfliegt und Risse und Narben auf und neben der Naht entstehen. Es muß daher schon bei der Chargenführung und beim Guß im Stahlwerk auf den Verwendungszweck weitgehende Rücksicht genommen werden. Auf keinen Fall dürfen ungenügend ausgegarte unruhige Chargen zu Schweißblechen ausgewalzt werden. In ähnlicher Weise wirken Seigerungen. Auf deren Auftreten ist es meist zurückzuführen, daß hin und wieder gute und schlechte Schweißbarkeit innerhalb ein und desselben Bleches festgestellt wird, vorausgesetzt, daß die Erhitzung und Bearbeitung gleichmäßig vorgenommen wurde. Aus diesem Grunde muß man es auch vermeiden, Röhrenbleche in doppelter Breite zu walzen, da die in die Längsachse des Bleches fallende Schneidkante ein ungünstigeres Verhalten aufweisen muß als die, welche dem Walzrande entspricht. Dies gilt jedoch nur bezüglich der Seigerungen, bei randporigen Blechen verhalten sich die Ränder wieder ungünstiger als die Mitte.

Große Aufmerksamkeit muß den Schwindungsvorgängen beim Erkalten gewidmet werden. Bei vollkommen symmetrischen Körpern, wie z. B. bei Rohren, ist die damit verbundene Gefahr der Rißbildung nicht sehr groß. Anders dagegen liegt die Sache, wenn die benachbarten Partien ein unbehindertes Ausdehnen und Zusammenziehen nicht erlauben, wie z. B. bei Schweißungen im vollen Blech oder an einspringenden Ecken. In solchen Fällen ist es ratsam, das Blech an der betreffenden Stelle etwas auszubeulen und unmittelbar im Anschluß an die Schweißung wieder zurückzutreiben. Auf diese Weise werden an der Schweißstelle anstatt Zugspannungen Druckspannungen hervorgerufen und das Einreißen verhindert.

c) Festigkeit und Betriebssicherheit.

Die Festigkeit der Schweißnähte ist der Gegenstand zahlreicher und umfangreicher Untersuchungen gewesen. Beim Vergleich der sich hauptsächlich auf den Zugversuch erstreckenden Ergebnisse muß das Stärkenverhältnis zwischen Schweißnaht und vollem Blech und die Art der Schweißung in Betracht gezogen werden. Bei der Feuer- und Wassergasschweißung fällt die Naht meist etwas schwächer aus, besonders wenn sie durch Hämmern, nicht durch Rollendruck hergestellt wurde. Bei der Autogen- und der elektrischen Lichtbogenschweißung hat man es dagegen in der Hand, die Naht etwas stärker zu halten, und macht aus Sicherheitsgründen meist davon Gebrauch. Die Zugfestigkeit einer sorgfältig hergestellten, vollkommenen Schweißnaht zeigt keine nennenswerte Abweichung von der des vollen Bleches. Die Unterschreitung beträgt meist nur einige Prozente; fällt sie unter 90%, so kann die

Schweißung nicht mehr als einwandfrei bezeichnet werden. Manchmal ergibt sich auch eine höhere Festigkeit, die bei weichem Ausgangsmaterial eintritt und in einer Kohlenstoffaufnahme zu suchen ist.

Bei der Dehnung ist das Verhältnis nicht so günstig. Auch bei gut ausgeglühten Schweißproben muß eine Dehnung von 60—70% der ursprünglichen als befriedigende, von 80% als sehr gute Leistung bezeichnet werden. Dies ist einerseits darin begründet, daß die Schweißstelle trotz sorgfältigster Arbeit doch niemals völlig gleichmäßig im Gefüge auszufallen pflegt, anderseits liegt der Unterschied in der Stärke der unbearbeiteten Proben. Die dickeren Partien nehmen an der Streckung nicht in dem Maße teil wie die dünneren, so daß sich die Dehnung nicht auf die ganze Versuchslänge erstreckt. Auch bei Proben, die durch Bearbeitung der Oberflächen auf gleichmäßige Stärke gebracht sind, ist selten eine gleichmäßige Streckung zu erzielen.

Außer Bruchgrenze und Bruchdehnung ist vereinzelt auch die Streckgrenze bestimmt worden. Auf das Verhältnis von Bruch- und Streckgrenze ist die Probendicke ohne Einfluß; während bei dünneren Blechen von 8—12 mm die Streckgrenze etwa 60—65% der Bruchgrenze beträgt, fällt sie bei stärkeren bis auf 50% herab. Die unter ruhigem Druck angestellten Kaltbiegeproben zeigen fast ausnahmslos befriedigende Ergebnisse, auch mit Dauerproben (Ermüdungsproben) sind zum Teil hervorragende Werte erreicht worden. Bei der Kerbschlagprobe äußert sich eine ähnliche Unsicherheit und Ungleichmäßigkeit wie bei den aus dem vollen Blech angefertigten Proben, dafür ist aber weniger die Schweißung als die Querschnittsform, Wärmebehandlung usw. verantwortlich zu machen.

Eine unbestrittene Überlegenheit des einen oder anderen Schweißverfahrens läßt sich aus den bis jetzt bekannt gewordenen Untersuchungsergebnissen und Erfahrungswerten nicht herleiten. Die Vor- und Nachteile liegen weniger nach der technischen als nach der wirtschaftlichen Seite hin. Das bezüglich der Festigkeit und Dehnung Gesagte trifft sowohl für Bleche zu, die im Koksfeuer oder mittels Wassergas im eigentlichen Sinne des Wortes geschweißt oder nach dem Autogen- bzw. Lichtbogenverfahren im Zustande der Verflüssigung vereinigt wurden. Auch mit der elektrischen Widerstandsschweißung sind gute Erfolge erzielt worden. Man darf sich allerdings nicht verhehlen, daß die meisten Proben von Interessenten angestellt werden und deshalb einen höheren Grad von Vollkommenheit aufweisen, als es bei den im Durchschnittsbetrieb erzielten Werten der Fall ist. Von besonderer Wichtigkeit sind deshalb die Versuche, bei denen man sich nicht darauf beschränkte, einzelne eigens zu Versuchszwecken geschweißte Probestäbe zu prüfen, sondern größere geschweißte Behälter der Druckprobe unterzog. Derartige Versuche wurden von Diegel[1]) und Rinne[2]) angestellt, von denen ersterer einen mittels Wassergas, letzterer einen azetylengeschweißten großen Hohlkörper dem Druckversuch bis zur Erreichung der Druckprobe unterzog, wobei die bei den einzelnen Druckstufen eintretenden Deformationen genau aufgezeichnet wurden. In beiden Fällen wurde eine vorzügliche Haltbarkeit der Schweißnähte festgestellt, die bei der Zerreißfestigkeit stellenweise über die des vollen Bleches hinausging. Zum Vergleich hat Diegel auch Versuche mit autogen geschweißten, allerdings kleineren Gefäßen angestellt und aus den ungünstigeren Ergebnissen die Minderwertigkeit des autogenen Schweißverfahrens gegenüber der Wassergasschweißung nachzuweisen versucht. Die Versuchsergebnisse können jedoch, wie Rinne zeigt, nicht als beweiskräftig angesehen werden, weil die Schweißung nur von einer Seite her erfolgte, die Naht während des Schweißens nicht gehämmert wurde und ihre Stärke teilweise erheblich geringer war als die des vollen Bleches. Besonders der zweite Umstand läßt die Arbeit nicht als sach- und kunstgerecht erscheinen. Auch bei den von Bach und Baumann untersuchten Autogenschweißungen[3]) sind die zum Teil recht ungünstigen Ergebnisse in den meisten Fällen auf sehr mangelhafte Ausführung der Schweißung zurückzuführen. Wenn nun auch zuzugeben ist, daß gerade bei der Autogenschweißung große Anforderungen an die persönliche Geschicklichkeit und Gewissenhaftigkeit des Schweißers gestellt werden müssen, so ist anderseits zu bedenken, daß die Veröffentlichungen noch aus einer Zeit stammen, zu der sich die Autogenschweißung erst in der Entwicklung befand und deshalb der schon Jahrzehnte geübten Wassergasschweißung gegenüber einen schweren Stand hatte. Inzwischen sind zahlreiche Verbesserungen geschaffen worden, und eine große Zahl Schweißer sind ausgebildet, so daß autogene Schweißanlagen heute auf jedem Hüttenwerk und in jeder Kesselschmiede anzutreffen sind und gute Arbeit liefern.

Die Frage der Betriebssicherheit kann auf Grund der praktischen Bewährung für sämtliche bisher behandelten Verfahren bejaht werden, so daß für ihre Anwendung im Einzelfalle lediglich die technische Ausführungsmöglichkeit und die Kostenfrage entscheidend ist. Bei letzterer spielen die örtlichen Verhältnisse erheblich mit, es sei nur an die großen Unterschiede in den Gas- bzw. Stromkosten erinnert. Bei der Massenherstellung, bei der es in erster Linie darauf ankommt, eine höchste Stundenleistung in laufenden Metern mit den geringsten Kosten zu erzielen, steht die Wassergasschweißung nach wie vor an erster Stelle. Bei den schwierigeren und umständlichen Aufgaben, die der

---

[1]) Stahl u. Eisen 1909, S. 776.

[2]) Stahl u. Eisen 1909, S. 1814; 1910, S. 161.

[3]) Z. V. d. I. 1909, S. 401; 1910, S. 831.

eigentliche Kesselbau stellt, hat sich die Autogenschweißung ein immer größer werdendes Feld erobert. Beiden erwächst ein ernster Wettbewerb in der elektrischen Lichtbogenschweißung.

Die Bewertung der Festigkeits- und Betriebssicherheit von Schweißungen im Dampfkesselbau seitens der Aufsichtsbehörden steht noch immer unter dem Einfluß erheblicher Zweifel in die Zuverlässigkeit einer Arbeit, bei der das persönliche Moment nicht ausgeschaltet werden kann. Infolgedessen wird die Festigkeit von Schweißnähten, auch wenn sie vorschriftsgemäß ausgeglüht sind, nur mit 70% bewertet und außerdem noch an Stellen, die vorwiegend auf Zug beansprucht sind, die Anbringung von Sicherheitslaschen gefordert. Unter diesen Umständen hält es natürlich sehr schwer, Schweißnähte an Stelle von Nietverbindungen zu verwenden, auch dort, wo zugegebenermaßen die durch Schweißung hergestellte Verbindung die zweckmäßigste darstellen würde. Da aber das Ausland in dieser Beziehung vorausgegangen ist und Erleichterungen geschaffen hat, die sich zum Vorteil der Industrie auszuwirken beginnen, so steht zu hoffen, daß eine Durchsicht der als nicht mehr zeitgemäß zu betrachtenden Vorschriften auch bei uns nicht mehr lange auf sich warten lassen wird.

B. Der Zusammenbau der einzelnen Teile in der Kesselschmiede.

Die Arbeiten in der Kesselschmiede erstrecken sich auf die Weiterverarbeitung, das Anrichten und den Zusammenbau der von den Hüttenwerken gelieferten Kesselteile; ferner auf die Vorbereitungen für das Anbringen der groben und feinen Armatur, das meist erst auf der Montagestelle erfolgt. Bei der Mannigfaltigkeit der einzelnen Kesselarten ist es naturgemäß ausgeschlossen, einen nur einigermaßen erschöpfenden Abriß der Werkstättentechnik zu geben, und es sollen daher die einzelnen Arbeitsvorgänge nur in dem Umfange besprochen werden, als eine Einwirkung auf die Materialeigenschaften damit verknüpft oder möglich ist. Nach diesem Gesichtspunkte ergibt sich nachstehende, der Aufeinanderfolge der Arbeiten nach geordnete Gruppierung:

1. Die Kantenbearbeitung der Glattbleche, einschließlich des Ausschneidens der Mannloch- und Stutzenöffnungen; das Ausschärfen der Ecken.
2. Das Biegen der Glattbleche.
3. „ Zusammenpassen und Anrichten:
   a) der gebogenen Schüsse und Laschen,
   b) „ Preß- und Bördelteile.

4. a) Das Bohren, Entgraten und Versenken der Nietlöcher,
   b) ,, Dornen und Aufreiben.
5. Das Nieten und Verstemmen.
6. Der Einbau der inneren Kesselteile (Flammrohre, Feuerbüchsen und Rauchkammern).
7. a) Das Einziehen der Stehbolzen und Anker,
   b) der Rauch- und Siederohre.
8. Der Zusammenbau der einzelnen Elemente bei kombinierten Kesseln.
9. Die Druckprobe.

Je nach den Konstruktionseigentümlichkeiten der verschiedenen Kesselarten kommen einzelne dieser Arbeiten in Fortfall. Diesen rein betrieblichen Arbeiten pflegt noch eine genaue Untersuchung der Bleche und Preßteile in bezug auf Oberflächenbeschaffenheit, Materialdichte und Genauigkeit der Abmessungen vorherzugehen, die sich auch auf die Deutlichkeit und Übereinstimmung der Stempelung mit den Abnahme- oder Werkstattesten erstreckt. Daran schließen sich die Anzeichnerarbeiten an.

1. Die Kantenbearbeitung.

Die Kantenbearbeitung der Bleche erfolgt, je nachdem es sich um gerade oder gekrümmte Begrenzungslinien handelt, durch Hobeln, Abbohren, Ausklinken oder autogenes Ausschneiden. Das allseitige Behobeln der Kantenbleche bleibt auf solche Platten beschränkt, die rechteckige oder trapezförmige Gestalt aufweisen, wie z. B. die Mantelbleche zylindrischer Kessel und die zugehörigen Laschen. Für die Länge dieser Mantelbleche ist das Bodenumfangsmaß bestimmend, zu dem bei stumpfem Stoß die Blechdicke, bei überlapptem außerdem noch die Breite der Überlappung hinzukommt. Für die Bearbeitung ist auf allen Seiten mindestens die halbe Blechstärke zuzugeben, um den Einfluß des Scherenschnittes mit Sicherheit zu beseitigen. In den meisten Fällen ergibt sich jedoch von selbst eine größere Breite des Abfallstreifens, da die Walzwerke die ihnen zustehenden Spielräume voll auszunutzen pflegen.

Das Behobeln der Mantelbleche wird auf besonderen Kantenhobelmaschinen vorgenommen, deren Supportlänge einen durchgehenden Schnitt erlaubt. Nur bei großen Schiffskesselmantelblechen von über 10 m Länge ist dies nicht immer möglich; es muß dann auf der Mitte der Längskante ein Auslauf ausgemeißelt oder ausgebrannt werden. Ecken, die ausgeschärft werden sollen und deshalb beim Hobeln stehen bleiben, werden in gleicher Weise ausgespart.

Um gleichzeitig eine Längs- und eine Stirnkante behobeln zu können, hat man Maschinen mit 2 Supportbetten konstruiert, die im rechten

Winkel aufeinanderstoßen. Bei konischen Schüssen oder Durchdringungskörpern, wie Dommänteln und Verbindungsstutzen, ergibt die Abwicklung zum Teil gekrümmte Begrenzungslinien. Sind die Krümmungsradien dieser Kurven genügend groß, so schneidet man die Ränder auf kurzschnittigen Scheren vor und haut die Stemmkanten mit dem Meißel nach. Hohlschnitte von kleinerem Radius und Öffnungen im vollen Blech werden ausgebohrt oder ausgeklinkt und die stehenbleibenden Vorsprünge ebenfalls mit dem Meißel entfernt. In ähnlicher Weise bearbeitet man auch die ausgeschweiften Ränder von Zickzacklaschen, indem man im Grund der Welle ein Loch bohrt und die Seiten flanken ausmeißelt oder aussägt. Alle bei diesen Arbeiten benutzten Schneid- und Klinkwerkzeuge müssen gut scharf und stramm geführt sein, damit Verwürgungen und Gratbildung, die leicht zu Haarrissen führen, vermieden werden. In vielen Fällen ist autogenes Beschneiden vorzuziehen, auch hierbei muß aber die Kante in genügender Breite nachgehauen werden.

Bei Blechen, die überlappt genietet werden sollen, werden vor dem Anbringen der Heftlöcher die Ecken ausgeschärft. Zu diesem Zweck werden letztere im Schmiedefeuer erhitzt und mit dem Setzhammer oder unter einem Maschinenhammer ausgezogen. Da die dünnen Kanten hierbei schnell abkühlen, ist es nötig, die ganze Ecke nochmals auf Rotglut zu erhitzen.

Hat man Bleche gleicher Abmessungen reihenweise zu verarbeiten, wie die Mantelbleche der Flammrohrkessel, so bohrt man die Heftlöcher paketweise. Die Nietlöcher unmittelbar in die Glattbleche zu bohren, ist nicht zu empfehlen, da sie sich nach dem Biegen gegeneinander versetzen und erheblich nachgerieben werden müssen.

2. Das Biegen.

Das Biegen der Bleche zu zylindrischen oder schwach konischen Schüssen wird in kaltem Zustande auf liegenden oder stehenden Biegewalzen oder auf hydraulischen Biegepressen vorgenommen. Bei Dreiwalzenmaschinen bleiben die Blechenden auf eine beträchtliche Strecke gerade und müssen deshalb vorgebogen werden; bei den Vierwalzenmaschinen, bei denen der Walzenabstand geringer und die beiden äußeren Unterwalzen anstellbar sind, ist die Abweichung nur unerheblich. Im ersteren Falle nimmt man das Vorbiegen auf einer besonderen Anbiegepresse vor, die aber meist nur ein schrittweises Arbeiten erlaubt und deshalb keine so gleichmäßig gerundete Fläche liefert als wenn die ganze Breite in einem Druck gebogen würde. Dies läßt sich durch Einwalzen des Plattenendes in ein stärkeres, nach dem gleichen Radius gebogenes Schablonenblech auch auf der Dreiwalzenmaschine erreichen.

Zum Rundbiegen sehr starker Platten bedient man sich aufrecht stehender Biegepressen, in denen das Blech in senkrechter Lage mittels passend geformter Druckstücke schrittweise auf den gewünschten Radius gebogen wird. Da aber nicht für jeden Radius passende Druckstücke bereit gehalten werden können, hilft man sich durch Beilagen, wobei indes der Umfang nicht genau kreisrund, sondern mehr polygonal auszufallen pflegt. Man ist bei derartigen Pressen auch mit der Breite der Schüsse ziemlich begrenzt, da die Nutzbreite nur selten 3,5 m überschreitet. Werden stärkere Schüsse in größeren Breiten verlangt, wie es z. B. bei den Rohrplatten der Steilrohrkessel der Fall ist, so ist man genötigt, das Biegen in besonderen Preßformen unter der Kümpelpresse vorzunehmen, und zwar in warmem Zustande. Dies gilt auch für die mit besonderen Ausbeulungen versehenen Rohrplatten der Garbekessel. Bezüglich der beim Erwärmen, Pressen und Richten zu beobachtenden Vorsichtsmaßregeln gilt dasselbe wie das bei der Besprechung der Preßarbeit Gesagte.

Die Laschen werden entweder einzeln unter der Presse bzw. auf der Biegewalze durch Einwalzen in Schablonenbleche gebogen oder man walzt sie in Form eines Schusses und schneidet die einzelnen Stücke autogen ab. In diesem Falle muß für ausreichende Entfernung der Schneidkante Sorge getragen werden.

Das Warmbiegen der Kesselschüsse stellt nur einen Ausnahmefall dar, die weitaus größte Mehrzahl wird in kaltem Zustande gebogen. Dabei erfährt die Außenfaser eine Reckung, die Innenfaser eine Zusammendrückung, deren Maß von Biegeradius und Blechstärke abhängig ist. Bei den großen Durchmessern der Flammrohrkessel ist der Längenunterschied am Umfang beider Blechseiten unbedeutend, dagegen erreicht er bei den in kleinerem Radius gebogenen Trommeln der Hochleistungskessel oder der Dampfsammler recht beachtliche Werte. Es beträgt z. B. bei einem zylindrischen Schuß von 1250 m/m Durchmesser und 30 m/m Blechstärke die Reckung bzw. Zusammendrückung der Randfaser 7,5% der ursprünglichen Länge. Die gleiche Änderung ergibt sich bei einem Schuß von 1000 m/m Durchmesser und 25 m/m Stärke oder bei einem solchen von 800 m/m Durchmesser und 20 m/m Stärke. Derartige Werte liegen aber bereits stark an der unteren Grenze der kritischen Kaltbearbeitung und sind geeignet, bei nachfolgender Wärmebehandlung Rückkristallisationsvorgänge oder ähnliche Gefügeänderungen einzuleiten. Als solche ist sowohl die Erhitzung beim Nieten, als die Eigenwärme des Kessels im Betriebe anzusehen. Erstere kann nach Messungen von Baumann[1]) in einer Entfernung von 5 mm vom Nietlochrand bis zu 350° betragen, während bei letzterer

[1]) Jahrb. Schiffbaut. Ges. 1915.

je nach der Oberflächenbeschaffenheit ebenfalls Temperaturen von 2—300 ° auftreten können.

Obgleich derartige Wärmegrade nicht als außergewöhnlich anzusehen sind, darf ihr Einfluß auf die Materialbeschaffenheit nicht unterschätzt werden. Wie bereits früher hervorgehoben wurde, ist für die Gefügeumwandlung nach voraufgegangener Kaltbearbeitung nicht nur die Temperaturhöhe, sondern auch die Zeitdauer der Erwärmung von Einfluß, so daß Temperaturen von 200—300 °, wenn sie sich über Wochen oder Monate erstrecken, eine ähnliche Wirkung hervorzurufen vermögen, wie eine Erhitzung auf 6—700 ° innerhalb von wenigen Stunden. Man darf also nicht, wie es bei der nachträglichen Untersuchung von Kesselschäden häufig zu geschehen pflegt, von solchen Kesselteilen die gleichen Güteziffern, insbesondere die gleiche Dehnung und Kerbzähigkeit erwarten, die sich bei der Abnahmeprüfung der Walzbleche ergeben haben.

Bedenklicher wird der Fall, wenn bei zufälliger oder unvorsichtiger Entleerung eines Kessels unter dem Einfluß des hocherhitzten Mauerwerkes einzelne Blechpartien ins Glühen geraten. Durch eine solche unnatürliche Erwärmung wird der kritische Bereich von 600—700 ° erreicht, bei dem sich die Rückkristallisationsvorgänge in einem Minimum der Zeit vollziehen. Zu der hieraus entstehenden Sprödigkeit kommt als erschwerender Umstand hinzu, daß die Schließkraft der Niete und somit der Gleitwiderstand der Verbindung beim Ausglühen nachläßt, so daß deren durch die Gefügeveränderung ohnehin geschwächte Sicherheit noch mehr Not leidet.

Als weitere beim Kesselbau vorkommende Kaltbiegearbeit sei noch das Biegen der Feuerbüchsmantelbleche für Lokomotiven, sowie der Umfangbleche für die Rauchkammern von Schiffskesseln erwähnt. Da der Biegeradius hierbei zum Teil sehr klein ist, muß sorgfältig darauf geachtet werden, das alles, was zur Bildung von Haarrissen führen kann, beseitigt wird. Dazu gehört der Grat, der vom Scherenschnitt oder vom Hobeln her sich etwa noch an den Blechen befindet und ebenso der Rand des Autogenschnittes. Auch bei den Wasserkammern kommen sehr scharfe Biegeradien vor, deren Einfluß aber weniger gefährlich ist, da diese Stücke ausnahmslos nachträglich ausgeglüht werden.

3. Das Anrichten.

Haupterfordernis für eine dichte Nietverbindung ist ein gleichmäßiges sattes Aufliegen der zu verbindenden Ränder und Borde. Soweit es sich um die Längs- oder Rundnähte zylindrischer Kesselkörper handelt, ist diese Forderung bei genauer Einhaltung der Umfänge und Durchmesser und sorgfältigem Anbiegen der Blechenden verhältnismäßig leicht zu erfüllen. Die einzige Schwierigkeit liegt in dem guten Zusammenpassen der Ecken und Laschenkanten an den sog. Wechseln. Die Rundnähte sind stets überlappt, nur in Ausnahmefällen kommen Laschenverbindungen vor. Bei den Längsnähten dagegen hat man sowohl überlappten als stumpfen verlaschten Stoß. Im letzteren Falle ist ein Ausziehen und Abschärfen der Ecken nicht erforderlich, dagegen werden die Stirnkanten der Laschen meist durch Hobeln abgeschrägt und unter den überdeckenden Rand der Nachbarschüsse bzw. Böden geschoben. Bei den überlappten Längsnähten dagegen müssen die Ecken abgeschärft werden; um nicht mehr als zwei Ecken an einer Stelle zusammenstoßen zu lassen, versetzt man die Längsnähte benachbarter Schüsse gegeneinander.

Besteht ein Schuß aus zwei Platten verschiedener Stärke, wie es bei den Trommeln der Steilrohrkessel häufig der Fall ist, und will man in solchen Fällen die Nachteile der Überlappungsnaht vermeiden, so müssen die Längsnähte besonders hergerichtet werden. Man hobelt dann entweder die Ränder der stärkeren Platte auf die Breite der Lasche soweit ab, daß sie die gleiche Stärke wie die dünnere Platte bekommen oder spart die Laschen durch Abhobeln entsprechend aus. Auch kann man auf die dünnere Platte Futterstücke auflegen, deren Stärke gleich dem Unterschied der Blechdicken ist. Von diesen Kunstgriffen sollte man indes nur dann Gebrauch machen, wenn der Stärkenunterschied ein beträchtlicher ist. Ist dies nicht der Fall, so ist es das ratsamste, beiden Platten von vornherein die gleiche Blechstärke zu geben.

Das Anrichten der Mantelbleche an die Böden bietet ebenfalls wenig Schwierigkeiten, wenn die Endschüsse genau nach den Bodenumfängen angezeichnet und bearbeitet sind. Geringe Abweichungen lassen sich vor dem Nieten auf der Nietmaschine beirichten. Vorbedingung für ein genaues Anliegen ist eine gute Winkligkeit der Bodenborde, die daher beim Anzeichnen genau nachgeprüft werden muß. Am sichersten geht man, wenn man die Bodenborde außen abdreht, man kann auf diese Weise eine so große Genauigkeit erzielen, daß man den Boden in den gelinde erwärmten Schuß einziehen kann. Bei Mänteln mit geschweißten Längsnähten dreht man auch den Schuß innen an der Anlagefläche aus.

Beim Anrichten im kalten Zustande bleiben die einzelnen Teile durch Heftschrauben verbunden. Das Kaltanrichten ist bei den Rundkesseln bei einigermaßen genauer Vorbereitung ohne weiteres möglich, bei den nicht zylindrischen Teilen, wie Feuerbüchsen, Rauchkammern, Wasserkammern und allen Verbindungsstücken muß das Anrichten vorwiegend unter Erwärmen erfolgen. Dies ist in genügender Ausdehnung vorzunehmen, damit die Gefahr der Blauwärmebearbeitung vermieden wird. Man bedient sich dazu fester oder beweglicher Koks-

oder besser noch Holzkohlenfeuer, die mit Gebläseluft betrieben werden. Auch mit Öl gespeiste, unter Druck betriebene Brenner haben sich vorteilhaft erwiesen, dagegen ist die Anwendung von Schweißbrennern zu diesem Zwecke wegen der starken örtlichen Erwärmung, die zu Spannungen führt, unbedingt zu verwerfen. Kleine, leicht transportable Teile, wie Dome und Verbindungsstutzen, werden auf dem Schmiedefeuer erwärmt und unmittelbar auf dem Kessel oder auf Schablonen von gleichem Krümmungsradius angerichtet.

Bei der Beeinträchtigung der Materialeigenschaften durch unsachgemäßes Anrichten tritt wieder der Einfluß örtlicher Erwärmung und der Kalt- sowie Blauwärmebearbeitung in Erscheinung. Jede örtliche Erwärmung eines Körpers ruft wegen der damit verknüpften Ausdehnung in den an die erwärmte Stelle angrenzenden Partien Spannungen hervor, die sich weit in das Material hinein fortsetzen. Erfolgt die Erhitzung unvermittelt, so können diese Spannungen einen solchen Wert annehmen, daß die Streckgrenze des Materials überschritten wird und bleibende Deformationen eintreten. Unter besonders ungünstigen Umständen kann eine örtlich zu stark begrenzte Erhitzung sogar zu Rißbildung führen.

Beim Erkalten vollzieht sich ein Spannungsausgleich, der um so vollständiger ist, je gleichmäßiger die Erwärmung verlief und je weniger der Körper während der Dauer derselben in seiner Form geändert wurde. Beschränkte sich die Bearbeitung auf Stellen, die infolge ausgiebiger Erwärmung genügend plastisch waren und wurde die Formänderung abgeschlossen, bevor die Bildsamkeit erheblich nachließ, so liegt weiter keine Gefahr vor. Die Spannungen wirken sich in solchem Falle da aus, wo das Material noch nachgiebig genug ist. Anders aber ist es, wenn die Bearbeitung sich auf ungenügend erwärmte Zonen erstreckt oder bis zum Aufhören jeglicher Warmbildsamkeit fortgesetzt wird. Durch eine solche gewaltsame Behandlung wird das Material gerade in einem Temperaturgebiete beansprucht, in dem es außerordentlich spröde ist und diese Sprödigkeit behält es bei, wenn dieser Zustand nicht durch nachträgliches Ausglühen wieder beseitigt wird. Das ist aber in den seltensten Fällen ausführbar und gebräuchlich, soweit es sich um weiter in der Fabrikation fortgeschrittene Teile handelt.

Das Auftreten bleibender Spannungen kann auch dann erfolgen, wenn man den Körper an seiner natürlichen Ausdehnung bzw. Schrumpfung hindert. Dies ist der Fall, wenn die Heftschrauben zu nahe an der erwärmten Stelle sitzen oder beim Erkalten ein- bzw. angezogen werden. Desgleichen muß die erkaltende Stelle vor einseitiger schneller Abkühlung geschützt werden.

Mäßiges Anrichten in kaltem Zustande ist weit weniger mit Schädigungen verknüpft, vorausgesetzt, daß es nicht in zu strenger

Kälte vorgenommen wird und die Formänderung sich in allmählichem Übergang vollzieht. Unmittelbares Behämmern der Oberfläche ist zu vermeiden, besonders an Stellen, an denen eine spätere Erwärmung zu erwarten ist, wie z. B. an den Nietnähten. Wenn das Anrichten daher nicht durch ruhigen Pressendruck bewerkstelligt werden kann, muß man sich des Setzhammers bedienen. Vielfach ruft man künstlich örtliche Oberflächenspannung durch Behämmern solcher Stücke hervor, die man gerade richten oder biegen will, so z. B. beim sog. Spannen von Platten oder beim Anrichten starker Mantelbleche. Eine solche Behandlungsweise, die zu dauernden Spannungszuständen führt, ist im Kesselbau unbedingt zu verwerfen.

4. Das Bohren.

Sind die zylindrischen Kesselkörper oder die sonstigen, ein geschlossenes Aggregat bildenden Teile zusammengeheftet und angerichtet, so schreitet man zum Bohren der Nietlöcher. Hierzu bedient man sich feststehender oder auf einem Bett verfahrbarer Radialbormaschinen, soweit es sich um Nietlöcher handelt, die von außen her gebohrt werden können. Für das Bohren an weniger leicht zugänglichen Stellen, wie z. B. an den Rohrlochborden, verwendet man dagegen kleine transportable Bohrmaschinen, die entweder direkt oder durch eine elastische Welle mit dem Motor gekuppelt sind.

Über die Beeinflussung des Materiales durch die Bohrarbeit ist nicht viel zu sagen. Als Werkzeug dienen mit Seifenwasser gekühlte Spiralbohrer und Schnelldrehstahl, deren Schneidkanten zur Erzielung glatter Ränder und Innenflächen stets scharf gehalten werden müssen. In diesem Zusammenhang sei auf das unterschiedliche Verhalten der Bleche beim Bohren hingewiesen. Ab und zu hört man Klage führen, daß sich die Bleche schlecht bohren lassen, wobei die Schneidkanten stumpf werden und die Bohrer abbrechen. Gewöhnlich vermutet man, daß die Bleche zu hart seien, bei näherer Untersuchung stellt sich jedoch das Gegenteil heraus, es handelt sich meist um Material, dessen Oberfläche zu weit entkohlt ist und deshalb den Bohrer verschmiert. Durch reichlichere Zufuhr von Seifenwasser läßt sich der Übelstand gewöhnlich beheben, so daß sich wieder lange zusammenhängende Späne ergeben. Bleiben diese trotzdem kurz und abgerissen, so liegt der Verdacht vor, daß die Kanten überglüht sind und grobes Gefüge aufweisen. In diesem Falle tut man gut, die Bleche noch einmal bei 900° auszuglühen, um das normale, feine Korn wieder herzustellen.

In gleicher Weise wie die Nietlöcher werden die Stehbolzenlöcher der Lokomotivfeuerbüchsen, der Wasserkammern sowie der Schiffskessel gebohrt. Da die zu verbindenden Bleche sich in einem gewissen Abstand voneinander befinden, muß hier ganz besonders auf genaue Einhaltung der richtigen Lage der Lochachsen geachtet werden. Bei den Löchern der Rauch- und Siederohre wird erst ein kleines Loch vorgebohrt, das als Führung für die Spindel eines Kronenbohrers dient, dessen eingesetzte Messer eine Scheibe aus der Rohrwand ausstechen. In die Stehbolzen- wie Ankerrohrlöcher wird Gewinde eingeschnitten.

Nach dem Bohren der Nietlöcher werden die Laschen wieder abgenommen und die einzelnen Schüsse oder sonstigen Teile auseinander gebaut, damit der Bohrgrat entfernt werden kann. Dies erfolgt durch Aufreiben, wobei auch die äußeren Lochränder so tief versenkt werden, daß sich später am Niet ein konischer Übergang zwischen Kopf und Schaft bildet. Alle Dichtungs- und Auflageflächen, sowie Stoßkanten werden von Rost und Glühspan gesäubert, wozu man Bürsten, Feilen oder Schmirgelscheiben benutzt. Diesen Reinigungsarbeiten folgt der zweite Zusammenbau, bei dem es sich lediglich darum handelt, die gemeinschaftlich gebohrten Teile wieder in eine solche Lage zu bringen, daß sich die zusammengehörigen Nietlöcher decken. Alle Anrichtarbeit, insbesondere solche, die Erwärmen erfordert, sollte schon beim ersten Zusammenbau erledigt sein. Das genaue Anrichten erfolgt mit Hilfe sog. Dorne, das sind an den Enden sich verjüngende Bolzen, deren dickste Stelle nicht größer sein darf, als der Nietlochdurchmesser. Wird ein solcher Dorn durch einige Lochpaare durchgeschlagen, so müssen sich praktisch alle übrigen Löcher decken. Geringfügige Versetzungen, die sich naturgemäß nicht vermeiden lassen, werden durch Ausreiben beseitigt, keinesfalls aber durch Durchtreiben des Dornes. Am empfehlenswertesten ist es, sämtliche Löcher aufzureiben, wie es in verschiedenen Werkstätten mit Hilfe einer besonderen Vorrichtung in der Nähe der Nietmaschine geschieht. Durch leichtsinnigen Gebrauch des Dornes können schwere Schädigungen des Materiales hervorgerufen werden. Es bilden sich ovale und schiefgerichtete Nietlöcher, die Lochränder werden stark verquetscht, und es wird dadurch die Bildung von Haarrissen befördert, die auch durch nachträgliches Aufreiben sich nicht mit Sicherheit beseitigen lassen. Außerdem werden solch mangelhafte Löcher nur unvollkommen vom Niet ausgefüllt, so daß auch die Schließkraft beeinträchtigt wird.

Ist beim zweiten Zusammenbau ein gutes Passen aller Teile erzielt worden, worüber sich die Werkstattsleitung durch eingehende Kontrolle zu vergewissern pflegt, so kann zum Einziehen der Niete geschritten werden. Der letzte Teil der Anrichtarbeit, das Schließen der noch verbleibenden geringen Fugen, wird von der Nietmaschine selbst übernommen.

5. Das Nieten und Verstemmen.

Die Anforderungen, die im Kesselbau an die Güte der Nietnähte gestellt werden, sind zweifacher Art. Die Nietverbindung muß stark genug sein, um den durch den Dampfdruck hervorgerufenen Beanspruchungen ohne Anzeichen von Deformation zu widerstehen und sie muß fernerhin genügende Dichtigkeit besitzen, um das Entweichen von Dampf oder Wasser aus dem unter hoher Spannung stehenden Kesselinnern zu verhindern. Die erste Bedingung wird durch zweckmäßige Konstruktion, also durch richtige Verteilung und ausreichende Abmessungen der Niete erfüllt, bei der zweiten kommt es vorzugsweise auf die Schließkraft der Niete an, die ihrerseits wieder von ihrem Schrumpf, sowie vom guten Passen und der Oberflächenbeschaffenheit der Bleche abhängig ist. Gefördert wird der gute Schluß durch Verstemmen der Nietköpfe und Blechkanten, beeinträchtigt durch die Anwesenheit von Zunder zwischen Nietkopf und Blech.

Die Schließkraft beruht auf der Zusammenziehung, die der Schaft des warm eingezogenen Nietes beim Erkalten erleidet. Durch den Widerstand, den der Blechquerschnitt der Verkürzung des Nietschaftes entgegensetzt, werden in letzterem Zugspannungen und an den Anlageflächen des Nietkopfes Druckspannungen erzeugt, die einander das Gleichgewicht halten. Die Intensität der Zugspannung läßt sich aus der Längenänderung, die beim unbehinderten Zusammenziehen eintreten würde, leicht berechnen, sie wird nach oben durch die Streckgrenze des Nietmateriales begrenzt. Der Gleitwiderstand der Bleche in der Richtung senkrecht zum Nietschaft ist proportional der Oberflächenpressung, er ist für die Sicherheit der Nietverbindung von ausschlaggebender Bedeutung und wird in diesem Zusammenhange noch später zu behandeln sein.

Das fertig eingezogene Niet besteht aus dem zylindrischen Schaft und den beiden Nietköpfen, die für gewöhnlich die Form von Kugelabschnitten (Kalotten), bei versenkten Nieten von abgestumpften Kegeln haben. Der Übergang von Schaft zum Kopf ist nicht scharfkantig, sondern abgeschrägt. Im allgemeinen ist der eine Nietkopf, der sog. Setzkopf, schon am Niet vorhanden, während der andere aus dem überstehenden Schaftende gebildet wird. Bei der sog. Stiftnietung, die in den letzten Jahren in einer Reihe von Kesselschmieden Eingang gefunden hat, werden dagegen beide erst beim Nieten gebildet, wobei Vorsorge getroffen werden muß, daß beide Köpfe gleich groß und konzentrisch ausfallen. Dieser Zweck wird ohne weiteres durch die sog. Schuchsche Stiftnietung erreicht, bei der das Niet einen Kopf in Form eines abgestumpften Kegels trägt. Dieser ist so gestaltet, daß ein Teil des Materials mit in das Nietloch hineingepreßt und dieses somit von beiden Seiten her voll ausgefüllt wird. Der Hauptvorteil liegt jedoch darin, daß beim Bilden des Setzkopfes der Glühspan abspringt und keine Gelegenheit hat, sich unter dem Rande festzusetzen, wie es bei Nieten mit fertigem Kopfe leicht der Fall ist.

Für die Stiftnietung kommt ausschließlich das maschinelle Nietverfahren in Frage, das im Kesselbau überall da angewandt wird, wo die Nietstelle von der Maschine erfaßt werden kann. Ist dies nicht der Fall, wie z. B. beim Einziehen des zweiten Bodens, so kommt Nietung von Hand oder mittels pneumatischer Hämmer zur Anwendung. Die Nietmaschinen, die ortsfest oder beweglich ausgeführt werden, bestehen im wesentlichen aus einem kräftigen Stahlgußbügel, dessen Maulweite der größten vorkommenden Schußbreite entspricht. Der eine Schenkel des Bügels trägt am freien Ende den Zylinder und die Steuerorgane für den durch Preßwasser bewegten Nietstempel, der andere den Gegenhalter für den Setzkopf. Oft ist mit dem Nietstempel noch ein sog. Blechschließer verbunden, der die Bleche vor der Bildung des Nietes aufeinander gepreßt hält. Bei gutem Anrichten ist dieses Organ indes entbehrlich und deshalb meist nicht in Benutzung. Die bei Nieten verschiedener Stärke erforderlich werdende Abstufung der Drücke wird durch Einzel- oder Zusammenwirken von Preßkolben oder durch Veränderung der Akkumulatorbelastung erzielt, die Höhe des Druckes durch Kontrollmanometer angezeigt und neuerdings auch registriert. Vereinzelt kommen auch elektrisch betätigte Kniehebelpressen als Nietmaschinen zur Verwendung, die jedoch keine Änderung des Nietdruckes zulassen.

Bei der Handnietung wird der Schließkopf durch Hammerschläge auf den Döpper gebildet, in dessen Höhlung sich das vorstehende Ende des Nietschaftes zum Nietkopf formt. Der Setzkopf ruht dabei in einem ebenfalls ausgehöhlten Gegenhalter, der als Hammer oder Kopf einer Schraubenzwinge ausgebildet ist.

Zur Erwärmung der Niete dienen kleine, mit Koks oder Brennöl gefeuerte Öfen, die das Niet gleichmäßig erwärmen und möglichst vor Oxydation schützen. Auch elektrische Widerstandserhitzung kommt in neuerer Zeit zur Anwendung.

Wie bereits hervorgehoben wurde, genügt für einen guten Schluß die Pressung, die das erkaltende Niet auf die zu verbindenden Bleche ausübt, vollauf. Dabei ist Voraussetzung, daß die Flächen während des Nietens ohne zu klaffen aufeinander liegen, damit nicht durch die federnde Wirkung der Blechränder das noch heiße Niet eine Längung erfährt. Ein solches Federn tritt dann leicht ein, wenn nicht genügend Heftschrauben eingezogen sind und mit zu starkem Druck gearbeitet wird. Bei der Handnietung, bei der die Nietarbeit lediglich auf die Stauchung des Schaftes und Bildung des Schließkopfes beschränkt bleibt, kommen zusätzliche Drücke kaum in Frage, selbst wenn Preßlufthämmer verwandt werden. Auch ist während des Nietens die Temperatur meist schon so weit gesunken, daß eine Längung nicht mehr eintreten kann. Beim Maschinennieten liegen dagegen die Verhältnisse anders. Hier besteht der Nietvorgang nur in einem einzigen Druck, der etwa 1—2 Sekunden anhält. Während dieser kurzen Zeit büßt das hocherhitzte Niet, dessen Eigenwärme noch durch die Kompressionswärme vermehrt wird, an Temperatur nicht nennenswert ein. Man muß deshalb den Nietstempel noch eine gewisse Zeit auf dem Niet ruhen lassen, bis letzteres soweit erkaltet ist, daß es nicht mehr gelängt wird. Als gute Erfahrungsregel kann man annehmen, daß der Stempel soviel Sekunden aufsitzen soll, als der Nietdurchmesser Millimeter beträgt.

Beim Maschinennieten wird gewöhnlich eine bedeutend größere Energiemenge aufgewandt, als für die reine Umformungsarbeit — Stauchen des Schaftes und Bildung des Nietkopfes — erforderlich ist. Bei diesem Vorgange befindet sich das Nietmaterial im Fließzustande und verhält sich daher, sobald der Rand des Döppers auf der Blechoberfläche oder dem Randwulste des Schließkopfes aufsitzt, ähnlich wie eine in einem geschlossenen Gefäß unter Druck gesetzte Flüssigkeit. Es wird daher nicht nur auf die Lochränder, sondern auch auf die Innenfläche des Loches ein Druck ausgeübt, der je nach der Höhe der Gesamtpressung sehr hohe Werte für die Flächeneinheit erreicht. Zu diesen von außen wirkenden Flächendrücken kommen noch bedeutende innere Spannungen infolge der Wärmeübertragung vom Niet auf das Blech. Durch die behinderte Ausdehnung werden an den Lochrändern Druckspannungen und als Gegenwirkung in den anschließenden Blechpartien Zugspannungen hervorgerufen, die zu Deformationen der gefährdeten Querschnitte führen können. Als äußere Kennzeichen des Zusammenwirkens dieser Beanspruchungen machen sich Eindrücke unter den Nietköpfen, Fließfiguren zwischen den Nietlöchern und Ausbauchungen an den Stemmkanten bemerkbar.

Derartige Deformationen infolge zu hohen Nietdruckes und von Wärmeeinflüssen wirken um so bedenklicher, als sie sich in einem Temperaturgebiet vollziehen, auf dessen schädliche Einwirkung schon wiederholt hingewiesen worden ist, nämlich im Bereich der sog. Blauwärme. Es müssen deshalb ausreichende Vorkehrungen getroffen werden, um Überbeanspruchungen zu vermeiden bzw. auf ein erträgliches Maß zurückzuführen. Dies geschieht einmal durch Anpassen des Nietdruckes an die zu leistende Umformungsarbeit, das andere Mal durch wirksame Ableitung der überschüssigen Wärmemengen. Um letzteren Zweck zu erreichen, kühlt man das Nietwerkzeug durch Wasserzufluß und nietet im Wechsel, d. h. man überschlägt ein oder mehrere Niete und geht bei mehrreihigen Nietnähten abwechselnd von einer zur anderen Reihe über. Zu dieser Arbeitsweise ist man schon deshalb genötigt, weil sonst ein Aufwölben und Klaffen der Blechränder eintreten würde. Das Bestreben der Blechränder, sich unter dem Druck des Nietstempels aufzuwölben, kann sehr deutlich veranschaulicht werden, wenn man zwei kleinere Blechstücke durch ein unter starkem Druck eingezogenes Niet zusammenheftet. Die Kanten klaffen dann, je nach der Stärke des angewandten Druckes, 1—2 mm auseinander. Ähnlich verhalten sich die Blechkanten, wenn beim Nieten übermäßiger Druck angewandt wird. Das nachträgliche Verstemmen kann dann nicht zu einem vollkommenen Aufeinanderliegen führen. Dadurch wird aber nicht allein die Dichtigkeit, sondern auch die Festigkeit der Nietnaht beeinträchtigt. Für letzteres ist, wie bereits erwähnt, der Gleitwiderstand ausschlaggebend, der seinerseits von der Schließkraft des Nietes und der Oberflächenbeschaffenheit der Bleche abhängig ist. Während früher bei der Festigkeitsberechnung der Nietverbindung vorzugsweise die Scherfestigkeit der Niete und der Blechquerschnitte zugrunde gelegt wurde, führt man nach den neueren Anschauungen den Gleitwiderstand, also die durch die Flächenpressung hervorgerufene Reibung, in die Rechnung ein. Für diese hauptsächlich durch Bach vertretene Richtung ist folgende Überlegung maßgebend: „Das Niet erfährt beim Erkalten nicht nur eine Zusammenziehung in axialer, sondern auch in radialer Richtung. Dadurch wird aber das während der Stauchung des Nietschaftes eingetretene innige Anliegen an den Nietlochflächen wieder aufgehoben und auf diese Weise die wichtigste Voraussetzung für die Sicherheit einer auf der Scherfestigkeit beruhenden Nietverbindung hinfällig gemacht.“ Liegen nämlich die Flächen, welche nach dieser Anschauung die Kräfte übertragen sollen, nicht stramm aneinander an, so würden sie bei wechselnder Beanspruchung verdrückt werden und eine Lokkerung der gesamten Verbindung würde sehr bald eintreten. Ein so guter Schluß, wie er in diesem Falle erforderlich wäre, ließe sich nur durch Aufreiben der Löcher auf den genauen Nietdurchmesser und kaltes Nieten erreichen, bei warm eingezogenen Nieten muß sich aus dem erwähnten Grunde immer ein gewisses Spiel ergeben. Da aber im Kesselbau alle Nietverbindungen auf warmem Wege hergestellt werden, außerdem die Beanspruchungen der Nietnaht durch Innendruck und Temperatureinflüsse innerhalb sehr erheblicher Grenzen schwanken, so ist leicht einzusehen, daß die Sicherheit einer Nietverbindung im Dauerbetrieb in erster Linie vom Gleitwiderstand abhängt, und daß die Scherfestigkeit erst dann zur Wirkung kommt, wenn erstere durch Umstände irgendwelcher Art eine Beeinträchtigung erfahren hat. Sind daher bei Kesselschäden Anzeichen von Scher- oder Schubbeanspruchung an den Nietschäften oder Nietlöchern wahrzunehmen, so ist anzunehmen, daß die Nietung von vornherein nicht richtig ausgeführt war oder daß die Schließkraft durch Konstruktionsmängel oder Betriebseinflüsse eine nachträgliche Minderung erfahren hat. Konstruktionsfehler, die auf ungenügender Nietstärke oder zu weiter Nietteilung beruhen, dürften bei den genauen, behördlichen Ausführungsvorschriften als ausgeschlossen gelten, dagegen bringt es die Eigentümlichkeit mancher Konstruktion mit sich, daß hier und da mit einem Sicherheitsgrad gerechnet wird, der in der angenommenen Höhe tatsächlich nicht vorhanden ist. Dies gilt z. B. für die überlappten Längsnähte zylindrischer Kessel von geringem Durchmesser bei hohem Dampfdruck. Die zusätzlichen Biegungsbeanspruchungen, die hierbei im Blech wie im Nietschaft auftreten, betragen nach Bach[1]) bei völliger Vernachlässigung des Gleitwiderstandes das 6fache der Zugbeanspruchung. Bei der Festigkeitsberechnung bleibt diese Möglichkeit jedoch meist unberücksichtigt, in der stillschweigend gemachten Annahme, daß keine Verschiebung oder Lockerung eintreten wird. Dies ist jedoch nur dann der Fall, wenn der Gleitwiderstand in vollem Umfang vorhanden ist und erhalten bleibt. Erfährt derselbe infolge der geschilderten Umstände eine Herabminderung, so muß sich die Wirkung der zusätzlichen Beanspruchungen in um so höherem Maße bemerkbar machen, je mehr das Material durch den Einfluß übermäßigen Nietdruckes und örtlicher Erhitzung in seiner Zähigkeit beeinträchtigt worden ist.

Im Anschluß an das Nieten wird das Verstemmen der Blechkanten und Nietköpfe vorgenommen. Es erfolgt dies entweder von Hand oder durch Preßluftwerkzeuge. Beim Kantenstemmen werden die abgeschrägten Ränder entweder zunächst in der ganzen und dann in nach unten abnehmender Breite glatt angetrieben (deutsche Art), oder es wird im Abstand von einigen Millimetern vom unteren Blechrand eine Hohlkehle eingestemmt und darauf der dadurch gebildete untere Wulst noch weiter angetrieben (englische oder amerikanische Art). Bei den Nietköpfen wird in ähnlicher Weise verfahren. Der beim Stemmen sich bildende Grat wird sodann entfernt, kann aber auch stehen bleiben, wenn man Verletzungen des Bleches durch den dabei benutzten Meißel zu befürchten hat.

Bei der Druckprobe zeigt es sich, ob die Nietnähte die erforderliche Dichtigkeit aufweisen. Bei sorgfältiger Ausführung der Anrichte- und Nietarbeit muß dies im großen und ganzen auch ohne vorheriges Verstemmen der Fall sein. Einzelne Vorschriften untersagen deshalb das Verstemmen vor der Druckprobe, damit man ein Bild von der Güte der Nietarbeit gewinnen kann. Die Stellen, an denen Wasser durchschwitzt, werden so lange weiter verstemmt, bis vollkommene Dichtheit eingetreten ist. Am schwierigsten ist dies bei den Nietköpfen zu

---

[1]) Maschinenelemente, 11. Aufl. S. 190.

erreichen, unter denen sich Zunder festgesetzt hat. In dieser Beziehung verhalten sich die mittels Stiftnietung hergestellten Köpfe am günstigsten. Der Prozentsatz der Niete, die überhaupt Nachstemmen erfordern, ist in solchem Falle sehr gering; er beträgt normalerweise 1—2% und geht nicht über 5% hinaus.

Die Erscheinungen, die durch unvorsichtige und unsachgemäße Nietarbeit hervorgerufen werden, fallen unter das Kapitel Kaltbearbeitung. Man muß daher, wenn man der Vorgeschichte einer schadhaft gewordenen Nietnaht nachgeht, alle mit der Nietarbeit in Zusammenhang stehenden Bearbeitungsvorgänge und deren Einfluß auf die Materialeigenschaften in Betracht ziehen. Die sich daraus ergebenden Fehlerquellen seien deshalb noch einmal kurz zusammengefaßt:

a) Vorarbeiten für das Nieten. Unvollständiges Biegen der Blechenden führt zu Spannungen beim Zusammenheften und beim Nieten, Anrichten in der Blauwärme ruft Sprödigkeit hervor.

Bohren mit stumpfem Werkzeug oder Aufdornen versetzter Nietlöcher bewirkt Materialquetschung, die bei nachfolgender Erwärmung zu Rückkristallisation Anlaß gibt. Kennzeichen im Gefügebild: Gleitlinien und Vergrößerung der Ferritkörner.

Ungenügende Beseitigung des Bohrgrates kann Bildung von Haarrissen einleiten und beeinträchtigt die Dichtigkeit.

b) Eigentliche Nietarbeit. Zu starker Nietdruck bewirkt Aufwölben der Blechränder, Eindrücke unter dem Nietkopf, Reckung und evtl. Aufreißen der Lochleibungen, Ausbauchen der Stemmkanten.

Zu hohe örtliche Erhitzung infolge ungenügender Wärmeableitung verursacht Materialspannungen, die zur Überschreitung der Streckgrenze führen können, sowie Rückkristallisations- und Blauwärmeerscheinungen an den deformierten Partien.

Als sekundäre Erscheinungen treten Risse auf, die radial an den Lochrändern ansetzen und einzeln oder in Scharen von einem zum andern Nietloch verlaufen.

Vorzeitiges Freigeben des Nietes durch den Nietstempel führt zur Längung des Nietschaftes und setzt den Schließdruck herab. Einlagerung anhaftenden Zunders zwischen Setzkopf und Blechoberfläche verringert die Schließkraft und die Dichtigkeit. Ungenügende Erwärmung der Nietköpfe ruft Eindrücke und Abspringen der Nietköpfe hervor.

c) Nacharbeit. Unsachgemäßes Verstemmen führt zu Beschädigungen der Blechoberfläche, ebenso unvorsichtiges Abmeißeln des Stemmgrates. Ins Blech eindringende Stemmrillen bilden häufig den Ausgang von Rissen.

Es liegt auf der Hand, daß auch bei noch so vorsichtiger Arbeit sich die erwähnten Fehlerquellen nicht gänzlich abstellen lassen. Angesichts der immer weiter steigenden Ansprüche an die Leistungsfähigkeit der Kessel und der damit verknüpften höheren Beanspruchung des Materials muß jedoch gerade bei der Nietarbeit die strengste Beobachtung aller Vorsichtsmaßregeln und weitgehenste Anwendung aller zweckentsprechenden Hilfsmittel gefordert werden. Den Einwand, daß früher bei der gleichen Arbeitsweise die Bleche im allgemeinen besser gehalten hätten, kann man schon aus dem Grunde nicht gelten lassen, weil bei dem geringeren Dampfdruck die Temperaturverhältnisse günstiger waren.

6. Der Einbau der Innenteile.

Dem Vernieten der Flammrohre mit den Rohrlochborden der Böden geht ebenfalls ein Anrichten und gemeinsames Verbohren voraus, und zwar erfolgen diese Arbeiten, bevor der zweite Boden eingenietet ist. Nach ihrer Erledigung werden bei den Landdampfkesseln die Flammrohre wieder herausgenommen, vom Bohrgrat befreit und, nachdem der zweite Boden genietet ist, wieder eingezogen. Zu diesem Zwecke werden die Rohrlöcher des Vorderbodens um ein bestimmtes Maß, meistens 25 mm, im Durchmesser größer gehalten, als die des Hinterbodens, so daß sich die Rohre bequem von vorn her durchschieben lassen. Bei den Schiffskesseln, bei denen die Flammrohre mit den Rauchkammervorderwänden vernietet oder verschweißt sind, ist jedoch ein Einbringen dieser Teile in den geschlossenen Außenkessel nicht möglich. Man setzt sie daher ein, bevor dieser durch die Rückwand geschlossen wird, bohrt und vernietet die Rohrlochborde und zieht die Rauch- und Ankerrohre ein, welche die Rauchkammer mit dem Vorderboden verbinden. Ebenso werden die seitlichen Stehbolzen, Deckenträger und alle sonstigen Teile des Innenkessels angebracht, die nicht in Verbindung mit dem Hinterboden stehen. Zum Schluß wird auch dieser eingenietet und die die beiden Böden verbindenden Anker eingezogen. Bei den sog. Doppelendern müssen außer den Ankern auch die in den zweiten Boden mündenden Rauchrohre nach dem Verschließen des Kessels durch diesen eingezogen werden.

7. Das Einziehen der Stehbolzen, Anker und Rohre.

In ähnlicher Weise vollzieht sich der Zusammenbau der Feuerkisten bzw. der Stehkessel mit den Längskesseln bei den Lokomotiven. Auch hier kommen Stehbolzen und Rauchrohre in großer Zahl zur Verwendung. Bei den Wasserrohrkesseln werden die Rohre dagegen als Siederohre benutzt, und zwar die weiteren für Kammerkessel, die engen für Steilrohrkessel. Somit hat man es, abgesehen von den Blechen und Nieten, mit folgenden als Walzerzeugnis hergestellten bzw. aus solchen gefertigten Konstruktionsteilen zu tun: Stehbolzen, massive Anker, Rauch- und Siederohre. Bei letzteren beiden Sorten bezeichnet man die starkwandigen als Ankerrohre. Außer der nach konstruktiven Gesichtspunkten erfolgenden richtigen Bemessung und Anordnung dieser Teile ist für eine gute Bewährung im Betriebe größte Sorgfalt und Genauigkeit bei der Werkstättenarbeit erforderlich.

Die Stehbolzen, die zur Versteifung flacher oder gerundeter Kessel- und Kammerwandungen dienen, werden mit feingängigem Gewinde in diese eingeschraubt. Sie tragen entweder abgerundete Köpfe, bei denen der Gegenkopf durch Kalthämmern gebildet wird, oder flache Muttern mit Unterlagscheiben, die bei der Verbindung nicht paralleler Wänden entsprechend abgeschrägt sind. Neuerdings hat man auch Stehbolzen mit Kugelkopf zur Anwendung gebracht. Letzterer ruht gelenkartig in einer Pfanne, die durch eine kappenartige Überwurfmutter abgedichtet wird. Die Erzielung einer guten Abdichtung bietet bei den Stehbolzen die Hauptschwierigkeit, deren man mit den verschiedensten Mitteln Herr zu werden sucht, u. a. durch Verwendung dünner Unterlagsscheiben aus Kupfer. Ohne Verstemmen geht es aber in den seltensten Fällen ab und damit ist die gleiche Fehlerquelle gegeben wie beim Verstemmen der Nietköpfe. Erschwerend kommt hinzu, daß es sich bei Stehbolzenverbindungen meist um dünnere Bleche handelt, die schon wegen ihrer Form zum Durchfedern neigen, so daß fehlerhafte Behandlung erhöhte Gefahr in sich schließt.

Obgleich mit Muttern versehene Stehbolzen wegen der größeren Auflageflächen die zu verbindenden Wandungen besser abstützen und dichthalten, ist ihre Verwendung doch nicht an allen Stellen möglich. Insbesondere ist es unzulässig, sie an solchen Stellen anzuwenden, wo sie den Feuergasen unmittelbar ausgesetzt sind, weil die Muttern infolge der durch die Materialanhäufung bedingten Wärmestauung leicht verbrennen würden. Auch wo man mit einer sehr engen Teilung zu rechnen hat, wie bei den Lokomotivfeuerbüchsen, verwendet man Stehbolzen mit runden oder glatten verstemmten Köpfen.

Die Stehbolzen werden vielfach mit einer Längsbohrung versehen, die an der Seite, die zugänglich ist, offen bleibt, an der entgegengesetzten mit einem Pfropfen verschlossen wird. Auf diese Weise macht sich der Bruch eines Stehbolzens sofort durch ausdringendes Wasser oder Dampf bemerkbar.

Die massiven Anker werden ebenfalls mittels Gewinde und Mutter in die Stirnwände eingeschraubt. Wegen der höheren Beanspruchung nietet man auf die Durchgangsstellen runde Blechscheiben auf und bringt an der Innenseite eine Gegenmutter an. Um den Anker mit beiden Gewindestellen gleichzeitig einschrauben zu können, gibt man der vorderen Bohrung einen größeren Durchmesser als der hinteren, indem man die Ankerenden entsprechend absetzt.

Die Enden der Rauch- und Siederohre werden in die Rohrlöcher der Stirn- und Kammerwände eingewalzt, wobei man auf leichte Auswechselbarkeit Rücksicht zu nehmen hat. Zu diesem Zwecke erhält das vordere Loch einen um etwa 2 mm größeren Durchmesser, außerdem läßt man die Enden um einige Millimeter über das Blech überstehen. Das Herausziehen erfolgt dann durch Scheibe, Zugstange und Bügel, und wird auch durch das Anhaften einer Kesselsteinschicht nicht weiter behindert. Diese Ausbildungsform ist jedoch nur da anwendbar, wo die Kessel mit natürlichem Zug betrieben werden, bei Anwendung künstlichen Zuges würden die vorstehenden Rohrenden leicht verbrennen. In solchem Falle werden die Rohrlöcher etwas aufgerieben und die Enden niedergestemmt. Um nicht auf den Vorteil des leichten Auswechselns verzichten zu müssen und die Rohrenden trotzdem vor Verbrennung zu schützen, kann man auch eine den Rand überdeckende Kappe in das Rohr einsetzen, wodurch allerdings der freie Querschnitt verringert wird.

Bei großen Kesseldurchmessern wird ein Teil der Rauchrohre als Anker ausgebildet, die mittels Gewinde in die Wände eingeschraubt werden. Ihre Wandstärke ist um einige Millimeter größer, und ihre Zahl ist so bemessen, daß ihr Querschnitt unter Vernachlässigung des Zugwiderstandes der übrigen Rohre mit maximal 500 kg/cm^2 beansprucht wird.

Auch die Siederohre der Wasserkessel werden in den meisten Fällen eingewalzt, die Ausführungsart muß sich dabei nach den Eigentümlichkeiten der Konstruktion richten. Man bedient sich für das Aufweiten und Dichten der Rohrenden eines besonderen Werkzeuges, des sog. Mandrills, der in einem Gehäuse 3 kleine, um einen konischen Dorn gelagerte Rollen birgt. Wird der Dorn, der sich durch Gewinde vordrücken läßt, in Drehung versetzt, so drehen sich auch die Rollen und pressen die Rohrwandung fest an die Innenfläche des Lochausschnittes an.

Bei den mit dem Einziehen der Anker, Stehbolzen und Rohre verknüpften Arbeiten ist auf größtmöglichste Schonung des Materiales Rücksicht zu nehmen. Da sich beim Gewindeschneiden, Einwalzen und Verstemmen Kaltbearbeitung naturgemäß nicht umgehen läßt, muß alles sorgfältig vermieden werden, was zu Verquetschungen, Bildung von Haarrissen und ähnlichen Schäden Anlaß geben kann. Es versteht sich daher von selbst, daß mit der Ausführung dieser Arbeiten nur erfahrene und geübte Facharbeiter betraut werden, die die Eigentümlichkeiten des Materiales kennen und nur einwandfreies Werkzeug verwenden. Sind diese Voraussetzungen erfüllt, so ist eine der Hauptsicherheiten für eine gute Bewährung im Betriebe gegeben, andernfalls sind auch bei vorzüglichstem Material ständige Störungen unausbleiblich.

8. Der Zusammenbau.

Beim Zusammenbau der kombinierten Kessel, der endgültig erst auf der Baustelle vorgenommen werden kann, handelt es sich um dieselben Arbeiten, die bereits in den vorhergehenden Abschnitten besprochen worden sind, vor allem um ein genaues Anrichten der Verbindungsteile. Dieses erfolgt ebenso wie das Bohren der Nietlöcher in der Werkstatt, so daß bei der Montage nur das Vernieten in Frage kommt. Das gleiche gilt für das Einziehen der Rohre, einschließlich der Überhitzer, bei denen ebenfalls alle Vorbereitungsarbeiten so genau und sorgfältig auszuführen sind, daß sich auf der Baustelle keine Nacharbeiten mehr ergeben.

9. Die Druckprobe.

Um sicher zu gehen, daß die Nietarbeit an allen Stellen zu einer dichten Verbindung der Kesselteile geführt hat, wird in der Werkstatt eine Wasserdruckprobe vorgenommen, bei der der Kessel, sofern der Betriebsdruck nicht über 5 Atm. hinausgeht, mit dem doppelten dieses Druckes, darüber hinaus mit 5 Atm. Überdruck abgepreßt wird. Es ist darauf zu achten, daß die Drucksteigerung gleichmäßig und stoßfrei erfolgt und daß etwaiges Nachstemmen erst vorgenommen wird, wenn der Kessel wieder entlastet ist. Zu berücksichtigen ist, daß die Druckprobe nicht ganz der Wirklichkeit entspricht, weil sie mit kaltem Wasser vorgenommen wird. Es ist deshalb nicht ausgeschlossen, daß ein Kessel, der die Werkstattprobe gut überstanden und auch die zweite, unter gleichen Bedingungen ausgeführte Abnahmeprobe ohne Undichtigkeiten zu zeigen ausgehalten hat, zu lecken anfängt, sobald er unter Dampf kommt. In Amerika führt man daher diese zweite Probe in der Weise aus, daß man den voll mit Wasser aufgefüllten Kessel vorsichtig anheizt, bis der durch die Vorschrift verlangte Druck erreicht ist.

Dritter Teil.

Die Einflüsse des Kesselbetriebes.

Mit der Fertigstellung des Kessels in der Kesselschmiede ist die Änderungsmöglichkeit in den Eigenschaften der zum Bau benutzten Werkstoffe noch keineswegs zum Stillstand gekommen. Selbst unter normalen Betriebsbedingungen sind die Kesselmaterialien den verschiedenartigsten Einwirkungen ausgesetzt, die sich in gleicher Weise, wie es bei der Herstellung und Bearbeitung der Fall ist, auf mechanische, physikalische und chemische Ursachen zurückführen lassen. Die nachträgliche Untersuchung des diesen Einflüssen gegenüber gezeigten Verhaltens wird aber dadurch ungemein erschwert, daß für die Festlegung der Merkmale des Ausgangszustandes, der im vorliegenden Falle durch die überstandene Druckprobe gekennzeichnet wird, keine ziffernmäßig umgrenzten Unterlagen zur Verfügung stehen. Es wird sich also verhältnismäßig oft die schwer zu beantwortende Frage ergeben, was als Vorgeschichte und was als Zustandsänderung während des Betriebes anzusehen ist.

Während bei den Beanspruchungen rein mechanischer Art die vorzugsweise durch den Dampfdruck beherrschten Konstruktionseigentümlichkeiten in Frage kommen, handelt es sich bei den auf physikalischer Grundlage, also auf den Temperaturverhältnissen beruhenden, in erster Linie um Fragen der Flammen- und Wasserführung, der Bedienung und Unterhaltung. Chemische Wirkungen werden durch das Speisewasser, die Feuergase und die Atmosphärilien, nämlich Feuchtigkeit und Luft, hervorgerufen.

Weiterhin ist zu unterscheiden zwischen den sich aus normalen Betriebsbedingungen ergebenden Einwirkungen und solchen, die durch Ursachen außergewöhnlicher Art bedingt werden.

Es ergibt sich demnach folgende Einteilung:

1. Einwirkungen mechanischer Art.
   - I. Vorübergehende oder bleibende Formänderungen,
     - a) in Zusammenhang mit dem Dampfdruck,
       - α) zu hoher oder nicht genügend ausgeglichener Druck,
       - β) starke Belastungsschwankungen;
     - b) unter dem Einfluß der Konstruktion und der Einmauerung,
       - α) Eigengewicht des Kessels bei ungenügender Unterstützung oder Aufhängung,

β) Vibrationen, verursacht durch die Dampfentwicklung oder äußere Erschütterungen.

II. Verletzungen der Oberfläche:

a) durch das Nachstemmen,

b) „ „ Ausklopfen des Kesselsteines.

2. Temperatureinwirkungen.

I. Im normalen Betrieb;

a) durch unmittelbare Änderung der Festigkeitseigenschaften infolge der Erwärmung:

α) des gesunden Materiales,

β) der kaltbearbeiteten Stellen;

b) infolge der durch die Wärme verursachten Längenänderungen;

α) gleichmäßige Ausdehnung,

β) ungleiches Ausdehnungsbestreben, verursacht durch den Temperaturunterschied zwischen:

Wasser- und Dampfraum,

feuer- und wasserberührter Oberfläche.

II. Bei Abweichungen von der normalen Betriebsweise:

a) infolge von Konstruktionsmängeln oder -schäden;

α) unregelmäßige Wasser- und Dampfströmungen,

β) unzweckmäßige Einmauerung;

b) durch unsachgemäße Bedienung;

α) ungleichmäßige Beheizung,

β) unregelmäßige Speisung;

c) durch ungenügende Pflege, insbesondere unzulängliche Beseitigung:

α) des Schlammes und Kesselsteines im Kesselinneren,

β) „ Rußes und der Flugasche auf den Heizflächen.

3. Chemische Einwirkungen.

a) auf der wasser- bzw. dampfberührten Oberfläche;

α) durch den Gehalt des Speisewassers an freien Säuren organischer oder anorganischer Art, Salzen, Gasen,

β) durch Elektrolytwirkung;

b) auf der Außenfläche;

α) durch die Feuergase,

β) „ Leckwasser und Luftfeuchtigkeit.

1. Die mechanischen Einflüsse.

Durch den Dampfdruck hervorgerufene Spannungen und Formänderungen.

Durch den Dampfdruck im Inneren werden die Kesselwandungen in verschiedenartiger Weise beansprucht. Am einfachsten liegen die Verhältnisse beim zylindrischen Kessel, der aus dem Mantel und den beiden Stirnwänden besteht. Bei ersterem treten Zugkräfte auf, die in der Richtung des Umfanges und der Zylinderachse wirkend eine Vergrößerung des Durchmessers und der Kessellänge verursachen. Die ebenen oder gekrümmten Flächen der Stirnböden werden auf Auswölben beansprucht, gleichzeitig treten Biegungsbeanspruchungen beim Übergang des Wölbungsradius in den Eckradius ein.

Während bei den zylindrischen Kesseln und bei den flachen Kammern der Wasserrohrkessel der von innen wirkende Dampfdruck die Wandungen auseinander zu treiben sucht, sind die Teile des Innenkessels, also die Flammrohre und Feuerkammern, Kräften ausgesetzt, die sie zusammenzudrücken bestrebt sind. Die hier wie da auftretenden Zug- und Druckbeanspruchungen lassen sich jedoch nicht scharf voneinander abgrenzen, sie setzen sich zu Biegungs- und Schubspannungen zusammen und entziehen sich, vor allem an den Übergangs- und Verbindungsstellen, der genauen rechnerischen Bestimmung.

Der Konstrukteur muß durch geeignete Formgebung, ausreichende Bemessung der Wandstärken und genügende Verankerung und Versteifung die Beanspruchung innerhalb der zulässigen Grenzen halten. Dabei hat er nicht nur auf weitgehende Sicherheit gegen bleibende Formänderung Rücksicht zu nehmen, sondern muß auch suchen, die unvermeidlichen elastischen Formänderungen auf ein erträgliches Maß zurückzuführen. Bei wechselnder Beanspruchung könnte sonst die Konstruktion leicht durch die damit verbundenen Ermüdungserscheinungen Schaden leiden.

Bei der Festigkeitsberechnung geht man von dem Dampfdruck aus, der auf die betrachtete Fläche wirkt und durch den zugehörigen Blechquerschnitt aufgenommen wird. Die Stärke dieses Querschnittes ergibt sich aus wirklicher und zulässiger Belastung, welch letztere auf Grund der Materialfestigkeit und eines für die verschiedenen Fälle festgesetzten Sicherheitsfaktors ermittelt wird. Da die auftretenden Kräfte und die durch sie ausgelösten Spannungen sich auf rechnerisch-analytischem Wege nur unvollkommen erfassen lassen, ist man bei der Abschätzung dieser Faktoren auf Erfahrung und praktischen Versuch angewiesen gewesen. Durch ihre Aufnahme in das Dampfkesselgesetz und die Ausführungsvorschriften der Klassifikationsgesellschaften sind sie sozusagen technisches Allgemeingut geworden und es wird daher niemandem einfallen, an ihrer Zweckmäßigkeit und Zuverlässigkeit den leisesten Zweifel zu hegen. Immerhin muß, besonders wenn es sich um Neukonstruktionen handelt, vor einer allzu mechanischen Handhabung dieser Formeln gewarnt werden. Einige Sonderbetrachtungen mögen dies erläutern:

Bei der üblichen Berechnungsweise treten nämlich nur die Werte für die durchschnittliche Materialbeanspruchung in Erscheinung, über die auftretenden Höchstwerte wird kein Aufschluß gegeben. Letztere können aber unter gewissen Bedingungen leicht eine Höhe erreichen, die zu örtlichen Deformationen führen kann. Derartige Stellen ungleicher Spannungsverteilung finden sich z. B. in den Nietnähten. Zunächst sind es die am Rande der Nietlöcher auftretenden Zugspannungen, die nach Versuchen verschiedener Forscher, darunter Preuß[1]), bis zum 2,5fachen des Durchschnittswertes ansteigen können. Da eine durchschnittliche Zugbeanspruchung der Blechquerschnitte zwischen den Nietlöchern von 8—10 kg/mm² nicht zu den Seltenheiten gehört, so würde eine auf das 2,5fache dieses Wertes ansteigende Randspannung schon eine Überschreitung der Streckgrenze zur Folge haben. In der Tat lassen die feinen Haarrisse, die sich öfters an den Nietlöchern quer zur Richtung der Zugkräfte bilden, auf eine Überanstrengung des Materiales schließen, die ihre Ursache sehr wohl in der erwähnten Tatsache haben könnte. Auch durch die bei überlappten Nietnähten entstehenden Biegungsbeanspruchungen werden Ungleichmäßigkeiten in der Spannungsverteilung verursacht. Diese zusätzlichen Spannungen werden dadurch hervorgerufen, daß die Resultierenden der Zugkräfte in einem überlappt genieteten Mantel sich nicht zu Kreislinien zusammenschließen, sondern an der Verbindungsstelle durch einen Abstand gleich der Blechstärke getrennt sind. Das dadurch gebildete Moment erzeugt außer Biegungsspannungen im Blech auch solche im Niet und, falls dieses das Nietloch ausfüllt, auch Druckspannungen in der Lochleibung. Diese fallen sämtlich um so höher aus, je geringer der Gleitwiderstand der Nietverbindung ist. Experimentell sind diese Biegungsspannungen, auf die Bach bereits vor langen Jahren in seinen Maschinenelementen hingewiesen hat, von Daiber[2]) an ausgeführten Kesselschüssen untersucht worden. Mit Hilfe von Spiegeln, die er auf der Nietnaht befestigt, ermittelt er durch Fernrohrablesung die bei verschiedenen Drücken und an verschiedenen Stellen auftretenden Winkeländerungen, die den Maßstab für die eingetretenen Durchbiegungen bilden. Aus den für die einzelnen Meßpunkte festgestellten Winkeländerungen sowie Dehnungszahl und Trägheitsmoment des betrachteten Mantelstreifens werden die Biegungsmomente berechnet. (Abb. 39.)

Die auf diese Weise ermittelte und in den Schnitt durch die Nietnaht eingetragene Kurve der Biegungsspannungen zeigt an den den Blechkanten gegenüber gelegenen Stellen zwei scharf ausgeprägte Höchstwerte, die je nach dem Krümmungsradius, der Blechstärke und der Anzahl der Nietreihen das 1,1—2,3fache der im vollen Blech vorhandenen Zugspannungen ausmachen. Da Daiber diesen maximalen

[1]) Z. V. d. I. 1912, S. 1780.
[2]) Z. V. d. I. 1913, S. 401.

Spannungswert auf eine einheitliche Zugspannung von 100 kg auf das cm² des Blechquerschnittes zwischen den Nietlöchern bezieht, treten die absoluten Werte der Gesamtbeanspruchung an den gefährlichen Stellen nicht unmittelbar in Erscheinung. Durch eine einfache Umrechnung kann man sich aber leicht Klarheit darüber verschaffen, zu welch beträchtlicher Höhe sie ansteigen. So beträgt z. B. die Höchstbeanspruchung bei Versuch 7 (Schuß von 1880 m lichtem Durchmesser, 22 mm Blechstärke, 12,5 Atm. Innendruck) 1520 kg/cm², bei Versuch 8 (1810 mm Durchmesser, 22 mm, 14 Atm.) gar 1585 kg/cm². Das sind Werte, die bedenklich nahe an die Streckgrenze heranreichen und sie bei einer weiteren Steigerung, etwa um 5 Atm., entsprechend der Zu-

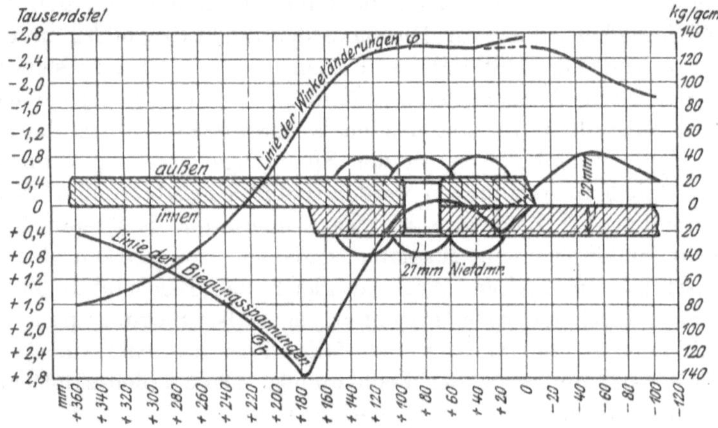

Abb. 39. Biegungsspannungen in einer überlappten Kesselnietnaht.

nahme beim Probedruck, bereits erreichen würden. Dabei haben die vorher erwähnten Randspannungen keine Berücksichtigung gefunden.

Die Daiberschen Versuche wurden an zylindrischen Kesseln angestellt, bei denen der Mantel aus Blechen gleicher Stärke bestand. Bedeutend ungünstiger gestalten sich dagegen die Verhältnisse, wenn die Mantelbleche ungleiche Stärke besitzen, wie es vielfach bei den Trommeln hochbeanspruchter Steilrohrkessel, der sog. Hochleistungskessel, der Fall ist. Infolge der größeren Starrheit der dicken Rohrplatte äußert sich die Durchbiegung ausschließlich in der zugehörigen dünnen Platte, wodurch das Verhältnis der maximalen zusammengesetzten Spannung zur einfachen Zugspannung ein noch ungünstigeres wird. Es ist daher nicht weiter verwunderlich, daß die in jüngster Zeit durch Explosion zerstörten bzw. noch rechtzeitig als schadhaft erkannten Trommeln von Hochleistungskesseln fast ausnahmslos den gleichen Schaden aufweisen, nämlich einen durch die innere Nietlochreihe der Überlappungsnaht verlaufenden Längsriß. Damit soll nicht gesagt sein, daß die in der Nähe dieser Stelle nachgewiesene Überbeanspruchung den alleinigen Grund der Rißbildung darstellt. Die beschädigten Bleche haben vermutlich schon vorher auf irgendeine Weise eine allgemeine Beeinträchtigung ihrer Festigkeitseigenschaften erfahren, sei es bei der Verarbeitung in der Kesselschmiede, sei es durch später noch zu erörternde, nicht auf rein mechanischem Gebiete liegende Betriebseinflüsse. Auch ungeeignete chemische Zusammensetzung oder verkehrte Glühbehandlung könnte als Vorbedingung in Frage kommen, jedoch hat sich, soweit der Verfasser unterrichtet ist, noch bei keinem der bis jetzt untersuchten Fälle ein einwandfreier Anhalt für diese Vermutung ergeben, die erfahrungsgemäß stets sofort und mit Nachdruck geäußert zu werden pflegt. Wie dem auch sei, die nackte Tatsache, daß der Schaden stets an der gleichen Stelle auftritt, darf als schlüssiger Beweis dafür angesehen werden, daß eine bedenkliche Schwäche in der Konstruktion vorliegt. Diese Behauptung wird auch nicht durch den Hinweis entkräftet, daß so und so viele Kessel der gleichen Bauart unter ähnlichen Bedingungen bedeutend längere Zeit betrieben worden sind, ohne einen Schaden zu zeigen. Die sich aus Einwirkungen nicht mechanischer Art ergebenden Betriebsverhältnisse sind eben in den seltensten Fällen die gleichen und der nachträglichen Feststellung meist schwer zugänglich. Andererseits muß zugegeben werden, daß Material, welches nach Analyse, Festigkeitseigenschaften und Gefügebeschaffenheit als durchaus gleichmäßig anzusprechen war, unter genau gleichen Betriebsbedingungen ein unterschiedliches Verhalten gezeigt hat. Die letzten Ursachen dieser viel umstrittenen Frage sind bis heute noch nicht geklärt und bedürfen noch eines eingehenden, auf umfassende Versuche gegründeten Studiums.

Wie schon Bach nachgewiesen hat, würden bei gänzlicher Vernachlässigung des Gleitwiderstandes die Höchstwerte der bei einer überlappten Nietnaht auftretenden Biegungsspannungen das 6fache der Zugspannungen erreichen. Daß Daiber bei den geringeren Blechstärken das ungefähr $1^1/_2$fache, bei größeren das Doppelte ermittelt hat, ist eben darauf zurückzuführen, daß infolge des guten Nietschlusses der Gleitwiderstand nur in ganz geringem Maße beeinflußt wurde. Dies ist jedoch nur so lange der Fall, als die Bleche auch bei voller Beanspruchung satt aufeinander liegen. Treten bei öfterem Spannungswechsel Lockerungen ein, beginnt die Nietnaht zu „atmen“, so müssen notgedrungen auch die Biegungsspannungen eine größere Höhe erreichen und schließlich zu Haarrissen und völliger Zerstörung der Nietverbindung führen.

Versuche über das Gleiten der Bleche bei unter Zug stehenden Nietverbindungen sind von Wolff[1]) im Jahre 1917 anläßlich der Unter-

[1]) Engineer 1917, S. 326/330, Ref. Stahl u. Eisen 1918, S. 317.

suchung eines explodierten Schiffskessels angestellt worden. Mit Hilfe eines von Ockhuizen konstruierten Dehnungsmessers stellte er die Längenänderungen an den Seitenflächen überlappter oder doppelt gelaschter Probestäbe fest, die in eine Zerreißmaschine eingespannt und dem Probedruck entsprechend belastet waren. Dabei ergaben sich die größten Dehnungswerte an den Anlageflächen und zwar bei den Überlappungsnähten an derselben Stelle, an der auch bei den Daiberschen Versuchen der Höchstwert der Biegungsspannung auftritt, nämlich gegenüber der Blechkante. Bei der Doppellaschennietung wurde der Höchstwert außerhalb der äußeren Nietlochreihen im mittleren Blech gefunden, da wo es sich, unbehindert durch den Nietschluß, frei dehnen kann.

Da bei dem untersuchten Kesselblech die Anlageflächen mehr oder weniger tief in die Oberfläche eindringende Haarrisse aufwiesen, folgert Wolff, daß die von ihm gemessenen Spannungsunterschiede im Verein mit den Randspannungen der Nietlöcher die Ursache der sich schließlich zu einem durchgehenden Riß erweiternden Haarrisse bildeten. Irgendwelche Gefügeeigentümlichkeiten an den Rißflächen, die auf fehlerhafte Wärmebehandlung beim Glühen oder in der Kesselschmiede hätten schließen lassen können, wurden nicht festgestellt, trotzdem sich außer dem holländischen Forscher noch eine Reihe hervorragender deutscher und englischer Metallurgen mit dem Falle, der seinerzeit ziemliches Aufsehen erregte, beschäftigt haben.

Bei der bisherigen Betrachtung handelte es sich ausschließlich um Beanspruchungen, die durch den Innendruck in den zylindrischen Kesselwandungen und zwar in den Nietverbindungen, hervorgerufen werden. Sie setzen sich zusammen aus einfachen Zugspannungen und zusätzlichen Zug- und Biegungsspannungen. Bei den übrigen Kesselteilen liegen die Verhältnisse nicht wesentlich verschieden, die Spannungsunterschiede bleiben indes nicht auf die Nietverbindungen beschränkt, sondern erstrecken sich auch ins volle Blech. Vorzugsweise treten sie an Stellen auf, bei denen keine gleichmäßige elastische Formänderung erfolgen kann, also an den ebenen Wandungen und an den Übergängen verschieden gerichteter Flächen. Da die in dieser Weise beanspruchten Wandungen zum Teil den Innenkessel bilden, kommt neben dem Innendruck auch äußerer Druck zur Wirkung, zu den Zug- und Biegungsspannungen gesellen sich auch reine Druckspannungen.

Bei den ebenen Wandungen, die in Gestalt von flachen Böden, Rohrwänden, Feuerbüchsen und Wasserkammern im Kesselbau vertreten sind, ist der Widerstand gegen Ausbauchen oder Eindrücken ein bedeutend geringerer als bei den nach der Zylinder- oder Kugelfläche gekrümmten. Derartige Wandungen können daher nur bei schwachen Dampfdrücken und geringer Ausdehnung ohne Versteifung bleiben; sobald sie größere Abmessungen annehmen, müssen sie in ausreichender Weise verankert oder unterstützt werden. Hierzu dienen Stehbolzen, massive und hohle Anker, Eckanker und Querträger, welch letztere durch Schrauben gehalten oder angenietet werden. Ein Eingehen auf die Berechnung der durch sie zu übertragenden Kräfte und der sich daraus ergebenden Querschnittsbestimmung der Verankerungsteile würde zu weit führen. Obwohl die genaue Erforschung der Spannungsverteilung mit außerordentlichen Schwierigkeiten verknüpft ist, ist es doch möglich gewesen, Näherungsformeln aufzustellen, aus denen sich die in jedem Einzelfalle erforderlichen Blechstärken usw. mit ausreichender Sicherheit berechnen lassen. Grundlegend hierfür waren die Arbeiten von Bach, dessen Formeln größtenteils in die Dampfkesselvorschriften übergegangen sind.

Zu den Stellen im Kessel, die zu ungleicher Spannungsverteilung Anlaß geben und deshalb besonders verstärkt werden müssen, gehören endlich noch die Ausschnitte aus dem vollen Blech, wie z. B. die zum Anschlusse der Dampfdome oder Verbindungsstutzen und zur Aufnahme von Mann-, Hand- und Schlammlochverschlüssen dienenden Öffnungen. Soweit diese in dem auf Zug beanspruchten zylindrischen Kesselmantel gelegen sind, ist ähnlich wie bei den Nietlöchern eine beträchtliche Steigerung der Randspannungen in der Richtung des Umfanges zu verzeichnen. Bei den Mannlochverschlüssen wird diese zusätzliche Beanspruchung durch Biegungsspannungen vermehrt, die der durch den Dampfdruck und die Anzugskraft der Verschlußschrauben auf den Lochrand gepreßte Deckel in diesem hervorruft. Bei der Lagenanordnung des elliptischen Loches ist zu bedenken, daß die in achsialer Richtung wirkenden Zugkräfte nur halb so groß sind als die tangentialen, infolgedessen die kleine Achse der Ellipse parallel zur Kesselachse gelegt werden muß.

Zur Sicherung gegen diese Beanspruchungen werden die Mannlochausschnitte mit Verstärkungsblechen versehen, die vielfach auch bei den Domlöchern Anwendung finden. Der Durchmesser der letzteren ist meist beträchtlich kleiner als die lichte Weite des Domes, demgemäß steht der vorstehende Blechrand von beiden Seiten her unter gleichem Druck und sucht sich unter der Einwirkung der tangentialen Zugkräfte abzuplatten. Sieht man trotz dieser Umstände von einer besonderen Versteifung ab, so muß wenigstens die Stärke des aufgenieteten Domes ausreichend bemessen und die innere Nietreihe des Bordes wegen der darin auftretenden Biegungsspannungen möglichst nahe an den Dommantel gelegt werden.

Die Stutzenausschnitte erhalten selten eine andere Versteifung als die durch die Krempen selbst, obwohl gerade diese Stellen starken

Beanspruchungen ausgesetzt sind. Infolge des Reaktionsdruckes, den die den Ausschnitten gegenüberliegenden Mantelflächen ausüben, suchen sich die Lochränder aufzuwölben. Die dadurch hervorgerufenen Biegungsspannungen werden oft noch durch das Eigengewicht des unteren Kesselkörpers verstärkt und hierzu gesellen sich manchmal noch Schubspannungen infolge von Längenänderungen in der Richtung der Kesselachsen. Es darf daher nicht wundernehmen, daß die Stutzenverbindungen bei manchen Kesseln recht schwache Stellen bilden, denen der Konstrukteur und Betriebsmann besondere Aufmerksamkeit zu widmen hat.

Dampfkesselschäden größeren Umfanges, die auf ungenügender Versteifung oder Verankerung beruhen, sind verhältnismäßig selten, da der Schaden sich meist durch Lecken bemerkbar macht und auf einen geringeren Umfang beschränkt bleibt. Sie haben ihre Ursache weniger in unzulänglichen Abmessungen, als in unsachgemäßer Werkstattarbeit oder Wartung. Auch zu sprödes Anker- oder Stehbolzenmaterial hat ab und zu Anlaß zu Störungen gegeben, weshalb mit größter Sorgfalt auf weiche und zähe Beschaffenheit geachtet werden muß. Da bei Besprechung der Temperatureinflüsse auf die Frage der Formänderung und die Verankerung ebener Wandungen noch weiter einzugehen sein wird, sei dieser Gegenstand vorläufig abgeschlossen.

Nicht minder schwierig gestaltet sich die Berechnung derjenigen Teile, bei denen die Kräfteaufnahme und -verteilung lediglich durch die Form der ersteren bestimmt ist, ohne daß eine besondere Verankerung oder Versteifung zur Anwendung kommt. Für die Festigkeit der gewölbten Böden, deren einfachste Form die Vollböden darstellen, ist die Größe des Wölbungsradius und des Eckradius maßgebend; je geringer der erstere und je größer der letztere, desto höher wird die Widerstandsfähigkeit gegen inneren Druck. Die kritische Stelle der Beanspruchung liegt am Übergang des Wölbungsradius in den Eck- oder Bördelradius, der die Wölbungsfläche mit dem zylindrischen Bord verbindet; je allmählicher hier der Übergang erfolgt, desto geringer fallen die an dieser Stelle auftretenden Biegungsspannungen aus.

Die bei den gewölbten Böden entstehenden Durchbiegungen sind sowohl von Bach[1]) als von Diegel[2]) gemessen worden, wobei die Höchstwerte übereinstimmend an der erwähnten Übergangsstelle lagen. Diegel kommt daher zu dem Schluß, daß an Stelle der Kugel besser ein Rotationsellipsoid mit dem Achsenverhältnis 1 : 4,2 als Wölbungsfläche gewählt werden solle, da die Böden sich bei der Drucksteigerung in eine solche Form einzustellen pflegen.

Die Flammrohrböden nehmen insofern eine Ausnahmestellung ein, als ihre Widerstandsfähigkeit durch die Verbindung mit den Flamm-

[1]) Z. V. d. I. 1906, S. 792 u. 1649.

[2]) Forsch. Arb. Sonderr. M. H. 2.

rohren je nach Lage der Verhältnisse in günstigem oder ungünstigem Sinne beeinflußt wird. Gegenüber den Vollböden ist der auf die Bodenfläche wirkende Innendruck um den Anteil des Rohrlochquerschnittes geringer, auch erfährt der Boden durch die Rohrlochkrempen eine wirksame Versteifung. Von einer nutzbringenden gegenseitigen Verankerung der beiden Böden durch das oder die Flammrohre kann indes nur solange die Rede sein, als ein wesentlicher Temperaturunterschied zwischen diesen und dem Außenmantel nicht besteht. Dies ist z. B. bei der Wasserdruckprobe der Fall, während bei unter Betriebsbedingungen stehenden Kesseln durch das ungleiche Ausdehnungsbestreben von Flammrohren und Kesselmantel ein beträchtlicher Druck auf die wenig elastischen Böden ausgeübt wird. Auch hiervon wird später noch die Rede sein müssen.

Die auf äußeren Überdruck beanspruchten Flammrohre werden entweder als glatte oder als gewellte Rohre ausgeführt. Für heutige Verhältnisse kommen fast ausschließlich nur noch Wellrohre in Frage, die gegenüber den glatten Rohren den Vorteil der größeren Heizfläche und der größeren Elastizität haben. Glatte Rohre werden in Verbindung mit Wellrohren angewandt oder erhalten einzeln oder paarweise eingewalzte Wellen, auch trifft man sie noch mit Quersiedern versehen bei stehenden oder liegenden Kesseln.

Für die Widerstandsfähigkeit der Flammrohre sind folgende Gesichtspunkte maßgebend:

1. Wandstärke,
2. Rohrdurchmesser und Genauigkeit der Kreisform,
3. Rohrlänge,
4. bei Wellrohren: Wellenprofil.

Zur Berechnung der Wandstärke sind eine Anzahl von Formeln aufgestellt worden, in denen außer dem Betriebsdruck und der zulässigen Materialbeanspruchung auch die unter 2. und 3. genannten Faktoren erscheinen. Bei der Bemessung der Materialbeanspruchung muß Rücksicht auf die Schweißung genommen werden, die mit der 0,8fachen Beanspruchung des vollen Bleches eingesetzt wird. Außerdem ist zu berücksichtigen, daß mit der Erhöhung der Blechstärke eine Verminderung der Elastizität Hand in Hand geht, so daß man sich mit der Sicherheit an der unteren Grenze zu halten hat. Ein geringer Zuschlag wird durch die Rücksicht auf Verringerung der Blechstärke durch Abrosten nötig.

Bei zylindrischen, gleichmäßig starken Rohren, die durch Innendruck beansprucht werden, sucht der Dampfdruck jede Abweichung von der Kreisform auszugleichen. Bei den unter äußerem Druck stehenden Rohren ist das Gegenteil der Fall, die Abweichungen werden durch Drucksteigerung vergrößert und es besteht die Gefahr der

Einbeulung und Zusammendrückung. Daraus ergibt sich die Forderung, den Querschnitt des Flammrohres genau der Kreisform anzupassen und alles zu vermeiden, was eine Abweichung hervorrufen oder begünstigen könnte. Einer restlosen Erfüllung dieser Forderung stehen jedoch verschiedene Umstände hindernd im Wege, so z. B. die Art der Nietung der Längsnähte, wobei sich die Überlappungsnaht wieder am ungünstigsten verhält, sowie etwaige Unterschiede in der Blechdicke ein und desselben Querschnittes. Diesen Verhältnissen trägt man Rechnung, indem man in die zur Bestimmung der Blechstärke dienende Formel eine Veränderliche einführt, deren Größe von Fall zu Fall nach Maßgabe der jeweils vorliegenden Bedingungen bestimmt wird.

Die Widerstandsfähigkeit der Flammrohre wird weiterhin bestimmt durch ihre freie Länge, wenn man das Maß zwischen zwei versteiften Querschnitten so bezeichnen will. Als solche kommen bei glatt durchgehenden Rohren die Verbindungen mit den Rohrlochkrempen der Böden in Frage sowie die etwa zur Versteifung aufgenieteten Winkelringe. Bei den aus einzelnen Schüssen zusammengesetzten sind die winkligen Flanschen mit und ohne Zwischenringe (Adamsonringe) oder die zur Verbindung herausgearbeiteten oder angenieteten Wulste als Stützen anzusehen. Auch etwaige in die Rohre eingefügten Quersieder (Gallowayrohre) wirken versteifend und müssen bei der Berechnung als Unterbrechung der freien Rohrlänge berücksichtigt werden.

Bei diesen Überlegungen ist das Verhältnis der freien Rohrlänge zum Rohrdurchmesser von Wichtigkeit. Mit wachsenden Werten des Quotienten $L : D$ nimmt die unterstützende Wirkung der Endbefestigungen und sonstigen Versteifungen ab und der ungünstige Einfluß der Abweichungen von der Kreisform zu. Infolgedessen verschwinden bei der Ermittlung der Wellrohrstärke die beiden Faktoren: Rohrlänge und Genauigkeitsgrad, aus der Formel und diese geht in den ganz allgemein für glatte zylindrische Rohre, die durch Innendruck beansprucht sind, geltenden Ausdruck über. Es wird dies damit begründet, daß jede Welle als besonderer, für sich versteifter Schuß angesehen werden kann, bei dem das Verhältnis $L : D$ sich dem Nullwerte nähert.

Nicht unbedenklich erscheint die Vernachlässigung der wechselnden Blechdicke, die namentlich bei langen Wellrohren, bei denen die Rohrachse mit der Walzrichtung des Bleches zusammenfällt, nicht vermieden werden kann. Bei den kürzeren Rohren, die in der Richtung der Walzfaser gebogen werden, macht sich der Stärkeunterschied zwischen Blechmitte und Rand nur beim Vergleich einzelner Wellen, jedoch nicht innerhalb ein und derselben bemerkbar. Bei den langen Rohren hingegen, bei welchen die Blechbreite zum Umfang wird, muß der Unterschied in der Blechdicke auf den verschiedenen Stellen eines Querschnittes um so beträchtlicher ausfallen, je größer der Rohrdurchmesser, also die

Blechbreite, und je dünner das Blech an sich ist. Im ersten Falle ist der Unterschied nicht weiter bedenklich, da die schwächeren Ränder ohnehin durch die Befestigung ausreichend gestützt werden, im übrigen aber der Widerstand gegen radiale Beanspruchung ein durchaus gleichmäßiger ist. Im zweiten Falle trifft dies jedoch nicht zu, so daß dadurch immerhin Abplattungen begünstigt werden können.

Die Ausbildung der Wellenform, die mancherlei Änderungen unterworfen gewesen ist und auch heute noch in mannigfachen Typen auftritt, kann als Kompromiß zwischen den beiden Forderungen: genügende Elastizität und ausreichende Steifigkeit, angesehen werden. Für deutsche Verhältnisse kommen nur zwei Wellrohrprofile in Betracht, das Foxsche Wellrohr, die älteste Ausführungsform, und das Morisonrohr. Das erstere besitzt die größere Elastizität und ist deshalb für die langen Landdampfkessel, bei denen der Dampfdruck nicht übermäßig hoch ist, am geeignetsten. Bei den kürzeren, meist mit höherem Druck betriebenen Schiffskesseln herrscht das weniger elastische, aber kräftigere Morisonrohr vor. Eine Abart des letzteren, das sog. Suspension-Bulbrohr, mit hohen schmalen Wellenbergen und breiten flachen Wellentälern soll sich in England bei Druckversuchen den übrigen Arten überlegen gezeigt haben, in Deutschland hat es jedoch keinen Eingang gefunden. Während sich bei diesen drei Rohrsorten die Wellen nur der Form nach unterscheiden, die Blechstärken aber gleichmäßig sind, hat man bei einigen anderen Ausführungsarten mit mehr oder weniger Erfolg versucht, die Elastizität durch Verringerung der Blechdicke in den Wellentälern und die Widerstandsfähigkeit durch Vergrößerung derselben in den Wellenbergen zu steigern. Hierher gehören das Purvesrohr und die Brownsche sog. „cambered" (geschweifte) Ausführungsform. Beim Deightonrohr ist die einfache durch eine Doppelwelle ersetzt worden. Alle diese Typen sind, wie bereits angedeutet, auf England beschränkt geblieben. (Abb. 40.)

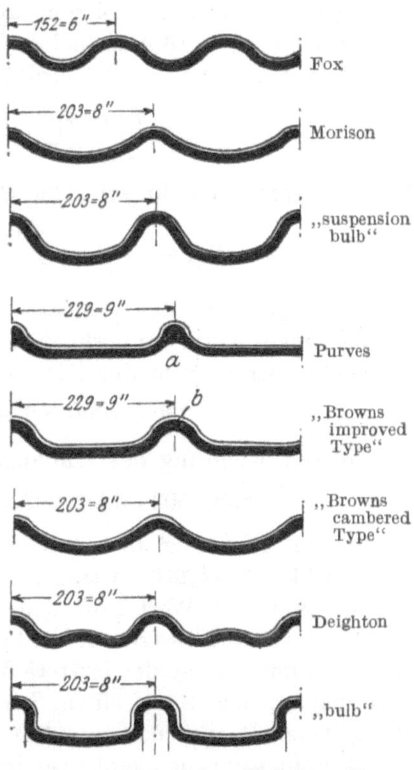

Abb. 40. Verschiedene Wellrohrprofile.

Im Vergleich zu den stellenweise zu beträchtlicher Höhe ansteigenden Beanspruchungen örtlicher Art können die im vollen Blechquerschnitt unter normalen Betriebsbedingungen gleichmäßig verteilten Zugspannungen als verhältnismäßig unbedeutend angesehen werden. Des Interesses halber sei jedoch die damit verbundene elastische Längenänderung der Hauptmaße eines Kessels von größeren Abmessungen zahlenmäßig festgestellt. Als Beispiel werde ein zylindrischer Kessel von 1600 mm Durchmesser und 7,5 m Länge gewählt, wie er in ähnlichen Abmessungen als obere Trommel von Röhrenkesseln vorkommt. Bei einem Betriebsdruck von 16 Atm. bei 4,5facher Sicherheit und einer Gütezahl der Nietverbindung von 0,7 ergibt sich die Blechstärke zu:

$$s = \frac{d \cdot p \cdot 4{,}5}{2 k_z \cdot 0{,}7} = \frac{160 \cdot 16 \cdot 4{,}5}{2 \cdot 3600 \cdot 0{,}7} = \mathbf{2{,}3\ cm}.$$

Die Beanspruchung in achsialer Richtung ist:

$$K_{za} = \frac{d \cdot p}{4 s} = \frac{160 \cdot 16}{4 \cdot 2{,}3} = \mathbf{278\ kg/cm^2}$$

und in tangentialer das Doppelte dieses Wertes, also **556 kg/cm²**.

Bei einem Ausdehnungskoeffizienten von $\alpha = 0{,}000\,002$ beträgt die elastische Dehnung in der Richtung der Kesselachse:

$$278 \cdot 750 \cdot 0{,}000\,002 = 0{,}104 \text{ cm} = \mathbf{1{,}04\ mm}$$

und in der Richtung des Umfanges:

$$556 \cdot 503 \cdot 0{,}000\,002 = 0{,}137 \text{ cm} = \mathbf{1{,}37\ mm}.$$

In der Richtung des Durchmessers würde die Längenänderung 1,37 : 3,14 = **0,44 mm** betragen.

Das sind aber Werte, die wegen ihrer Geringfügigkeit bei der Konstruktion vernachlässigt werden können. Bei Kesseln größeren Durchmessers nimmt zwar der letztere Wert eine etwas beträchtlichere Ausdehnung an, so z. B. bei einem Schiffskessel von 5 m Durchmesser unter der gleichen Beanspruchung 4,3 mm für den Umfang bzw. 1,36 mm für den Durchmesser, er bleibt aber immer noch unbedeutend im Vergleich zu der durch die Wärmeausdehnung verursachten Längenänderung.

Belastungsschwankungen.

Bisher ist nur von solchen Beanspruchungen die Rede gewesen, die in den Werkstoffen durch den als stetig angesehenen normalen Betriebsdruck hervorgerufen werden, die also den Zustand der ruhenden Belastung darstellen. Der Dampfdruck und damit die Höhe der Belastung schwankt jedoch innerhalb der durch Nullast und Höchstdruck gegebenen Grenzen in ziemlich erheblichem Maße. Es gilt dies in erster Linie für Anlagen, bei denen die Dampfabgabe stark wechselt, ohne daß eine genügende Kesselreserve für den nötigen Ausgleich sorgt, so z. B. bei der Versorgung periodisch arbeitender Walzenstraßen, bei Lokomotiven in gebirgigem Gelände, bei forcierten Fahrten der Kriegsschiffe usw. Auch bei Betrieben, bei denen sich die Belastungsschwankungen in regelmäßiger Folge wiederholen, machen sich die Ungleichmäßigkeiten bis ins Kesselhaus bemerkbar. Die Nachteile einer solchen Schwankungen unterworfenen Arbeitsweise treffen vorzugsweise diejenigen Kessel, die zur Zeit der größten Energieabgabe zugeschaltet und während der Stunden schwacher Belastung wieder abgesetzt werden müssen. Zudem hat man es in solchen Fällen mit ohnehin stark angestrengten Kesseln zu tun, bei denen die Verdampfung durch Anwendung künstlicher Hilfsmittel, wie z. B. Unterwind oder Saugzug, gesteigert wird. Das kann zur Folge haben, daß bei plötzlich eintretender Verringerung der Dampfentnahme, z. B. infolge Maschinenstörung, der Dampfdruck eine unvermittelte Steigerung erfährt, die sich leicht über den zulässigen Höchstdruck fortsetzt, sobald die Sicherheitsventile dem entweichenden Dampf nicht genügend Querschnitt bieten. Umgekehrt muß bei unvorhergesehenen Belastungssteigerungen ein schnelles Abfallen des Dampfdruckes eintreten, das solange anhält, bis die Dampfentnahme wieder normal geworden oder weiterer Kesselraum zugeschaltet ist.

Ein durch Belastungsschwankungen solcher Art gekennzeichneter Kesselbetrieb kann nicht mehr als Zustand ruhender Belastung angesehen werden und muß auf die Dauer zu nachteiligen Folgen für die Betriebssicherheit führen. Diese äußern sich zunächst in einer Verringerung des Gleitwiderstandes der Nietverbindungen, die ein häufiges Nachstemmen der Blechkanten und Nietköpfe erforderlich macht. Im weiteren Verlauf macht sich eine regelrechte Lockerung der Nietnähte bemerkbar mit all den schweren Folgeerscheinungen, wie Abspringen von Nietköpfen, Verdrückung der Lochleibung, Auftreten von Nietlochrissen usw. Kessel mit stark intermittierendem Betrieb verhalten sich erfahrungsgemäß bedeutend ungünstiger als solche, die ständig unter Druck stehen. Es zeigt sich dies z. B. im Verhalten der Kessel von Dampfern, die häufig Aufenthalt in den Häfen nehmen müssen und dabei jedesmal die Feuer aufbänken oder löschen, und von solchen, die auf langer Fahrt laufen. Erstere geben zu Instandhaltungsarbeiten stets mehr Anlaß als letztere, weil bei diesen der Dampfdruck über längere Zeiträume hinweg der gleiche bleibt.

Eigengewicht.

Zusätzliche Beanspruchungen infolge des Eigengewichtes der Kessel können auftreten, wenn der Kesselkörper infolge unzulänglicher Unterstützung oder Aufhängung Durchbiegung erfährt. Dies kann vorkommen, wenn bei der Konstruktion oder Montage nicht genügend

Rücksicht auf die Verteilung der Eigenlast genommen wird oder wenn infolge Senkungen der Fundamente oder Längung der Traganker die Belastungsverhältnisse sich ändern.

Um einen Anhalt über die Größe der unter solchen Verhältnissen möglichen Durchbiegung zu bekommen, sei dieses Maß an einem Flammrohrkessel von 2400 mm Durchmesser und 20 mm Wandstärke, der zu zwei Drittel seines Inhaltes mit Wasser gefüllt sei, auf eine freie Auflagerentfernung von 8 m bezogen, berechnet. Das Gewicht, der Auftrieb und die versteifende Wirkung der Flammrohre sei dabei außer acht gelassen, ebenso der Einfluß der überstehenden Kesselenden.

Es beträgt das Gewicht des Kesselmantels zwischen den Auflagermitten:

$$G_k = s \cdot \pi \cdot d \cdot 1 \cdot 0{,}00785 = 2 \cdot 0{,}314 \cdot 240 \cdot 800 \cdot 0{,}00785 = 9470 \text{ kg}$$

und das Gewicht des Kesselinhaltes:

$$G_I = \frac{2}{3} \cdot \frac{d^2 \cdot \pi}{4} \cdot 1 \cdot 0{,}001 = \frac{2 \cdot 240^2 \cdot 3{,}14 \cdot 800}{3 \cdot 4 \cdot 1000}$$

$= 24\,130$ kg, so daß die Gesamtlast Q **33 600 kg** beträgt.

Die Durchbiegung eines auf zwei Stützen frei aufliegenden Trägers mit dem Trägheitsmoment J und dem Dehnungskoeffizienten α beträgt:

$$y = \frac{5 \cdot Q \cdot \alpha \cdot 1^3}{8 \cdot 48 J},$$

worin für J bei einem ringförmigen Querschnitt, dessen Dicke im Verhältnis zum Durchmesser sehr gering ist, mit annähernder Genauigkeit der Wert $\frac{\pi \cdot s \cdot d^3}{8}$ gesetzt werden kann. Daraus folgt

$$y = \frac{5 \cdot Q \cdot \alpha \cdot 1^3}{48 \pi s \cdot d^3} = \frac{5 \cdot 33\,600 \cdot 0{,}000\,002 \cdot 800^3}{48 \cdot 3{,}14 \cdot 2 \cdot 240^3} = 0{,}0412 \text{ cm} = \mathbf{0{,}412 \text{ mm}}.$$

Wie man sieht, ist auch dieser Wert so unbedeutend, daß sein Einfluß ohne weiteres vernachlässigt werden kann.

Erschütterungen.

Beanspruchungen mechanischer Art werden fernerhin durch Vibrationen hervorgerufen, denen der Kessel infolge Besonderheiten bei der Dampfentwicklung oder von Erschütterungen der Umgebung ausgesetzt ist. Die Wirkung dieser Vorgänge läßt sich ziffernmäßig nicht erfassen und muß daher unter demselbem Gesichtspunkte betrachtet werden, wie das Verhalten von Konstruktionsteilen, die ständigem Spannungswechsel unterworfen sind und unter solchen Dauerwirkungen Ermüdungserscheinungen zeigen. Diese führen schließlich, trotzdem die absolute Höhe der Spannungen durchaus nicht die Streckgrenze zu erreichen braucht, zu einer Zerstörung des inneren Zusammenhanges, den sog. Dauerbrüchen, sofern nur der Spannungswechsel mit genügender Häufigkeit erfolgt. Unterstützt wird die zerstörende Wirkung durch die Unvollkommenheiten in der äußeren Beschaffenheit der beanspruchten Teile, wie scharfe Übergänge an den Querschnitten, Einkerbungen oder sonstige Verletzungen. Es werden daher vorzugsweise die federnden Zwischenglieder starrer Kesselelemente heimgesucht, wie z. B. die Stutzen- oder Rohrverbindungen der kombinierten Kessel. Die Stutzenkrempen, wie die eingewalzten Rohrenden bieten sowohl durch ihre Form, wie durch die Art ihrer Bearbeitung ein günstiges Feld für die Entwicklung derartiger Schäden, da die Übergänge meist in scharfem Winkel erfolgen und Oberflächenverletzungen durch Verstemmen, Einwalzen oder Verschrauben leicht vorkommen. Ein großer Teil der an diesen Stellen auftretenden Mängel läßt sich daher zwanglos auf Ermüdungserscheinungen zurückführen, sofern der davon betroffene Kessel im Betriebe Vibrationen ausgesetzt war.

Oberflächenverletzungen.

Zu den ungünstigen Einwirkungen der betrieblichen Verhältnisse auf die Materialeigenschaften können sich noch Schädigungen gesellen, die auf Verletzung der Oberfläche bei den Instandhaltungsarbeiten zurückzuführen sind. Das schon in der Werkstatt für die Verdichtung der Nietnähte angewandte Verstemmen der Blechkanten und Nietköpfe muß auch späterhin wiederholt werden, solange sich unter dem Einflusse des Dampfdruckes oder bei Wiedervornahme der Wasserdruckprobe noch Leckstellen zeigen. Nun ist aber, wie bereits hervorgehoben wurde, namentlich bei Kesseln mit intermittierendem Betriebe ein Zustand dauernder Dichtheit schwer zu erreichen und infolgedessen werden viele Stemmrillen immer tiefer und ausgeprägter, selbst wenn die Arbeit mit geeigneten Werkzeugen und unter Anwendung größter Sorgfalt ausgeführt wird. Durch diese wiederholte Kaltbearbeitung ist, abgesehen von der Schwächung des Blechquerschnittes, eine nicht zu unterschätzende Ursache der Blechsprödigkeit gegeben, selbst wenn das Ausgangsmaterial ursprünglich eine vorzügliche Zähigkeit aufwies. Erschwerend kommt hinzu, daß gerade diejenigen Partien, an denen das Stemmen vorgenommen wird, von vornherein Stellen größter Spannungsanhäufungen bilden[1]). Nicht minder gefährlich sind die Hiebnarben, die beim Auspicken des Kesselsteines durch Verwendung scharfer meißelartiger Hämmer entstehen. Diese Verletzungen führen, wie Bach[2]) nachgewiesen hat, ebenfalls

---

[1]) Daiber a. a. O. [2]) Stahl u. Eisen 1912, S. 873.

zu Sprödigkeit, indem sie Oberflächenspannungen verursachen und unter dem Einfluß der Wärmestauungen beim weiteren Ansatz von Kesselstein Gefügeumwandlungen einleiten.

Schließlich muß noch gewisser, auf rein mechanischer Ursache beruhender Anfressungen gedacht werden. Diese entstehen an Leckstellen, wenn zufällig ein unter vollem Druck austretender Dampfstrahl eine benachbarte Blechstelle trifft. Durch die Vernichtung der durchschnittlich 1000 m/sek betragenden Strömungsgeschwindigkeit der Wasserteilchen wird eine aushöhlende Wirkung auf das Blech ausgeübt, die in verhältnismäßig kurzer Zeit zu beträchtlichen örtlichen Schwächungen der Blechstärke führen kann.

2. Die Temperatureinwirkungen.

Da die mechanische Beanspruchung der Dampfkesselwerkstoffe stets bei höheren Temperaturen erfolgt, die durch die Verbrennungstemperatur der Heizstoffe und die Eigenwärme des erzeugten Dampfes bestimmt werden, läßt sich eine scharfe Unterscheidung nach der rein mechanischen und physikalischen Seite hin nicht durchführen. Das Bestreben, die Nutzleistung der Kesselanlagen ständig zu verbessern, hat einerseits zu einer Erhöhung der Flammenwirkung, andererseits zu einer Steigerung des Dampfdruckes und der Dampfwärme geführt. Mit Einführung des künstlichen Zuges, der Ölheizung und der Kohlenstaubfeuerung ist man zu Verbrennungstemperaturen von 1400—1500° und darüber gelangt und die Erhöhung des Dampfdruckes auf 16 bis 18 Atm. hat wiederum Dampftemperaturen von über 200° im Gefolge gehabt. Dabei ist die Überhitzung, die der Dampf in den meisten Fällen erfährt, unberücksichtigt gelassen, weil sich die Temperatursteigerung schwerlich rückwärts bis in den Kesselraum hinein fortsetzt. Andererseits ist damit zu rechnen, daß an den feuerberührten Flächen eine Erwärmung auftritt, die auch bei Nichtvorhandensein isolierender Zwischenmittel, wie Kesselstein oder Öl, etwa 50° mehr ausmacht, als die Temperatur der wasserberührten Oberfläche beträgt.

Änderung der Festigkeitseigenschaften durch die Eigenwärme.

Man hat es demnach mit einem Temperaturbereich von 150—250° zu tun, der an sich unbedeutend erscheinend, doch beträchtliche Änderungen der Festigkeitseigenschaften hervorzurufen vermag. Es liegt bei weichen Flußeisensorten innerhalb dieser Grenzen ein Maximum der Festigkeit und Härte und ein Minimum der Dehnung und Querschnittsverminderung. Die Kerbzähigkeit, die von einem Höchstwert bei Zimmertemperatur nach einem Mindestwert bei etwa 470° hin abfällt, passiert den angegebenen Bereich in stetigem Verlauf der Kurve.

Auf den ersten Blick hin könnte es scheinen, als ob die Beeinträchtigung der Dehnung und der Querschnittsverminderung reichlich durch die Zunahme der Festigkeit wettgemacht würde. Dies würde auch ohne weiteres richtig sein, wenn die **Streckgrenze** ein ähnliches Verhalten aufwiese, wie die Festigkeit. Es ist dies jedoch nicht der Fall, vielmehr nimmt letztere, nachdem sie bis zu etwa 100°, der Temperatur des gesättigten Dampfes von 1 Atm., konstant geblieben ist, ziemlich bedeutend ab, und zwar bei den weicheren Flußeisensorten in stärkerem Verhältnis als bei den härteren. Eine eingehende Untersuchung der Festigkeitswerte von Kesselblechproben hat **Bach** im Jahre 1904 angestellt und die bei verschiedenen Temperaturen gewonnenen Werte in einigen Diagrammen zusammengestellt, die u. a. auch in seinen „Maschinenelementen"[1]) wiedergegeben sind. (Abb. 41 und 42.) Besonders charakteristisch sind die für das Flußeisen IV geltenden Kurven. Danach beträgt bei Zimmertemperatur von 20°

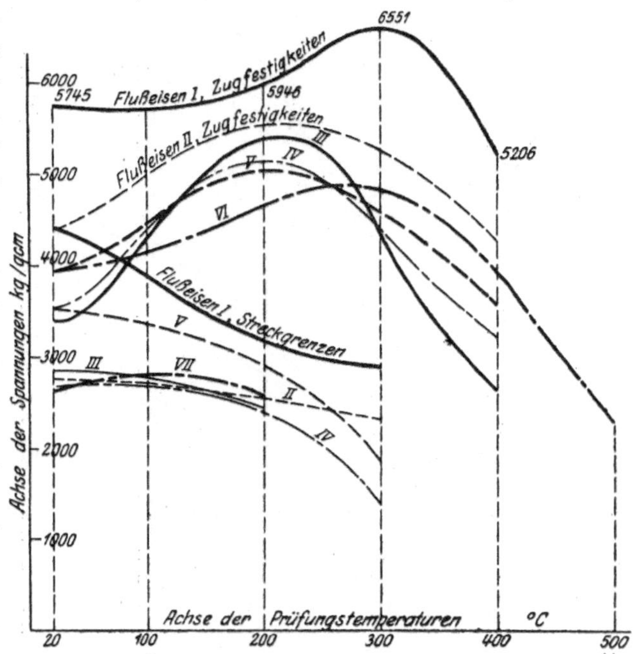

Abb. 41. Änderung der Streckgrenze und Zugfestigkeit von S. M.-Blechen mit der Temperatur.

die Zugfestigkeit	3600 kg/cm²,	die Bruchdehnung	28,5%,
„ Streckgrenze	2650 „	„ Kontraktion	69 %.

Das Maximum der Zugfestigkeit liegt mit 5100 kg/cm² bei 200°, das Minimum der Bruchdehnung mit 16,5% und der Querschnittszusammenziehung mit 54% bei 165°. Dagegen beträgt die Streckgrenze bei

100°	165°	200°	250°	300°
2700	2500	2300	1950	1350 kg/cm².

[1]) 11. Aufl. S. 89.

Der letzte Wert, der einer Temperatur entspricht, die an der feuerberührten Oberfläche eines Kessels mit Kesselsteinansatz ohne weiteres vorhanden sein kann, bedeutet schon eine außerordentliche Schwächung, durch die die Sicherheit des Kessels erheblich herabgedrückt wird. Die übrigen Werte, nach denen die Güte des Materiales beurteilt zu werden pflegt, liegen bei 300° allerdings bedeutend höher als bei gewöhnlicher Temperatur, nämlich die Zugfestigkeit bei 4200 kg/cm², die Bruchdehnung bei 34%. Querschnittsverminderung und Kerbzähigkeit erleiden eine geringe Beeinträchtigung.

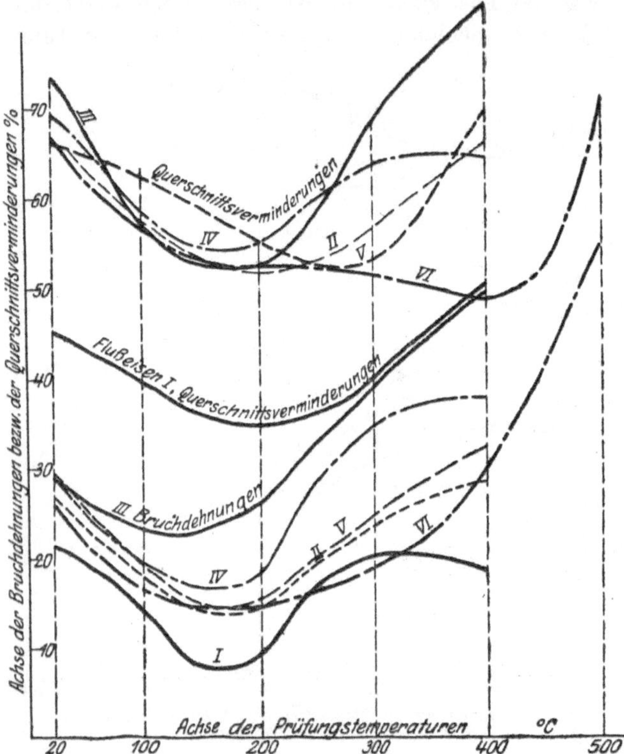

Abb. 42. Änderung der Bruchdehnung und Querschnittsverminderung von S. M.-Blechen mit der Temperatur.

Für das Verhalten der Werkstoffe unter Zugbeanspruchung ist aber vor allem die Streckgrenze maßgebend, da jede Überschreitung derselben zu bleibender Deformation führt. Dabei ist es gänzlich ohne Belang, daß Bruchfestigkeit und Bruchdehnung bei der kritischen Temperatur höhere Werte aufweisen als bei Zimmertemperatur, denn für die kritische Beanspruchung kommt es lediglich auf die Streckgrenze an. Auch die Verwendung härterer Bleche würde keine größere Sicherheit gewähren, denn die Streckgrenze bleibt bei diesen mit steigender Temperatur in stärkerem Verhältnis zurück, als bei den weichen. Ganz weiche Bleche, deren Festigkeit unter der allgemein als Mindestfestigkeit für Kesselbleche üblichen von 3400 kg/cm² liegt, verhalten sich dagegen wieder ebenso ungünstig wie die harten. Dadurch wird eine vielfach beobachtete Erfahrungstatsache bestätigt, nach der gerade übermäßig weiche Bleche im Betrieb oft eine Sprödigkeit annehmen, die man bei ihnen angesichts ihrer ursprünglichen großen Zähigkeit nicht vermuten sollte.

Es ist nun freilich in Betracht zu ziehen, daß von Temperaturen von 250—300° an die Streckgrenze sich nicht mehr scharf ausprägt, so daß die bleibenden Dehnungen ganz allmählich einsetzen und zunehmen. Ferner ist zu berücksichtigen, daß mit der Überschreitung der Streckgrenze auch eine Höherlegung derselben verbunden ist, so daß es bei neu einsetzender Belastungssteigerung jeweils eines höheren spezifischen Arbeitsaufwandes bedarf, um eine neue bleibende Formänderung herbeizuführen. Jedenfalls mahnt aber die Tatsache, daß im Wärmebereich von 150—250° eine niedrigere Belastung zur Einleitung einer bleibenden Dehnung genügt als bei Zimmertemperatur, sehr zur Vorsicht. Auch fällt der Umstand sehr ins Gewicht, daß derartige Formänderungen schon ins Gebiet der Blauwärme hineinreichen, so daß außer der Schwächung des Querschnittes auch noch eine Abnahme der Zähigkeit eintreten kann, die als Blauwärmesprödigkeit bekannt ist. Die hierdurch hervorgerufenen Änderungen der Materialeigenschaften, die durch den Einfluß des Faktors Zeit noch bedeutend verstärkt werden, sind außerordentlich verwickelter Art. Die Tatsache ihres Bestehens wird ohne weiteres durch die Kerbschlagprobe nachgewiesen und zwar äußert sich die Sprödigkeit nicht nur in unmittelbarer Nähe der Nietnaht, sondern auch oftmals im vollen Blech. Leider ist es bisher vielfach nicht möglich gewesen, durch die metallographische Untersuchung den Nachweis zu führen, daß eine Gefügeumwandlung eingetreten ist, obwohl eine große Zahl von Forschern anläßlich in letzter Zeit vorgekommener Kesselschäden sich mit der Frage beschäftigt haben. Vielfach ist bei den in Frage kommenden Blechen eine mehr oder weniger weitgehende Entmischung des lamellaren Perlites beobachtet worden und es ist möglich, daß die damit verknüpften strukturellen Spannungen zu der Sprödigkeit beigetragen haben.

Die bisher geschilderten vorübergehenden oder bleibenden Änderungen der Festigkeitseigenschaften bei erhöhten Temperaturen haben keine besondere Vorbehandlung des Materiales zur Voraussetzung, insbesondere sind sie nicht an das Vorhandensein voraufgegangener Kaltbearbeitung gebunden. Auch die chemische Zusammensetzung, soweit sie sich in den für Kesselbleche üblichen Grenzen hält, hat keinen ausgesprochenen Einfluß auf das Verhalten unter Betriebsbedingungen. Infolgedessen sucht sich die gesteigerte Beanspruchung da auszuwirken, wo Temperatur und geringster Widerstand die günstigsten Vorbedingungen für eine bleibende Formänderung abgeben. Dies kann ebenso gut im vollen Blech wie innerhalb einer Nietverbindung eintreten. Die letzteren bilden jedoch schon aus dem Grunde bevorzugte Stellen, weil die dort vorhandene doppelte oder dreifache Blechstärke das Entstehen von Wärmestauungen begünstigt.

Anders liegen die Verhältnisse dort, wo durch eine kritische Deformation in der Kälte das Material in einen solchen Zustand versetzt worden ist, daß eine entsprechende nachfolgende Wärmebehandlung Umwandlungen in den Gefügeeigenschaften hervorruft. Dabei ist der Begriff Kaltbearbeitung, wie schon wiederholt erwähnt wurde, nicht im strengen Sinne des Wortes aufzufassen, es genügt im Grunde genommen jede unterhalb A_3 vorgenommene Bearbeitung, um das Material in den kritischen Zustand zu versetzen, vorausgesetzt, daß das Maß der Deformation im richtigen Verhältnis zu der in der Folge einwirkenden Temperatur steht. Nun ist aber, auch wenn weitgehendste Normalisierung der einzelnen Teile durch Ausglühen oberhalb A_3 vorgenommen wurde, doch kaum eines derselben frei von dieser Art der Vorbehandlung, sobald der Kessel zusammengenietet ist. Die Mantelbleche und meist auch die Laschen werden in kaltem Zustande gebogen, die Böden unter Anrichten mit den Mantelblechen vernietet, die Rohre in die Böden oder Mäntel eingenietet bzw. eingewalzt usw. Es hängt demnach ganz von dem Maße der Kaltbearbeitung und von der Höhe der nachfolgenden Erwärmung ab, ob und in welcher Höhe die schon früher beschriebene Folgeerscheinung der Rückkristallisation einsetzt. Die eine der beiden Vorbedingungen — Überschreitung der Elastizitätsgrenze — ist durch die Tatsache der Deformation bereits gegeben, das Maß derselben ist naturgemäß ein sehr verschiedenes. Bei den auf kleinen Durchmesser kalt gebogenen Mantelblechen, bei den Anlageflächen von mit zu hohem Druck gepreßten Nieten, bei zu stark ausgebildeten Stemmkanten wird das kritische Maß der Deformation ohne weiteres erreicht. Des weiteren kommt es auf die Frage an, bis zu welcher Höhe die nachträgliche Erwärmung der in dieser Weise vorbehandelten Stellen geht. Im allgemeinen werden die durch den normalen Kesseldruck von 150—250° bedingten Temperaturen sich nicht zu der erforderlichen kritischen Höhe, die nach früheren Angaben bei etwa 350° beginnt, erheben, wohl aber wird diese Temperatur an solchen Stellen erreicht und zum Teil bedeutend überschritten, wo an der feuerberührten Oberfläche der Wärmedurchgang durch Kesselstein, Öl- oder Fettschichten, oder auch Flugasche behindert wird. Die dadurch hervorgerufene örtliche Überhitzung ist ein Faktor, mit dem man auch im normalen Betriebe zu rechnen hat, denn die zu ihrer Entstehung führenden Erscheinungen lassen sich auch bei größter Vorsicht und Sorgfalt niemals gänzlich fernhalten. Es ist also auch bei regelmäßiger Betriebsweise ein Zusammentreffen der für die Rückkristallisation erforderlichen Vorbedingungen möglich und damit ist der Anlaß für eine Gefügeumwandlung gegeben, als deren Endstadium die bekannte weitgehende Kornvergröberung anzusehen ist. Meist kommt es freilich über die Anfänge, den Kristallzerfall oder genauer ausgedrückt, die Entwicklung von anfänglich ultramikroskopischen Kristallkeimen innerhalb der Kristallite, nicht hinaus, so daß sich gegenüber dem an erster Stelle beschriebenen Zustand ebenfalls keine besonderen Gefügemerkmale ergeben. Dagegen ist es in der Mehrzahl der Fälle ohne besondere Schwierigkeiten möglich, aus dem äußeren Befund sowie aus dem Vorhandensein von Gleitlinien im Gefügebild auf die Ursache der vorhandenen Sprödigkeit zu schließen und durch geeignete thermische Weiterbehandlung der Probestücke das noch in den Anfängen befindliche Kristallwachstum an den kaltbearbeiteten Stellen zu einem gewissen Abschluß zu bringen. Ob diese Weiterentwicklung auch im eingebauten Blech sozusagen auf natürlichem Wege vor sich gehen kann, wird noch bei Besprechung der als außergewöhnlich anzusehenden Betriebsvorgänge zu suchen sein.

Ausdehnung durch die Wärme.

In ähnlicher Weise wie durch die vom Dampfdruck hervorgerufenen Zugbeanspruchungen erfahren die Kesselteile auch durch die Wärme eine Ausdehnung in achsialer und radialer Richtung, die jedoch in weit höherem Maße zur Wirkung kommt als in ersterem Fall. Greift man wieder das Beispiel eines zylindrischen Kessels von 1600 mm Durchmesser und 7500 mm Länge heraus, so läßt sich für eine dem gleichen Dampfdruck von 16 Atm. entsprechende Temperatur von rund 200° und einen Dehnungskoeffizienten von 1 : 80000 die Längenausdehnung in achsialer Richtung zu $\frac{7500 \cdot 200}{80000} = \mathbf{18{,}8\ mm}$ und in tangentialer zu $\frac{5030 \cdot 200}{80000} = \mathbf{12{,}6\ mm}$ berechnen und schließlich in radialer zu $\frac{1600 \cdot 200}{80000} = \mathbf{4{,}0\ mm}$. Bei dem ferner als Beispiel gewählten Schiffskessel von 5 m Durchmesser würde die Vergrößerung in radialer Richiung bei der gleichen Temperatur **12,5 mm** betragen.

Das sind im Gegensatz zu den auf dem reinen Dampfdruck beruhenden Maßänderungen recht beachtenswerte Werte, die bei der Konstruktion wohl berücksichtigt werden müssen.

Die Ausdehnung vollzieht sich indes, da innerhalb des Kessels beträchtliche Abweichungen von der theoretischen Dampftemperatur bestehen, nicht so gleichmäßig. Schon im Wasserraume treten Unterschiede auf, weil die kälteren Wasserschichten nach unten sinken, die wärmeren nach der Oberfläche steigen. Da eine solche ungleiche Wärmeverteilung besonders beim Anheizen des Kessels stattfindet, tut man gut, während dieser Periode durch Einblasen von Dampf aus den Nachbarkesseln oder durch mechanische Vorrichtungen für eine gründliche Durchmischung zu sorgen.

Die im Dampfraum herrschende höhere Temperatur bringt es mit sich, daß bei zylindrischen Kesseln eine größere Längung der oberen Partie eintritt, so daß der Kessel sich nach oben durchzubiegen sucht. Bei den Flammrohren liegen die Verhältnisse noch ungünstiger, weil deren obere Hälfte durch die intensivere Einwirkung der Heizflamme eine stärkere Temperaturerhöhung erleidet, während die untere, ohnehin im kälteren Wasser liegende, durch die ständig unter dem Rost herstreichende Verbrennungsluft Abkühlung erfährt. Dazu kommt noch der Auftrieb des leeren Rohres im Wasser, der die Durchbiegung nach oben zu verstärken sucht.

Als unmittelbare Folge dieser Ablenkung von der ursprünglichen Mittelachse macht sich eine Abflachung des Rohrquerschnittes bemerkbar, wodurch die kreisrunde Form, auf die es bei den Flammrohren nach dem früher Gesagten so sehr ankommt, in eine elliptische übergeht. Ferner wird ein starker Druck auf die Böden ausgeübt, der beide im Zustande dauernder Spannung erhält und eine Aufbeulung der letzteren und Verkürzung der ersteren zu bewirken sucht. Daß diese Beanspruchung zu dauernden Formänderungen führen kann, zeigt sich bei der Lösung der Nietverbindung am einen Ende eines erkalteten Kessels. Das Flammrohr springt in diesem Falle gegen den Rohrlochbord um ein gewisses Maß zurück, das oben stets einige Millimeter, etwa 5, größer ist als unten, ein Beweis dafür, daß die Druckwirkung infolge der Durchbiegung oben am stärksten war.

Durch die Wechselwirkung zwischen Mantel und Flammrohr, bei der die Böden ein mehr oder weniger starres Zwischenglied bilden, ist die Ursache manches Kesselschadens gegeben. Die Bedingungen, unter denen das System arbeitet, gestalten sich infolge der Temperaturschwankungen, die beim Beschicken und Reinigen der Feuer, beim Speisen sowie bei Änderungen in der Belastung auftreten, sehr schwankend und die häufige Wiederholung der Gleichgewichtsstörung muß auf die Dauer zu Lockerungen der Nietnähte an den Flammrohranschlüssen oder an der Verbindung von Mantel und Boden führen. Auch Anbrüche an den Boden- und Rohrlochkrempen können entstehen, und zwar bilden sie sich um so leichter, je ungünstiger die Form ist. Dies gilt vor allem in bezug auf eine ausreichende Bemessung der Eck- und Übergangsradien.

Um die geschilderten Übelstände auf ein erträgliches Maß zurückzuführen, muß daher der Konstrukteur außer für gute Regelung des Wasserumlaufes auch für möglichst weitgehende Elastizität der einzelnen Teile sorgen. Bei den Mantelblechen läßt sich natürlich nicht viel ändern. Von den Böden verhalten sich die flachen, die leichter durchfedern, günstiger als die vertieften, deren gewölbte Form eine große Starrheit bedingt; jedoch wird dieser Vorteil dadurch aufgehoben, daß bei größeren Durchmessern die flachen Böden geankert werden müssen. Es verbleiben also nur die Flammrohre, die durch ihre Ausbildung als Wellrohre nicht nur eine weitgehende Elastizität in achsialer Richtung, sondern auch eine größere Widerstandsfähigkeit gegen Zusammendrücken erhalten haben. Ein weiteres Mittel, den Druck auf die Böden zu verringern, besteht darin, die Flammrohre im Zustande gelinder Erwärmung einzuziehen. Sie nehmen dann beim Erkalten Zugspannung an, die beim Anheizen des Kessels durch den Nullpunkt hindurch in eine entsprechend verringerte Druckspannung übergeht.

Bei den übrigen Kesselsystemen liegen die Verhältnisse ähnlich. An den kombinierten Walzenkesseln bilden die Verbindungsstutzen die gefährlichsten Teile, weil sie durch die Dehnungsunterschiede der manchmal recht langen Ober- und Unterkessel auf Biegung beansprucht werden. Bei den Wasserkammerkesseln mit schrägliegenden Rohren bestehen ziemlich erhebliche Unterschiede in der Temperatur der unteren und oberen Rohrreihen, die sich in ungleichem Druck der Rohre auf die Kammerwände äußern und zum Lecken an den Einwalzstellen führen können. Auch bei den Steilrohrkesseln sind die infolge der Eigentümlichkeiten der Flammenführung und der verschiedenen Umlaufgeschwindigkeiten Ungleichmäßigkeiten in der Ausdehnung der Rohre nicht zu vermeiden, weshalb man diesen vielfach eine gekrümmte Form gegeben hat. Ein Eingehen auf Einzelheiten dürfte bei der großen Mannigfaltigkeit der Konstruktionen zu weit führen.

Wärmeübertragung und Wärmedurchgang.

Bei der bisher betrachteten Wirkungsweise der Wärmeausdehnung war stillschweigend vorausgesetzt worden, daß sich die Temperaturunterschiede gleichmäßig über größere Flächen hinweg erstreckten, so daß ein, wenn auch begrenzter, Spannungsausgleich innerhalb des einzelnen Konstruktionsteiles vor sich gehen konnte. Die Richtung des Wärmeflusses und der Temperaturunterschied zwischen feuer- und wasserberührter bzw. dampfberührter Oberfläche kam dabei vorläufig nicht in Betracht. Diese Faktoren sind jedoch von großer Wichtigkeit, sobald es sich um die Beheizung örtlich begrenzter oder der Wärme besonders ausgesetzter Stellen handelt, bei denen die Ableitung der von den Heizgasen zugeführten Wärme auf gewisse Hindernisse stößt. Dadurch können an den feuer- und wasserberührten Flächen der davon betroffenen Blechpartien große Spannungsunterschiede auftreten, die unter Umständen zu bleibenden Formänderungen, wie Aus- und Einbeulungen führen.

Der Wärmeaustausch zwischen beiden Oberflächen wird durch folgende Umstände beeinflußt:

Temperatur, spez. Wärme und Geschwindigkeit der auftreffenden Heizgase.

Temperatur, spez. Wärme, Bewegungsrichtung und Geschwindigkeit des Speisewassers und des Dampfes.

Wärmeleitfähigkeit des Bleches und der ihm anhaftenden Verunreinigungen.

Wärmeübergangswiderstände an den Oberflächen der Kesselwandungen.

Die Wärmeleitzahl λ gibt die stündlich durch eine Platte von 1 m Stärke auf 1 qm Fläche von einer zur anderen Seite hindurchgehende Wärmemenge in WE an, wenn der Temperaturunterschied beider Flächen 1° beträgt. Für weiches Flußeisen kann $\lambda = 50$ gewählt werden, für Kesselstein $= 2$, für Maschinenöl $= 0{,}1$.

Die Wärmeübergangszahl α zeigt die stündlich zwischen einer Körperoberfläche und einer tropfbaren oder gasförmigen Flüssigkeit auf 1 qm Fläche und 1° Temperaturunterschied übergehende Wärmemenge an. Sie ist abhängig von der Art der Flüssigkeit und ihrem Bewegungszustand. Nach dem Vorgange von Bach sei als Übergangszahl für die Heizgase an das Blech 45 und vom Blech an das siedende Wasser 1000 gewählt. (Die Hütte gibt für letzteren Fall die bedeutend höheren Werte 2000—6000 an.)

Die Wärmedurchgangszahl k zeigt die unter gleichen Bedingungen durch das ganze System hindurchgehende Wärmemenge ebenfalls in WE an. Ihr reziproker Wert drückt den Durchgangswiderstand aus. Mit Hilfe dieser Werte ist es möglich, die an beiden Blechseiten auftretenden Temperaturen zu berechnen. Es bedeute:

t_1, t_2 die Temperatur der Heizgase und des Wassers,
τ_1, τ_2 die Temperatur der entsprechenden Blechoberflächen,
α_1, α_2 die Wärmeübergangszahlen für Heizgas/Blech und Blech/Wasser,
$\lambda_1, \lambda_2, \lambda_3$ die Wärmeleitzahlen für Blech, Kesselstein, Öl,
d_1, d_2, d_3 die Stärke des Bleches, der Kesselstein- und der Ölschicht.

Es ist dann:

$$k = \frac{1}{\frac{1}{\alpha_1} + \frac{1}{\alpha_2} + \frac{d_1}{\lambda_1} + \frac{d_2}{\lambda_2} + \frac{d_3}{\lambda_3}}$$

und

$$\tau_1 = t_1 - \frac{k}{\alpha_1}(t_1 - t_2); \qquad \tau_2 = t_2 - \frac{k}{\alpha_2}(t_1 - t_2).$$

Es seien nun zunächst die Durchgangszahl k und die Oberflächentemperaturen τ_1 und τ_2 für ein Kesselblech von 25 mm Stärke berechnet, auf das auf der einen Seite die Heizgase mit $t_1 = 1250°$ auftreffen und das von der anderen Seite her durch Wasser von $t_2 = 180°$ bespült wird. $\alpha_1 = 45$, $\alpha_2 = 1000$, $\lambda = 50$. Aus den angegebenen Formeln ergibt sich

$$k = \frac{1}{\frac{1}{45} + \frac{1}{1000} + \frac{0.025}{50}} = \mathbf{42{,}16}$$

$$\tau_1 = 1250 - \frac{42{,}16}{45}(1250 - 180) = \mathbf{249}°$$

$$\tau_2 = 180 - \frac{42{,}16}{1000}(1250 - 180) = \mathbf{225}°.$$

Das Temperaturgefälle für diesen einfachsten Fall beträgt demnach $249° - 225° = 24°$, also einen ziemlich unbedeutenden Wert. Die Anstrengung der Heizfläche läßt sich leicht aus der Beziehung $W = k\,(t_1 - t_2)$ zu $\frac{42{,}16 \cdot 1070}{631} = \mathbf{71{,}5\ kg/qm}$ berechnen, worin der Wert von 631 die Differenz aus der Gesamtwärme eines kg gesättigten Dampfes von 180°, nämlich 661 WE und dem Wärmeinhalt eines kg Speisewasser von 30° darstellt. Eine Verdampfung von 71,5 kg Wasser auf den Quadratmeter Heizfläche erscheint zwar auf den ersten Blick reichlich hoch, ist jedoch nicht ungewöhnlich, wenn man bedenkt, daß es sich um eine unmittelbar über der Feuerung gelegene Stelle handelt.

Weiterhin sei der Einfluß einer Kesselsteinschicht von 2 mm Stärke untersucht. Die Durchgangszahl k geht dann über in:

$$\frac{1}{\frac{1}{45} + \frac{1}{1000} + \frac{0{,}025}{50} + \frac{0{,}002}{2}} = \mathbf{40{,}45}$$

und die Oberflächentemperaturen in:

$$\tau_1 = 1250 - \frac{40{,}45}{45}\,1070 = \mathbf{291}°$$

und

$$\tau_2 = 180 + \frac{40{,}45}{45}\,1070 = \mathbf{223}°$$

entsprechend einem Temperaturgefälle von $291 - 223 = \mathbf{68}°$.

Schließlich werde noch festgestellt, wie sich die Verhältnisse gestalten, wenn an Stelle der Kesselsteinschicht ein Ölüberzug von 0,5 mm Stärke tritt, mit einer Leitfähigkeit von 0,1. Die Durchgangszahl k findet man in diesem Falle zu

$$\frac{1}{\frac{1}{45} - \frac{1}{1000} - \frac{0{,}025}{50} - \frac{0{,}0005}{0{,}1}} = \mathbf{34{,}8}$$

und die Oberflächentemperaturen zu

$$\tau_1 = 1250 - \frac{34,8}{45} 1070 = \mathbf{423}°$$

und

$$\tau_2 = 180 - \frac{34,8}{1000} 1070 = \mathbf{217}°$$

entsprechend einem Temperaturgefälle von **423** — 217 = **206** °.

Über die Höhe der auf diese im vollen Blech durch behinderte Wärmeausdehnung hervorgerufenen Spannungen gibt ein Vergleich der Ausdehnungskoeffizienten Aufschluß. Da ein weicher Flußeisenstab von 1 cm² Querschnitt durch 1 kg Belastung um 1/2000000, durch 1 ° Temperaturerhöhung um 1/80000 seiner Länge gedehnt wird, rufen 100 ° Temperatursteigerung die gleiche Wirkung hervor, wie 2500 kg Zugbelastung. Falls der Stab an der Ausdehnung behindert wird, setzen sich die Zugspannungen in Druckspannungen von gleicher Höhe um und man sieht, daß schon der verhältnismäßig geringe Betrag von 100° Temperaturunterschied zu einer Überschreitung der Streckgrenze führen würde. Wenn nun auch in Wirklichkeit die Spannungen nicht zur vollen theoretischen Höhe ansteigen werden, da das Material nicht vollkommen starr eingespannt ist, sondern immer Gelegenheit hat, um kleine Beträge federnd auszuweichen, so kann man doch daraus ersehen, wie groß auch unter normalen Betriebsverhältnissen sich die Wirkung dieser Wärmespannungen gestalten kann. Gegenüber dem als verhältnismäßig harmlos anzusehenden Beispiel der 2 mm starken Kesselsteinschicht muß die Wirkung des durch den Ölüberzug hervorgerufenen Temperaturunterschiedes von 200° als recht bedenklich erscheinen. Infolge des starken Ausdehnungsbestrebens der feuerberührten Seite kann hier, unterstützt durch den im gleichen Sinne wirkenden Dampfdruck, ein Aufbeulen des Bleches eintreten, ohne daß dieses ins Glühen zu geraten braucht. Beispiele dieser Art finden sich in der Fachliteratur sehr häufig und sind u. a. von Bach verschiedene Male zum Gegenstand der Erörterung gemacht worden[1]).

Nutzanwendung für Bedienung und Wartung.

Das Auftreten örtlicher Überhitzungen an Kesselblechen, gemeinhin, aber nicht ganz zutreffend, mit Wärmestauung bezeichnet, kann von vornherein nicht als Beweis für unsachgemäßen Betrieb oder fehlerhafte Konstruktion angesehen werden, selbst wenn die schädlichen Folgen unmittelbar in die Erscheinung treten. Ein Niederschlag von Kesselstein oder eine Abscheidung von öliger oder fettiger Substanz aus dem Kesselspeisewasser

[1]) Z. V. d. I. 1887, S. 458; 1894, S. 1420; 1900, S. 548; 1902, S. 73.

läßt sich auch bei weitgehender Reinigung und Filterung nicht gänzlich vermeiden, so wenig, wie die Bildung von Stichflammen in der Feuerung oder das Ablagern von Ruß und Flugasche in den Feuerzügen. Erst wenn diese Mängel das Maß des Erträglichen überschreiten und sich trotz Anwendung von Gegenmaßregeln nicht abstellen oder erheblich einschränken lassen, darf man mit Sicherheit annehmen, daß grundsätzliche Fehler bei der Bedienung und Wartung gemacht werden, oder daß Verstöße bei der Konstruktion vorliegen, über deren Tragweite man sich bei der Anlage keine Rechenschaft gegeben hat. Diese für die Verhütung, bzw. Beschränkung von Überhitzung und Wärmespannungen maßgebenden Gesichtspunkte sind zum großen Teile bereits im vorstehenden gestreift worden. Ohne damit Anspruch auf Vollständigkeit zu erheben, seien die hauptsächlichsten hier noch einmal kurz zusammengestellt, zumal, da sich daraus auch Richtlinien für einen sachgemäßen Betrieb herleiten lassen. Im übrigen sei auf die gesetzlichen Bedienungsvorschriften verwiesen.

1. An Stellen, die dem Anprall der Feuergase ausgesetzt sind, sollen Materialanhäufungen, vorspringende Kanten, Nietköpfe oder Muttern vermieden werden. Verkleidung solcher Stellen durch feuerfestes Mauerwerk oder Chamotte ist von zweifelhaftem Wert, da sie zu Wärmestauungen führt.

2. Aus dem gleichen Grunde sollen die Kessel nicht auf das Mauerwerk der eigentlichen Feuerung aufgelagert oder daran angelehnt werden. Das hocherhitzte Mauerwerk bildet einen kräftigen Wärmespeicher und ist infolge seiner isolierenden Wirkung dem Wärmedurchgang hinderlich. Besonders bedenklich wird eine derartige Ausführung, wenn beim unvorhergesehenen Entleeren des Kessels diese Hitze zur Wirkung kommt und Ausglühen der ungekühlten Teile hervorruft.

3. Zuleitung und Umlauf des Speisewassers sind den natürlichen Verhältnissen bei der Erwärmung und Verdampfung entsprechend zu regeln. Nötigenfalls muß durch geeignete Hilfsmittel, namentlich beim Erwärmen, für flotten Umlauf gesorgt werden. Einführung des Speisewassers unmittelbar über der Feuerung ist wegen der Abschreckwirkung zu vermeiden.

4. Es muß verhütet werden, daß Teile des Wasserraumes von Dampf erfüllt und so ungeschützt den Feuergasen ausgesetzt werden. Dies kann z. B. eintreten, wenn bei Steilrohrkesseln die unteren Rohrenden zu weit in die Sieder hineinreichen. Ferner bei zu tief sinkendem Wasserstande, falls die Wasserstandszeiger infolge Verstopfung der Bohrungen oder starken Schäumens des Kesselinhaltes unrichtige Angaben machen. Diesem Teile der Armatur ist daher besondere Aufmerksamkeit zu widmen, auch empfiehlt sich selbsttätige Speisewasserregelung mit Schwimmerbetätigung.

5. Für bequeme Entfernung der Niederschläge aus dem Kesselwasser ist durch Ausbildung von Schlammsäcken, Anbringung von Abblaseleitungen und Schlammventilen oder -hähnen Sorge zu tragen. Letztere müssen sich, auch wenn der Kessel unter Druck steht, nachsehen und auswechseln lassen. Die Sieder dürfen keine Neigung nach der Feuerung hin haben, damit die Niederschläge nicht nach dort abgeführt werden und verhärten. Bei ölhaltigem Speisewasser sind zur Beseitigung des sich bildenden Schaumes besondere Abschäumvorrichtungen vorzusehen.

6. Bei Wasserrohrkesseln, bei denen die Dampfentnahme starken Schwankungen unterworfen ist, sind die Oberkessel geräumig genug auszuführen, um Überkochen zu vermeiden.

7. Die grobe Kesselarmatur, wie Tragstühle, Verankerung, Feuergeschränke, Rostbalken und -stäbe, ist so mit dem Kessel zu verbinden, daß bei der Ausdehnung kein Zug oder Druck auf die Kesselteile ausgeübt wird.

Neben diesen, vorzugsweise für den Konstrukteur geltenden Regeln, ergeben sich unter den gleichen Gesichtspunkten auch für den Betrieb eine Reihe von Vorschriften, die nicht minder elementar klingen, aber dieselbe Beachtung verdienen:

1. Bei der Bedienung, namentlich der mit Unterwind betriebenen Feuer, ist auf Einhaltung einer gleichmäßigen Schütthöhe zu achten. Die Bildung von Stichflammen ist ebenso wie zu dichte, hohe Feuer zu verhüten. Zu langes Offenhalten der Feuertüren bewirkt ungleiche Abkühlung, ebenso unregelmäßige Beschickung oder zeitweiliges einzelnes Abschalten zusammengehöriger Wanderroste.

2. Die Kesselsteinbildner, sowie die öligen und fettigen Bestandteile sind durch Anwendung geeigneter chemischer und mechanischer Mittel aus dem Speisewasser abzuscheiden bzw. in eine solche Form überzuführen, daß sie nicht erhärten und sich dabei an den Kesselwandungen ansetzen. Die Abscheidungen innerhalb des Kessels sind durch regelmäßiges Abblasen zu entfernen und die etwa im Laufe der Zeit sich ansetzenden Krusten von Kesselstein durch sorgfältiges Abklopfen, bei den Siederohren unter Verwendung geeigneter mechanischer Werkzeuge, zu beseitigen.

3. Die sich in den Feuerzügen, Flammrohren und Rauchrohren, sowie an der Oberfläche der Siederohre ansetzenden Ablagerungen von Ruß und Flugasche müssen in regelmäßigen Zwischenräumen abgebürstet oder abgeblasen werden. Für letzteren Zweck ist die Verwendung von Preßluft geeigneter als die von Dampf, weil die Flugasche in Verbindung mit Feuchtigkeit leicht erhärtende Krusten bildet. Aus dem gleichen Grunde ist auch das Ablöschen der Asche unter den Rosten mittels Wasser- oder Dampfstrahl zu vermeiden.

4. Die Speisewasserzufuhr ist der abgeführten Dampfmenge genau anzupassen, ständige Beobachtung der Wasserstände ist auch bei Verwendung selbsttätiger Speisewasserregler unerläßlich.

5. Muß ein Kessel wegen Betriebseinschränkung oder wegen eines eingetretenen Schadens abgesetzt werden, so darf die Entleerung nicht früher erfolgen, als bis die Einmauerung soweit abgekühlt ist, daß eine schädliche Rückwirkung auf Mantelbleche und Rohre nicht zu befürchten steht. Auch sollte die Beschleunigung der Abkühlung durch Aufreißen der Öffnungen im Mauerwerk und volles Aufziehen der Kaminschieber besser unterbleiben.

6. Umgekehrt soll ein Kessel beim Anheizen nicht zu stark getrieben werden, auf alle Fälle ist dabei für eine gute Durchmischung des Kesselinhaltes zu sorgen.

Diese Erfahrungsregeln, die sich noch beliebig vermehren lassen, sind lediglich deshalb wiedergegeben, weil eine große Anzahl von Dampfkesselschäden sich auf ihre Nichtbeachtung zurückführen läßt. Im übrigen gilt auch hier, wie bei allen technischen Einrichtungen, der Grundsatz, daß Lebensdauer und Betriebssicherheit im umgekehrten Verhältnis zur Beanspruchung stehen, und daß jede Art Überlastung zu einer dauernden Schwächung führen muß. Wenn bedauerlicherweise in jüngster Zeit umfangreiche Dampfkesselschäden vorgekommen sind, über deren letzte Ursachen noch keine volle Klarheit herrscht, so handelt es sich doch meist um Fälle, bei denen mit gutem Grunde angenommen werden kann, daß neben grundsätzlichen Konstruktionsmängeln auch die Betriebseinflüsse ihr Teil zu dem ungünstigen Verhalten beigetragen haben.

3. Die chemischen Einwirkungen.

Es bleiben noch die auf chemischer Grundlage beruhenden Veränderungen der Werkstoffe zu besprechen.

Diese äußern sich als Anfressungen oder Anrostungen, gemeinhin Korrosionen genannt, und beruhen auf einem von der Oberfläche ausgehenden chemischen Angriff des Kesselmateriales durch die damit in Berührung gelangenden Stoffe. Die Umsetzungsprodukte werden dabei entweder gelöst oder bleiben in Gestalt oxyischer Krusten an der Oberfläche haften. Als Angriffsmittel kommen in erster Linie die im Speisewasser vorhandenen Agentien, wie Säuren, Salze, Gase in Frage, weiterhin die Feuergase und die Atmosphärilien.

Wie neuere Untersuchungen dargetan haben, kann von einem auf verschiedener chemischer Zusammensetzung der Kesselstoffe beruhendem unterschiedlichen Verhalten gegenüber diesen Einflüssen nicht gut die Rede sein, insbesondere gilt dies mit Bezug auf die vielfach behauptete größere Widerstandsfähigkeit des Schweißeisens gegenüber dem Flußeisen. Wohl ist ein ungünstigeres Verhalten bei Material mit höherem Sauerstoffgehalt zu verzeichnen, jedoch ist bislang noch nicht einwandfrei festgestellt, ob diese Minderwertigkeit auf dem Oxydgehalt an sich oder auf der durch die Einschlüsse hervorgerufenen geringeren Dichte beruht.

Auch die Oberflächenbeschaffenheit wirkt bei der Widerstandsfähigkeit gegen Anrosten mit. Eine rauhe, narbige oder blasenreiche Oberfläche bietet eine bessere Angriffsgelegenheit als eine glatte und dichte, zumal wenn letztere noch die ursprüngliche Walzhaut aufweist. Ein gewisses Mißtrauen besteht gegen Schleifstellen. Dies ist in dem Falle nicht unberechtigt, wenn dadurch mangelhaft verschweißte Randblasen offengelegt wurden. Feine Oberflächenrisse, die als gelinde Form von Rotbruch hin und wieder aufzutreten pflegen, bieten gleichfalls Ausgangsstellen für Anfressungen. Ferner ist anzunehmen, daß ein ursächlicher Zusammenhang zwischen den durch Kaltbearbeitung hervorgerufenen Reckspannungen und der geringeren Widerstandsfähigkeit solcher Stellen gegenüber dem Angriff des Speisewassers besteht. Daß derart beanspruchtes Material eine größere Säurelöslichkeit zeigt, ist bereits durch Versuche von Heyn und Bauer[1]) nachgewiesen. Auch das erst in jüngster Zeit zur Veröffentlichung gelangte Ätzverfahren von Fry[2]) beruht auf ähnlicher Grundlage. Es werden dadurch die bei der Kaltformänderung von Blechen oder anderen Stoffen aus weichem Flußeisen auftretenden sog. Kraftwirkungsfiguren dem Auge sichtbar gemacht. Die durch das Ätzmittel in erhöhtem Maße angegriffenen Streifen weisen bei genügender Vergrößerung die Merkmale der Störung des kristallinen Aufbaues auf, nämlich Kornzerfall, Korngrenzenstörung und eine dritte Art, die Fry als mikroskopische Rutschvorgänge in den Kristallen definiert. Die Vermutung liegt infolgedessen sehr nahe, daß das, was sich unter der Einwirkung konzentrierter Ätzmittel in kurzer Zeit vollzieht, der gleiche Vorgang ist, der im Kessel bei größerer Verdünnung der Agentien sich in entsprechend längerer Dauer abspielt. (Abb. 43.)

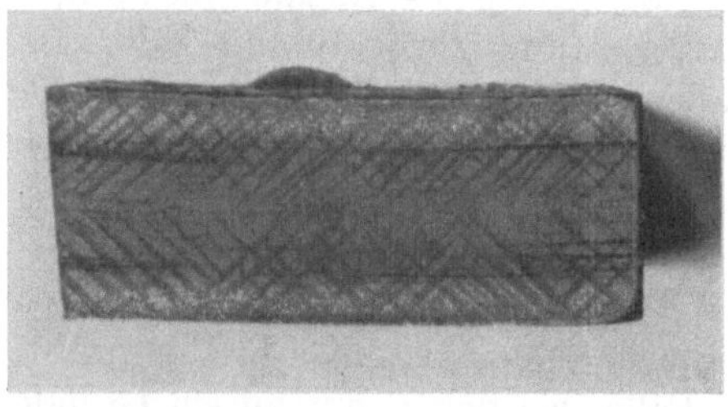

Abb. 43. Durch das Frysche Ätzverfahren hervorgerufene Kraftwirkungsfiguren.

---

1) Stahl u. Eisen 1909, S. 786.

2) Kruppsche Monatshefte, Juli 1921; s. a. Stahl u. Eisen 1921.

Die chemische Beschaffenheit des Speisewassers.

Zum weitaus größten Teile sind die Anfressungen auf die ungeeignete Beschaffenheit des Kesselwassers zurückzuführen, die entweder unmittelbar zur Wirkung kommt oder in ihrer schädlichen Einwirkung noch durch ungünstige Betriebsverhältnisse unterstützt wird. Ersteres ist der Fall bei einem gewissen Gehalt an freien Säuren, die organischer oder anorganischer Natur sein können. Von organischen sind zu nennen die Humussäuren, die z. B. in aus moorigem Boden stammenden Speisewasser vorkommen können oder die bei Verwendung pflanzlicher oder tierischer Öle als Schmiermittel im Kondensat auftretenden Fettsäuren. Diese organischen Säuren, zu denen auch die aus den Destillationsrückständen des Petroleums stammenden zu rechnen sind, sind verhältnismäßig harmlos, um so schädlicher ist der Einfluß der anorganischen oder Mineralsäuren. Glücklicherweise ist deren Auftreten ein ziemlich beschränktes. Sie kommen in den Abwässern industrieller Anlagen und in Grubenwässern vor und können bei gewissenhafter Untersuchung des Speisewassers leicht erkannt und unschädlich gemacht werden. Es genügt, ebenso wie bei der Anwesenheit von organischen Säuren, ein regelmäßiger Zusatz von Soda oder Ätznatron, dessen Menge so zu bemessen ist, daß das Speisewasser schwach alkalische Reaktion zeigt.

Die auf natürlichem Wege im Wasser gelösten Salze sind in den meisten Fällen in einem solchen Verdünnungsgrade vorhanden, daß eine schädliche Einwirkung nicht zu befürchten steht. Erst wenn der Salzgehalt sich durch Verdampfung immer neuer Mengen Rohwasser bei ungenügender Entleerung aus dem Kessel erheblich anreichert, liegt die Gefahr der Anfressung vor. Besonders ungünstig verhalten sich Salze, die unter gewissen Bedingungen zersetzt werden, wobei die freiwerdende Säure das Eisen angreift. Dazu zählen die Chlorverbindungen und von diesen ist das Chlormagnesium dasjenige Salz, das sich in Berührung mit hocherhitztem Eisen unter Gegenwart von Wasser am leichtesten zersetzt. Der Vorgang vollzieht sich nach der Formel:

$$MgCl_2 + H_2O = MgO + 2\,HCl,$$

wobei die entstehende Salzsäure das Eisen angreift nach:

$$2\,HCl + 2\,Fe = 2\,FeCl + H_2\,.$$

Eine derartige Zersetzung kann im allgemeinen nur eintreten, wenn das Kesselblech, z. B. infolge behinderten Wärmedurchgangs, auf sehr hohe Temperatur gebracht ist. Sind dagegen gleichzeitig Verbindungen im Speisewasser enthalten, die leicht Sauerstoff abgeben, wie es z. B. bei salpetersauren Salzen der Fall ist, so wird durch deren oxydierende Wirkung die Zersetzung des Chlormagnesiums befördert, so daß sie schon bei Wärmegraden einsetzt, die dem normalen Kesselbetrieb eigen sind. Daraus geht hervor, daß ein Speisewasser, welches neben Chloriden auch Nitrate in beachtenswerten Mengen enthält, beim Gebrauch besondere Behandlung erfordert. Diese besteht darin, den Konzentrationsgrad nicht zu hoch ansteigen zu lassen und durch regelmäßiges Ablassen eines Teiles des Kesselinhaltes und Wiederaufspeisen für die nötige Verdünnung zu sorgen. Daneben muß das Wasser durch einen entsprechenden Zusatz von Soda schwach alkalisch gehalten werden. Durch den Sodazusatz wird der im Wasser enthaltene Gips in Natriumsulfat übergeführt, das bei eintretender stärkerer Konzentration ebenfalls das Eisen angreift. Ist der Zusatz an Soda bzw. an Ätznatron zu hoch bemessen, so besteht wiederum Gefahr, daß dadurch die aus Bronze oder Messing bestehenden Armaturteile angegriffen werden. Also auch aus diesem Grunde ist eine ausgiebige Erneuerung des Kesselinhaltes geboten.

Einwirkung der im Speisewasser gelösten Luft.

Weitaus die größte Zahl aller Anfressungen ist auf die unmittelbare Einwirkung des als Gas im Wasser gelösten oder frei im Dampfraum vorhandenen Luftsauerstoffes zurückzuführen. Der Sauerstoff gelangt durch Absorption ins Wasser, namentlich die Niederschlagswässer sind reich daran. Daneben findet sich Stickstoff in entsprechender Menge sowie Kohlensäure. Bei der Erwärmung scheiden sich diese Gase in Form kleiner Bläschen aus. Der zuerst entweichende Stickstoff verhält sich neutral, dagegen übt der Sauerstoff eine lebhaft oxydierende Wirkung auf die Oberfläche, der er anhaftet, aus. Solange die Dampfentnahme regelmäßig weitergeht, werden die Gasbläschen mitgerissen und haben keine Gelegenheit, sich anzusetzen. Wird aber beim Abstellen des Kessels der Dampfstrom unterbrochen, so bleiben sie an den Wandungen haften und das Rosten setzt ein. Durch die häufige Wiederholung dieses Vorganges vergrößern sich die zahlreichen, ursprünglich nur kleinen Narben und können zu bedenklichen Schwächungen der Blechstärke führen. Diese Einwirkungen sind naturgemäß da am stärksten, wo den Luft- bzw. Kohlesäurebläschen am meisten Gelegenheit gegeben ist, sich abzusetzen. Dies ist an denjenigen Blechstellen der Fall, die schon von Haus aus rauh sind, sodann an Vorsprüngen, wie Nietköpfen und Blechkanten, und schließlich an der Wasserlinie, wo bei ruhigem Flüssigkeitsspiegel infolge der Oberflächenspannung die Bläschen in großer Zahl zurückgehalten werden.

Bilden sich die Bläschen an vorspringenden feuerberührten Flächen, so kann der Aufstieg nicht unbehindert vor sich gehen. Sie streichen vielmehr an diesen Flächen entlang und bilden auf diese Weise eine den Wärmedurchgang erschwerende isolierende Luftschicht. Durch die damit verknüpfte Temperaturerhöhung wird dem Angriff des Sauerstoffes Vorschub geleistet. Ein solcher Fall liegt bei den Feuerbüchsen der preußischen Staatsbahnlokomotiven vor, die nach unten eingezogen sind. Die wenig günstigen Ergebnisse, die beim Ersatz der kupfernen Feuerbüchsen durch flußeiserne erzielt worden sind, sind nicht zum geringsten Teile auf diesen Umstand zurückzuführen. Bei den amerikanischen Lokomotiven, die ausschließlich mit flußeisernen Feuerbüchsen ausgerüstet sind, hat sich die sattelförmige, nach unten erweiterte Form bedeutend günstiger erwiesen. Dazu kommt, daß dort die Lokomotiven ständig im Betrieb gehalten werden, die Dampfentwicklung also nicht unterbrochen und die ausgeschiedene Luft ständig mit abgeführt wird.

Bevorzugte Stellen für Anfressungen bilden auch die seitlich der Roste gelegenen Partien der Flammrohre bei Kesseln, die nicht kontinuierlich betrieben werden. In diesem Falle werden vor dem Stillstande die Kessel aufgespeist und die Feuer aufgebänkt, d. h. die Roste mit einer starken gleichmäßigen Kohlenschicht bei nahezu geschlossenem Kaminschieber bedeckt. Bei dem stets noch vorhandenen schwachen Zug brennen die Feuer seitlich an den Rosten zuerst durch, es entsteht eine schwache Wasserzirkulation, wobei aus dem lufthaltigen Speisewasser sich immer neue Bläschen an der benachbarten Wasserseite des Flammrohres absetzen. Die dadurch entstehenden Anfressungen reichen meist nur bis zur Feuerbrücke, der dahinterliegende Teil des Flammrohres bleibt unberührt. Andrerseits sind auch Anfressungen festgestellt worden, die sich über die ganze Länge erstrecken. So behandelt Rinne[1]) einen Fall, bei dem die Korrosionsstreifen von einem Ende des Flammrohres bis zum andern reichen, sich an den Köpfen erbreitern und unterhalb des Domes nach oben erheben. Daraus ist zu schließen, daß die Lage und Ausdehnung der Anfressungen durch die Wasserzirkulation beeinflußt wird, während die eigentliche Ursache in der Beschaffenheit des Wassers zu suchen ist. Die Anfressungen, die auch bei wiederholtem Ersatz des Flammrohres in der gleichen Weise auftraten, hörten auf, sobald der Kessel mit Wasser anderer Herkunft gespeist wurde.

Äußerst merkwürdige Anfressungen beschreibt Bach[2]). Diese bildeten sich während des 4jährigen Betriebes eines Kessels von 105 m^2 Heizfläche an der wasserberührten Seite der 12 m langen Flammrohre, und zwar genau an den Stellen, an denen die Fabrikations- und Abnahmestempel mit Kreisen aus Ölfarbe umfahren worden waren. Die umrahmten Flächen blieben gänzlich unversehrt, dagegen waren die Ringe, auf denen der Ölanstrich gesessen hatte, tief ausgefressen. Diese

[1]) Stahl u. Eisen 1904, S. 83. [2]) Z. V. d. I. 1913, S. 1061.

Erscheinung zeigte sich in gleicher Weise bei den vorderen gewellten wie bei den dahinter liegenden glatten Schüssen. Bach verzichtet darauf, eine bestimmte Erklärung zu geben und führt als wahrscheinliche Ursachen an: Wärmestauungen infolge des Ölfarbenanstriches, besondere chemische Eigenschaften der Farbe und ungünstige Beschaffenheit des Speisewassers.

Daß Wärmestauung und Angriff des Speisewassers vorliegen, darf nicht bezweifelt werden; ob eine chemische Einwirkung der auf der Wasserseite befindlichen und wahrscheinlich nicht lange vorhanden gebliebenen Farbe vorliegt, muß dahingestellt bleiben. Dagegen ist bei der bekannten stark isolierenden Wirkung eines Ölüberzuges eine Erklärungsmöglichkeit schon durch die beiden ersterwähnten Umstände gegeben. Bei der verhältnismäßig geringen Breite des Ölfarbenanstriches wird das Ausdehnungsbestreben der sich stärker erwärmenden Ringfläche durch die kälter bleibende Umgebung unterdrückt, und es werden in ersterer Druckspannungen hervorgerufen, die leicht eine Überschreitung der Fließgrenze zur Folge haben können. Wie vorher gezeigt worden war, genügt dafür unter Umständen ein Temperaturunterschied von 100°. Die davon betroffenen, in ihrem kristallinen Zusammenhang gelockerten Partien werden sich dem Angriff der im Speisewasser enthaltenen Agentien, seien es nun Säuren, Salze oder oxydierende Gase, gegenüber vermutlich weniger widerstandsfähig erwiesen haben und nach Einleitung des Auflösungsprozesses schnell der Zerstörung anheimgefallen sein.

Zum Nachweis der starken Temperaturunterschiede, die durch Öl oder Fett verursacht werden können, machte Rinne[1]) folgenden Versuch: „Er strich einen kleinen gewölbten Kesselboden von geringer Blechstärke innen stellenweise mit Schmierfett an, füllte ihn mit Wasser und erhitzte das Ganze auf einem starken Feuer. Dabei erhitzten sich die fettbestrichenen Stellen so stark, daß sie ins Glühen gerieten und von oben gesehen durch das Wasser durchleuchteten."

Daß auf diese Weise eine örtliche Überschreitung der Fließgrenze auch bei weit niedrigeren Temperaturunterschieden eintreten kann, dürfte wohl einleuchten.

Wiederholt ist die Beobachtung gemacht worden, daß bei Kesseln, die zu derselben Batterie gehören, bei denen die Feuerungs- und Wasserverhältnisse also die gleichen sind, stets nur vereinzelte Kessel von Anfressungen betroffen wurden. Daraus schloß man, daß das Material der betreffenden Kessel eine größere Angriffsfähigkeit aufwiese als das der übrigen, unversehrt gebliebenen. Bei genauerer Prüfung zeigte es sich jedoch, daß bei den angefressenen Kesseln mehr Luft mit ins Speisewasser gelangte. Ist die Speisewasserleitung unten an den Kesseln

[1]) Ber. Int. Verb. Dampfk.-Rev.-Ver. 1908.

entlang gelegt, so daß die Abzweigrohre nach oben führen, so wird stets der erste Kessel der am meisten in Mitleidenschaft gezogene sein, weil die Hauptmenge der in der wagerechten Leitung mitgeführten Luft schon im ersten senkrechten Rohre mit nach oben gerissen wird. Umgekehrt werden bei obenliegender Leitung die am weitesten abliegenden Kessel am stärksten mitgenommen, weil deren Speisewasser am längsten mit der mitgeführten Luft in Berührung ist und beim Anprall des Wasserstromes gegen den Endflansch durch Wirbelbildung bedeutend mehr Luftblasen hinabgezogen werden als bei den vorhergehenden Abzweigungen, über die das Wasser verhältnismäßig ruhig hinwegströmt.

Die Mittel, den Angriff des Kessels durch mitgeführte Luft zu beschränken, sind verhältnismäßig einfacher Art. Auf mechanischem Wege mitgerissene Luft kann durch Änderung der Pumpenventile und -gehäuse oder der Leitungen ferngehalten werden. Die im Wasser gelöste Luft wird dagegen durch weitgehende Vorwärmung abgeschieden. Erwärmung auf zu niedrige Temperaturen hat wenig Zweck, da das Wasser die Luft nicht im natürlichen Verhältnis ihrer Bestandteile abgibt, sondern den Sauerstoff länger zurückhält. Auf diese Weise enthält das Wasser noch beträchtliche Mengen Sauerstoff, der erst bei höher gehender Temperatur entweicht, wenn der Stickstoff schon längst ausgetrieben ist[1]).

Es ist natürlich, daß auf diese Weise die Vorwärmer in erhöhtem Maße dem Angriffe der Luft ausgesetzt sind, jedoch lassen sich bei diesen Apparaten die verrosteten Teile bequem und ohne Störung des Kesselbetriebes auswechseln. Auch hat man besondere Entgasungsanlagen geschaffen, in denen Sauerstoff und Kohlensäure durch geeignete chemische Substanzen gebunden werden.

Um die bei Nichtbeachtung oder trotz Anwendung dieser Vorsichtsmaßregeln vom Wasser mitgeführte Luft auf dem schnellsten Wege wieder aus dem Kessel zu entfernen, empfiehlt es sich, die Einmündung der Speiseleitung möglichst hoch zu legen. Im Gegensatz zur Tiefspeisung, bei der das Frischwasser in ruhigere Wasserschichten eintritt und die Gasbläschen Gelegenheit finden, sich an den Kesselwandungen abzusetzen, wird bei hochliegender Wasserzufuhr die Luft unmittelbar abgeschieden und vom Dampfstrom mitgeführt.

Elektrolytwirkungen.

Zur Verhütung von Anfressungen werden auch Schutzplatten aus Zink im Kesselinneren angebracht, die bei der leichteren Löslichkeit

[1]) Nach Niemeyer, Int. Verb. Dampfk.-Rev.-Ver. 1908, s. a. Stahl u. Eisen 1909, S. 1953 stellt sich das Verhältnis der Volumina von Sauerstoff und Stickstoff in wassergelöstem Zustande wie 35 : 65. Im Augenblicke des Verschwindens dieser 65 R.-T. Stickstoff sollen sich noch 14 R.-T. Sauerstoff in Lösung befinden.

dieses Metalles gegenüber dem Eisen erst verzehrt werden müssen, bevor sich der Angriff auf letzteres ausdehnen kann. Von diesem Mittel macht man jedoch nur bei den Wasserrohrkesseln der Kriegsmarinen Gebrauch. Bei den Landdampfkesseln, bei denen sich die Speisewasserreinigung auf andere Weise bequemer und billiger erzielen läßt, findet dieser immerhin recht kostspielige Schutz keine Anwendung.

Diese Zinkplatten werden in leitende Berührung mit dem Metall der Kesselwandung gebracht, so daß in Verbindung mit dem Kesselwasser als Elektrolyt ein galvanisches Element hergestellt wird. Da alle Stoffe ein bestimmtes Lösungsvermögen oder Lösungsdruck gegen Wasser oder wässerige Lösungen besitzen, die in Abhängigkeit von der Temperatur des letzteren stehen, schreitet die Auflösung soweit fort, bis der osmotische Druck der Lösung der Lösungsspannung das Gleichgewicht hält. Trotz ihrer großen Lösungsspannung gehen Metalle aber nicht vollständig in Lösung, weil von ihnen aus nur positive Ionen in die Lösung entsandt werden. Dadurch ladet sich das Metall negativ, die Lösung positiv, und die Auflösung kommt mit dem elektrischen Ausgleich zum Stillstand. Dies ist der Verlauf, wenn nur ein Metall sich in der Lösung befindet. Handelt es sich um zwei Metalle, so ladet sich das, welches die größere Lösungsspannung besitzt, stärker negativ als das mit der geringeren, und es fließt ein Strom von letzterem zu ersterem, das der vorhandenen Spannung entsprechend in Lösung geht. Dieser Fall liegt bei der Verwendung von Schutzplatten aus Zink, also einem Metall größerer Lösungsspannung vor.

Es ist indes für das Zustandekommen eines galvanischen Stromes nicht erforderlich, daß zwei verschiedene Metalle miteinander in leitender Verbindung stehen. Ein unterschiedlicher physikalischer Zustand ein und desselben Grundstoffes kann die gleiche, wenn auch nicht so ausgeprägte Wirkung hervorrufen. Sowohl ungleiche Temperatur als auch ein ungleiches Maß von Verarbeitung, also ein Dichtigkeitsunterschied, bewirken Verschiedenheit der Lösungsspannung und sind daher an sich geeignet, Korrosionen hervorzurufen bzw. zu befördern.

Außer der Lösungsspannung ist auch der Widerstand des Elektrolytes und die Polarisation zu berücksichtigen. Letztere wirkt der Korrosion entgegen, indem der Strom durch sie zum Stillstand kommt. Da aber die Polarisationserzeugnisse durch Lösung, Wegspülen oder Diffusion abwandern, so setzt der Strom von neuem ein, und die Zerstörung schreitet weiter. Endlich spielen beim Auftreten galvanischer Ströme die im Wasser gelösten Gase eine große Rolle, vor allem der Sauerstoff, der das gebildete Oxydul in Oxyd verwandelt und neue Oxydulbildung veranlaßt.

Es sei noch erwähnt, daß der elektrische Strom auch zur Verhütung von Kesselsteinansatz empfohlen wird, jedoch steht man in Fachkreisen diesen Vorschlägen ziemlich skeptisch gegenüber.

Feuergase, Ruß, Flugasche.

Die bisherigen Betrachtungen erstreckten sich auf den Angriff der Kesselwandungen und Rohre durch das Speisewasser, also durch die im Inneren des Kessels befindliche Substanz. Von außen her sind die Kesselteile noch der Einwirkung der Feuergase ausgesetzt, die jedoch von geringerer Bedeutung ist. Außerdem ist noch der Einfluß von Flugasche und Ruß zu berücksichtigen.

Die bei unvollkommener Verbrennung vorhandenen Gase, Kohlenoxyd, Methan sowie schwere Kohlenwasserstoffe vermögen nur bei höheren Temperaturen auf das Eisen einzuwirken; das Gleiche gilt für das Produkt der vollkommenen Verbrennung, die Kohlensäure. Der weiterhin gebildete Wasserdampf vermag bei den in Frage kommenden Wärmegraden ebenfalls nicht das Eisen unmittelbar anzugreifen; dagegen kommt ihm eine wichtige Rolle zu bei der Umwandlung der aus dem Brennstoff gebildeten schwefligen Säure in Schwefelsäure, die ihrerseits das Eisen heftig angreift. In ähnlich vermittelnder Weise wirkt er durch Lösung der in der Flugasche enthaltenen Alkalien und sonstigen Salze, die auf diese Weise in einen Zustand erhöhter Angriffsfähigkeit gebracht werden.

Von Ruß, der sich auf den Kesselteilen ablagert, ist zwar im allgemeinen eine chemische Einwirkung nicht zu erwarten, jedoch liegt die Gefahr der Entzündung und des Erglühens vor, wenn die Ablagerung auf den dampfberührten Flächen erfolgt. In solchen Fällen wird, abgesehen von der Gefahr der Beulenbildung, der Oxydation Vorschub geleistet.

Kommen Kessel vorübergehend oder für längere Zeit außer Betrieb, so muß alles ferngehalten werden, was während dieser Zeit die Oberfläche angreifen könnte, also in erster Linie Luftsauerstoff und Feuchtigkeit, Schwitz- und Leckwasser und Bodenfeuchtigkeit. Man erreicht dies durch Anstrich der freiliegenden Teile, sorgfältiges Trockenhalten der Feuerung und der Züge und nötigenfalls auch des Kesselinneren. Bei längeren Stillständen wird eine Entleerung der Kessel vorgenommen und das Innere durch kleine Öfen und mit Chlorkalzium gefüllte Schalen ausgetrocknet. Sollen die Kessel dagegen gefüllt bleiben, so schließt man entweder bei gesunkenem Dampfdruck die Ventile luftdicht ab, so daß ein Vakuum über dem normalen Wasserstand entsteht, oder man füllt die Kessel mit bis zur Luftfreiheit gekochtem Wasser vollständig auf und sperrt ebenfalls alle Schieber ab.

Zum Schluß ist noch vor der Anwendung der zahlreichen, im Handel unter allerlei hochtönenden Namen auftauchenden Geheimmittel zur Verhütung oder Beseitigung des Kesselsteines zu warnen. Die meist recht kostspieligen Zusätze zum Speisewasser bestehen vielfach aus gänzlich wirkungslosen, oft sogar schädlichen Stoffen. Ebenso sind die Anstrichmittel für die Kesselwandungen nur mit großer Vorsicht anzuwenden, da auch hiermit oft das Gegenteil des beabsichtigten Zweckes erreicht wird. Es empfiehlt sich daher stets, in solchen Fällen fachmännischen Rat, am besten beim zuständigen Kesselrevisionsverein, einzuholen.

Anhang.

Der Einfluß der Kokillentemperatur auf die Lage der Seigerungen zum Querschnitt von Flußeisenblechen.

Bei der Ätzung von Blechabschnitten zeigt es sich vielfach, daß der Seigerungsstreifen nicht symmetrisch zur Längsachse des Querschnittes liegt, sondern einseitig angeordnet ist. Die dunklere Mittelzone wird von zwei helleren Randstreifen verschiedener Breite eingerahmt. Die hierdurch gekennzeichnete Ungleichmäßigkeit in der Struktur des Bleches könnte auch ein ungleichmäßiges Verhalten bei der Weiterverarbeitung und der Beanspruchung durch äußere Kräfte bedingen.

Die Ursache dieser Erscheinung muß in Unregelmäßigkeiten bei der Erstarrung des Blockes oder beim Wiedererwärmen gesucht werden. Es sind folgende Fälle möglich:

1. Die Erstarrung verläuft ungleichmäßig:
   a) weil die Einmündungen der Kanalsteine nicht genau auf der Mittelachse angeordnet sind oder vom Lot abweichen, so daß der Strom des einfließenden Metalles einseitig abgelenkt wird;
   b) weil durch die verschiedene Stellung der einzelnen Gußformen in den Gespannen Temperaturunterschiede in zusammengehörigen Kokillenwandungen verursacht werden, wodurch ein ungleicher Wärmeabfluß entsteht.

2. Der regelmäßige Verlauf der Erstarrung wird durch vorzeitiges Umlegen der im Inneren noch flüssigen Bramme gestört. Infolge des Unterschiedes im spez. Gewichte von Mutterlauge und ausgeschiedener Kristallmasse und der sinkenden Erstarrungstemperatur des Flüssigkeitsrestes tritt während des letzten Teiles der Erstarrung eine Entmischung in Richtung der oben liegenden Breitseite ein.

3. Beim Wärmen der flach im Ofen liegenden Brammen ist eine auf stärkerer Diffusion beruhende Herabminderung des Kohlenstoffes an der der Flamme zugekehrten Blockseite denkbar. Bei den übrigen, schwerer diffundierenden Beimengungen ist dies bei der kurzen Wärmdauer nicht gut anzunehmen.

Zur Aufklärung dieser Fragen wurde auf Anregung des Verfassers auf dem Hüttenwerk Rothe Erde im Sommer 21 eine Untersuchung darüber angestellt, in welcher Weise sich der Wärmeaustausch zwischen Block und Kokille vollzieht und wie dadurch die Anordnung der Seigerungen auf dem Block- bzw. Blechquerschnitt beeinflußt wird. Die Ausführung der Versuche oblag Herrn Dipl.-Ing. Kuster, der bei Aufstellung des Versuchsprogrammes und Auswertung der Versuchsergebnisse vom Verfasser beraten und unterstützt wurde.

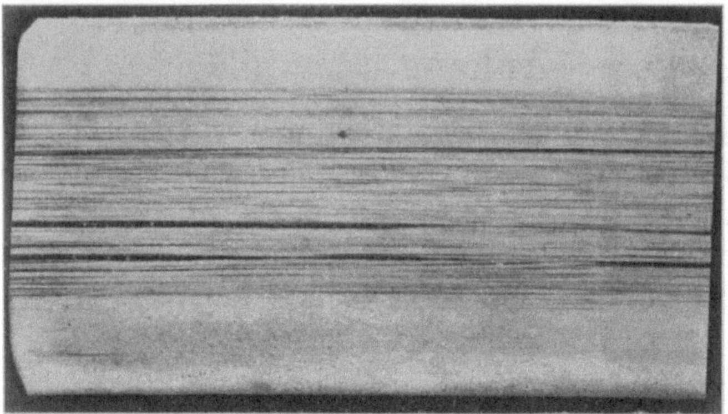

Abb. 44. Blechquerschnitt mit einseitiger Seigerung; mittels Kupferammoniumchlorid auf Kohlenstoff-Phosphor geätzt.

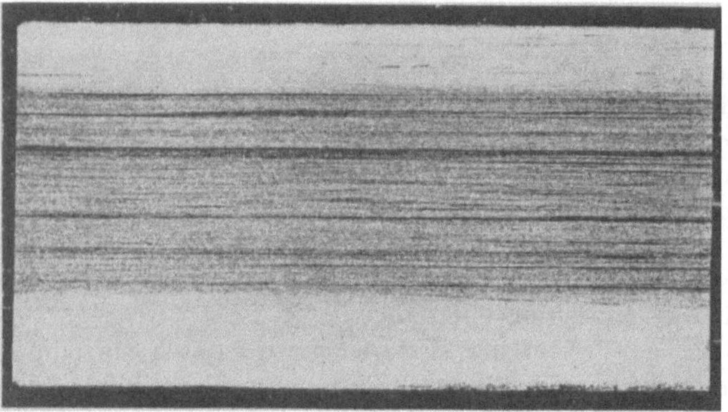

Abb. 45. Dasselbe Stück, mittels des Rosenhain-Oberhofferschen Ätzmittels auf Phosphor geätzt.

Zur Vornahme der Versuche diente eine Brammenkokille von 3000 kg Inhalt, die an den Breit- und Schmalseiten sowie auf den Kanten in verschiedenen Höhenlagen mit einer Anzahl symmetrisch angeordneter Meßstellen versehen wurde. Jede Meßstelle umfaßte 3 Bohrungen von verschiedener Tiefe, die zur Aufnahme von Thermoelementen dienten. Eine der drei Bohrungen ging durch, so daß es möglich war, die Temperatur der Blockoberfläche unmittelbar zu messen. Für den Guß kam weiches Flußeisen in Frage; die Brammen wurden unter genauer Beachtung ihrer Stellung im Gespann gewärmt, ausgewalzt und aus der die Seigerungen in ausgeprägter Form enthaltenden Kopfpartie des Bleches Probestücke ausgeschnitten, die auf dem Querschnitte geätzt wurden.

Sowohl bei den Vorversuchen als auch späterhin wurde sorgfältig darauf geachtet, den Einfluß der unter 1a) und 2. genannten Fälle auszuschalten. Auch Fall 3 konnte unberücksichtigt bleiben, weil mit dem Rosenhain-Oberhofferschen Mittel geätzte Proben zeigten, daß nicht nur die Kohlenstoff-, sondern auch die Phosphorseigerungen einseitig angeordnet waren. (Abb. 44 und 45.) Bei der äußerst geringen

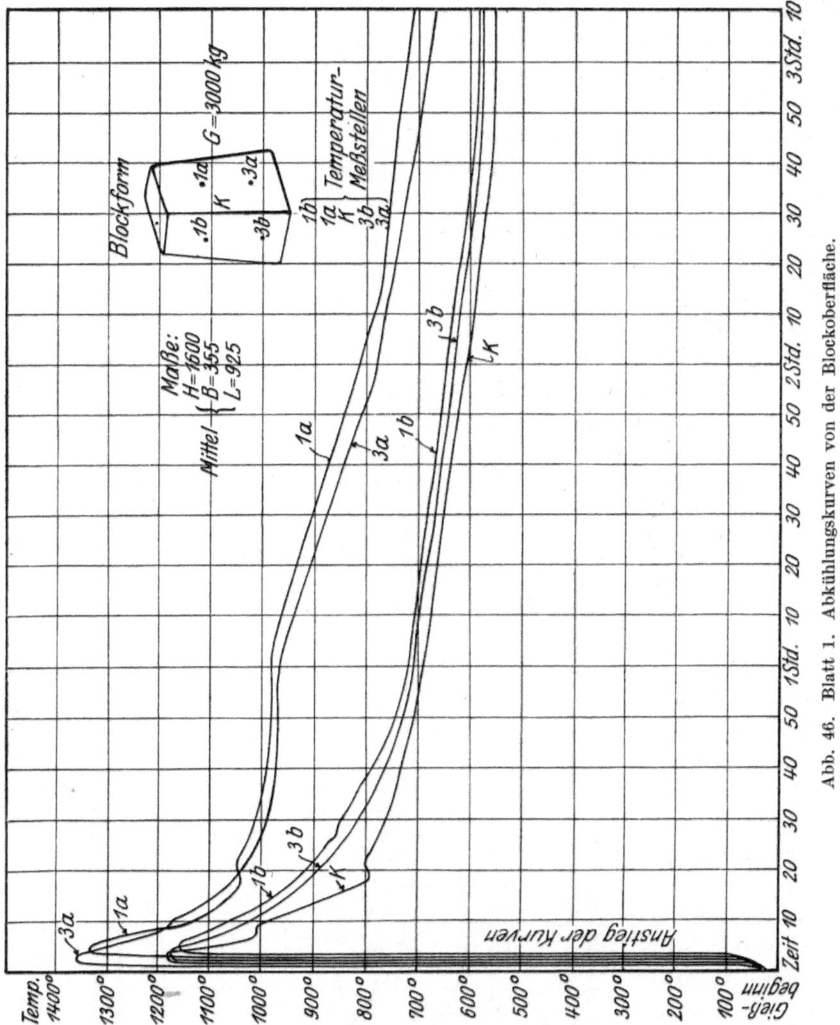

Abb. 46. Blatt 1. Abkühlungskurven von der Blockoberfläche.

Diffusionsfähigkeit des Phosphors ist aber eine auf dieser Grundlage beruhende Verschiebung nicht anzunehmen, so daß der primäre Charakter dieser Erscheinung damit als erwiesen anzusehen sein dürfte.

Man konnte sich demnach bei den weiteren Untersuchungen in der Hauptsache darauf beschränken, nach den durch Fall 1b) gegebenen Gesichtspunkten vorzugehen.

Aus dem umfangreichen Versuchsmaterial seien folgende Einzelergebnisse kurz wiedergegeben:

Lediglich der Feststellung des Temperaturverlaufes dienten die auf Kurvenblatt 1 und 2 dargestellten Messungen. (Abb. 46 und 47.) Blatt 1 zeigt den Abkühlungsverlauf an den Blockflächen. Die Meßstellen 1_a und 3_a liegen auf einer Breitseite, 1_b und 3_b auf einer Schmalseite, k auf der dazwischenliegenden Kante. Die Thermoelemente ragten etwa 10 mm über die Innenwand hinaus und waren durch Quarzröhrchen geschützt, so daß sie auch nach dem Abrücken des Blockes von der Kokille beim Schrumpfen in der erstarrten Kruste haften blieben. Auf der Breitseite steigen die Temperaturen rasch zu höheren Werten an als auf der Schmalseite und der Kante und halten sich auch während des ganzen Verlaufes der Abkühlung auf einer größeren Höhe. Es ist dies die Folge der beim Abschnitte „Gießen der Brammen usw.“ besprochenen stärkeren Wärmeentziehung durch

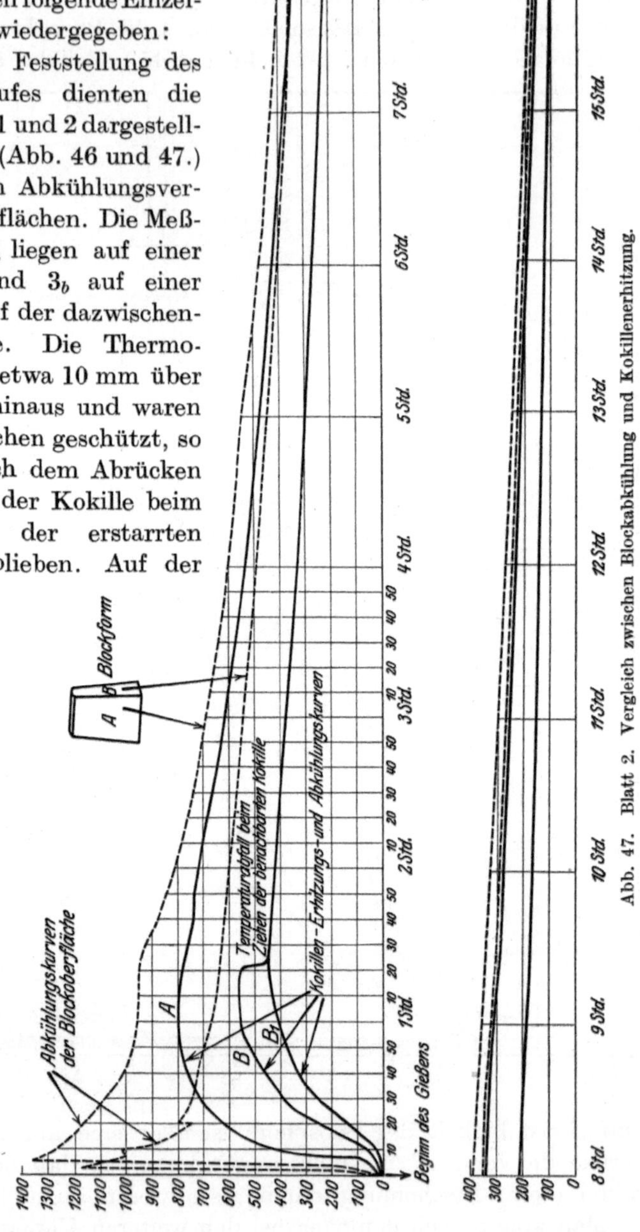

Abb. 47. Blatt 2. Vergleich zwischen Blockabkühlung und Kokillenerhitzung.

die Kokillenschmalseiten. Mit den Umwandlungen bei der Erstarrung in Zusammenhang stehende Haltepunkte sind deutlich ausgeprägt, wenn auch durch den abkühlenden Einfluß der Kokillenwandungen etwas verschoben. Bemerkenswert ist auch der nahezu horizontale Verlauf der für die Breitseite geltenden Kurve zwischen 35 und 60 Minuten. Dieses Verhalten ist ebenfalls mit den Erstarrungsvorgängen in Verbindung zu bringen und drückt augenscheinlich die durch die Kristallisationswärme verursachte Temperaturkonstanz aus.

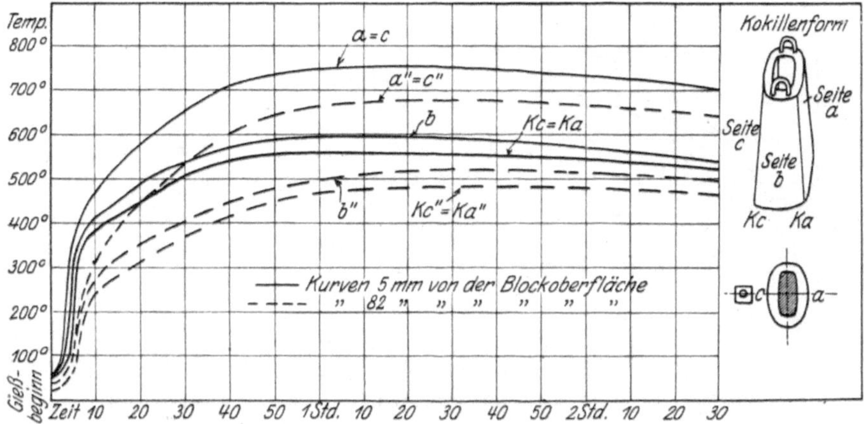

Abb. 48. Blatt 3. Kokillenerhitzungskurven, für sich allein gegossener Block.

Blatt 2 gibt neben den Kurven für die Blockabkühlung auch die für die Erhitzung und Abkühlung der Kokille festgelegten Kurven wieder. Der Versuch ist über 18 Stunden bis zum nahezu gänzlichen Erkalten

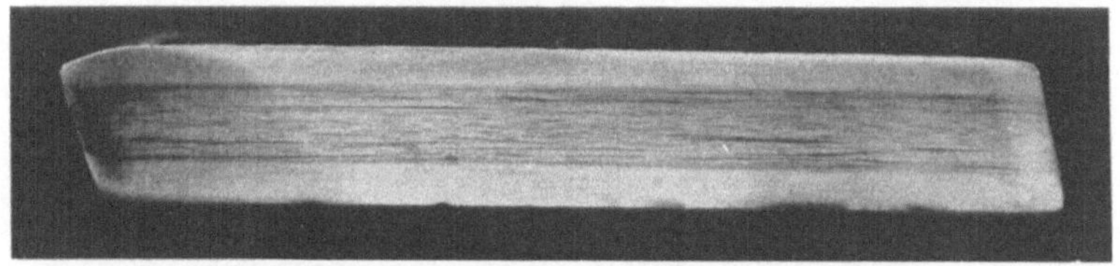

Abb. 49. Blechquerschnitt mit gleichmäßig angeordneter Seigerung; entspricht Blatt 3, Abb. 48.

ausgedehnt. Ein vollständiger Ausgleich zwischen der Wärme des Blockes und der Kokille ist jedoch auch dann noch nicht eingetreten.

Von den für die Lösung der Seigerungsfrage angestellten Versuchen seien diejenigen ausgewählt, die auf Blatt 3, 4 und 5 festgehalten sind.

Beim Versuch Blatt 3 wurden die Temperaturverhältnisse möglichst gleichmäßig gehalten. (Abb. 48.) Die Gußform stand nach allen Seiten frei und war vor Zugluft geschützt. Gemessen wurde in den 5 und 82 mm von der Blockoberfläche entfernten Bohrungen. Die Abkühlung verläuft auf den gegenüberliegenden Seiten völlig gleichmäßig, so daß sich die entsprechenden Kurven decken. Die Übereinstimmung wurde hin und wieder durch Vergleichsmessungen kontrolliert. Wie nicht anders zu erwarten, ist die Anordnung der Seigerungen auf dem erhaltenen Schliffbild vollkommen gleichmäßig. (Abb. 49.)

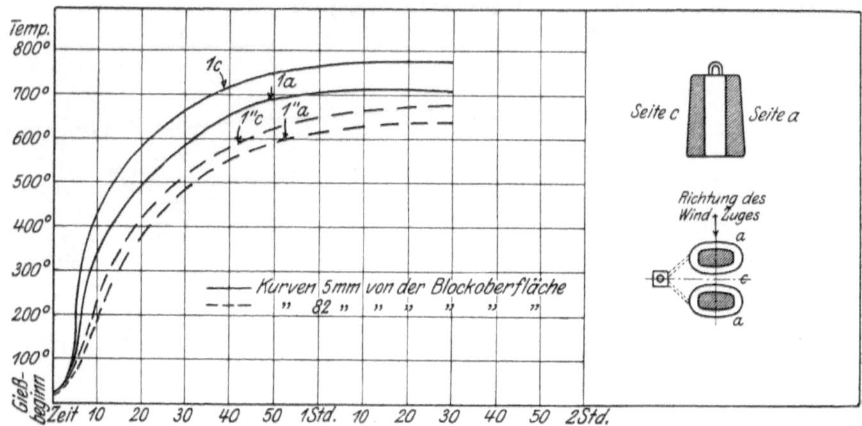

Abb. 50. Blatt 4. Kokillenerhitzungskurven, im Gespann gegossener Block.

Blatt 4 stellt einen Versuch dar, bei dem die Temperaturen der Breitseiten infolge einseitiger Erwärmung durch die Nachbarkokille um 40 bis 50° voneinander abwichen. (Abb. 50.) Das Wetter war windstill. Obwohl der Unterschied während der ganzen Dauer der Abkühlung auf

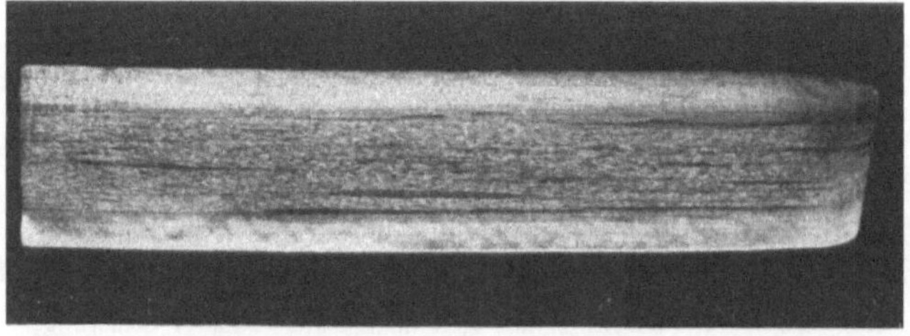

Abb. 51. Blechquerschnitt mit schwach einseitigem Seigerungsstreifen; entspricht Blatt 4, Abb. 50.

gleicher Höhe blieb, hat sich der Seigerungsstreifen nur ganz schwach verschoben. (Abb. 51.) Um die immerhin wahrzunehmende Ungleichmäßigkeit in der Verteilung der Beimengungen auch analytisch festzustellen, wurden von der 17 mm starken Probe nacheinander 8 gleiche starke Schichten von je ca. 2,2 mm Dicke abgehobelt und die Späne getrennt auf C, P und S untersucht. Es ergaben sich folgende Werte, die eine wenn auch nicht sehr ausgeprägte Anreicherung nach der wärmeren Seite hin bestätigen:

	a) Probe I. 700 mm vom Kopfende entfernt.			b) Probe II. 1200 mm vom Kopfende entfernt.		
	C	P	S	C	P	S
Kalte Seite	0,06	0,027	0,019	0,06	0,027	0,024
	0,05	0,033	0,021	0,06	0,032	0,028
	0,06	0,065	0,071	0,05	0,060	0,067
	0,07	0,071	0,085	0,08	0,067	0,081
	0,07	0,080	0,089	0,07	0,073	0,081
	0,07	0,068	0,079	0,08	0,068	0,087
	0,06	0,027	0,029	0,06	0,032	0,042
Warme Seite	0,06	0,033	0,020	0,06	0,027	0,021

Die Chargenanalyse war: 0,06% C, 0,037% P, 0,32% Mn und 0,025% S.

Blatt 5 schließlich gibt einen Versuch wieder, bei dem der Temperaturunterschied beider Blockflächen dadurch erhöht wurde, daß

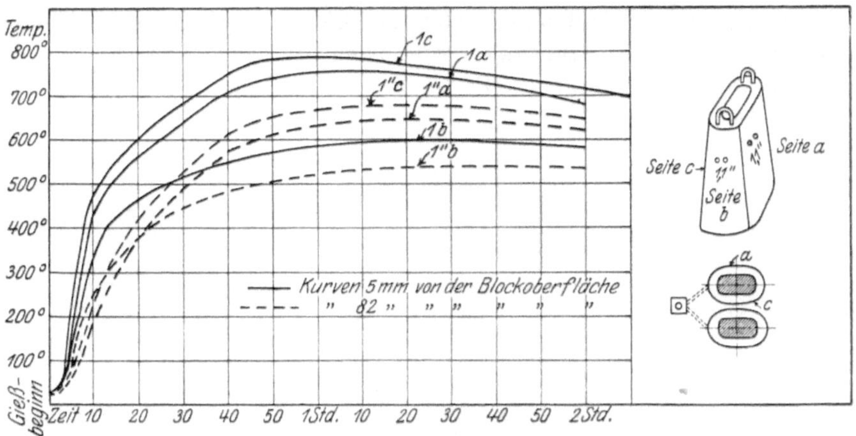

Abb. 52. Blatt 5. Kokillenerhitzungskurven. Der im Gespann gegossene Block war starkem, einseitigem Luftzug ausgesetzt.

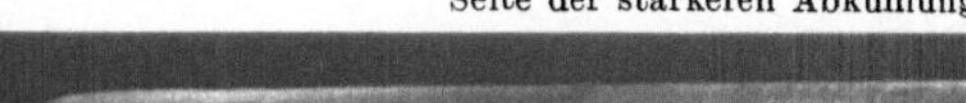
Seite der stärkeren Abkühlung.

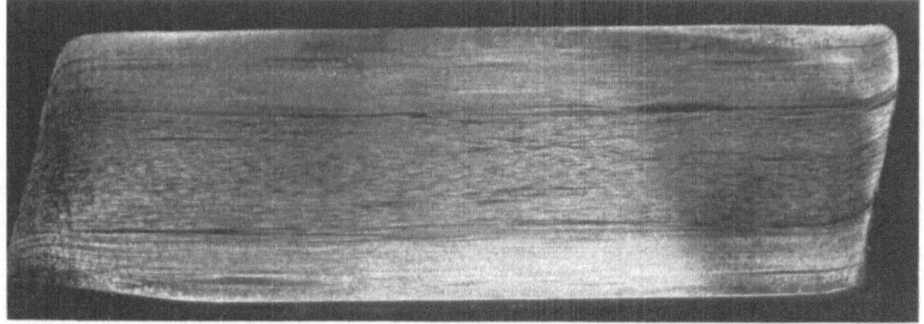

Abb. 53. Blechquerschnitt mit einseitig verschobenem Seigerungsstreifen; entspricht Blatt 5, Abb. 52.

die freie Seite der Kokille unter dem Einfluß des aus dieser Richtung wehenden starken Windes stand. (Abb. 52.) Die Folge des stärkeren

Wärmeabflusses ist eine ziemlich beträchtliche Verschiebung der Seigerungszone nach der wärmeren Seite. (Abb. 53.) Der Unterschied in der Breite der Außenränder betrug bei dem 30 mm starken Blech 2—3 mm, was eine Abweichung von der Mittellinie von 1—1,5 mm ausmacht.

Sämtliche übrigen Versuche lieferten entsprechende Ergebnisse. Wo nur der Einfluß der Erwärmung durch die Nachbarkokille vorlag, konnte von einer nennenswerten Verschiebung der Seigerungen nicht die Rede sein. Wurde aber die Intensität des Wärmeflusses durch Kühlung der Gegenseite von außen her verstärkt, so ergab sich eine ausgeprägte Abweichung von der Mittellinie.

Als praktische Schlußfolgerung kann daher die Regel aufgestellt werden, daß die Gußformen mit ihrem erstarrenden Inhalt vor einseitiger Abkühlung durch Wind und Zugluft geschützt werden müssen, wenn eine unsymmetrische Lage der Seigerungen auf dem Querschnitt des Bleches vermieden werden soll.